Monika Gisler • Erzählte Physik

Monika Gisler

Erzählte Physik

Paul Scherrer und die Anfänge der Kernforschung

Der Verein Biographie Paul Scherrer dankt seinen Sponsorinnen und Sponsoren herzlich:

ETH-Rat
ETH zürich
Paul Scherrer Institut
ETH – Departement Physik
Adenko-Stiftung
ERNST GÖHNER STIFTUNG
SWISSLOS
Kanton Aargau
Kanton St.Gallen  SWISSLOS

Rena Theiler-Haag
Susanne Richter und Noldi Hammer
Christian zu Pappenheim
Peter Steiger
Felicitas Pauss
Ueli Straumann
Willy Gehrer

Informationen zum Verlagsprogramm:
www.chronos-verlag.ch

Umschlagbild: Vgl. Abb. 23, S. 53
Umschlag: Thea Sautter, Zürich

Zweite, ergänzte Auflage 2023
ISBN 978-3-0340-1714-5

Inhalt

Dank

Dieses Buch ist dem Zufall geschuldet. Anfang 2017, nach einem längeren Gespräch und schon in der Tür stehend, bemerkte ich Barbara Haering gegenüber, dass man einmal etwas über Paul Scherrer machen müsste. Barbara reagierte sofort. Sie war mit Karin Mendes de Leon, einer Enkelin Paul Scherrers, in Kontakt und die beiden hatten längst dieselbe Idee gehabt. Wir gründeten einen Verein, entwickelten ein Konzept und machten uns auf Geldsuche. Bald einmal kamen weitere dazu, die in der einen oder anderen Form zum Buch beigetragen haben. Ihnen allen sei sehr herzlich gedankt!

Ein grosses Dankeschön geht also an Barbara Haering und Karin Mendes de Leon, die mit mir zum Entstehen dieses Buch beigetragen haben. Sabina Brodbeck-Jucker, eine weitere Enkelin Scherrers, hat mir unzählige Fragen zur Familie beantwortet und Briefe und Fotos aus ihrem Privatarchiv herausgesucht. Danken möchte ich all denen, die sich bereit erklärt haben, im Rahmen einer Begleitgruppe Zeit und Expertise ins Buch zu investieren. Dazu gehören Elisabeth Joris, Patrick Kupper und Ueli Straumann. Teile des Manuskripts gelesen haben auch Jacques Picard und Conrad U. Brunner. Ihnen allen mein herzlichster Dank. Ueli Straumann hat zudem in vielen Stunden die physikalischen Ausführungen im Text geprüft, korrigiert und auf lesbares Niveau gebracht. Ihm schulde ich viel mehr als ein einfaches Danke. Verbliebene Fehler sind einzig mir zuzuschreiben.

Danken möchte ich auch den Interviewpartnern Stefanie Mahrer, Norbert Straumann und Jürg Stüssi-Lauterburg, die mit ihren Erzählungen die schriftlichen Zeugnisse lebendig machten, sowie Michael Strasser von SRF. Des Weiteren danke ich allen Archivarinnen und Archivaren, die für mich Akten gehoben und Fragen beantwortet haben: Johannes Wahl und Claudia Briellmann stellvertretend für das ETH-Hochschularchiv, Dorothee Ryser von der Handschriftenabteilung der Zentralbibliothek Zürich, Urs Kaelin und Stefan Länzlinger vom Schweizerischen Sozialarchiv, Zürich, Max E. Weber von der Fritz Zwicky-Stiftung, Glarus, Nicole Allen vom Churchill Archives Centre, Cambridge, Simon Bundi vom Archiv der Emil Frey Classics AG. Ein Dank geht zudem an Hans-Rudolf Wiedmer vom Chronos Verlag. Nicolas Joray danke ich für die Möglichkeit der Nutzung der Bilder von Fernand Rausser.

Für die Beantwortung von Fragen in verschiedenster Hinsicht danke ich Ruedi Brogli, Michael Fischer, Jürg Fröhlich, Jürg Füssler, Dieter Imboden, Christian Leder, Marc Ruchti, Hansruedi Völkle und Margrit Wyder, für die Hilfsassistenz bei allen anfallenden Arbeiten Lina Gisler, Jonathan Song und Benita Gisler. Lina Gisler danke ich zudem für ihre Physik- und Sprachexpertise. Und ein Shout-out einmal mehr an Seraina Meier.

Abb. 1: Vorlesung von Paul Scherrer im Hörsaal des Instituts für Physik, undatiert (Foto: Michael Wolgensinger).

Prolog

> «Um eine Lebensgeschichte als plausible Geschichte erzählen zu können, darf man nicht alles erinnern. Man muss vergessen und weglassen. Eine Biografie ist stets eine Vereinfachung dessen, was tatsächlich geschehen ist.»
>
> Michael Hampe, 2020[1]

Paul Scherrers Passion galt der Physik. Zwar hat er nicht den einen grossen Wurf hinterlassen, aber als Förderer und Vermittler, als begnadeter Lehrer, exzellenter Netzwerker, umtriebiger Wissenschaftspolitiker und Beschaffer von beachtlichen Forschungsmitteln rückte er die Physik, insbesondere die Kernphysik, wiederholt in den Fokus einer interessierten Öffentlichkeit. In den Rollen, die er ausfüllte, vermittelte er zwischen verschiedensten Feldern: zwischen Wissenschaft und Industrie, Hochschule und Politik, Physik und Öffentlichkeit. Mit einem ausgesprochenen Gefühl für wichtige Themen erschloss er sich früh neue Forschungsgebiete und trug damit während Jahrzehnten massgeblich dazu bei, die Physik in der Schweiz zu einer wissenschaftlichen Leitdisziplin zu machen. Dabei, und das ist wohl sein eigentliches Verdienst, gelang es ihm, Physik verständlich und zugleich als Faszinosum zu vermitteln.

Grund genug also, sich mit dem Physiker Paul Scherrer intensiver zu beschäftigen. Die vorliegende Studie nähert sich der Person Scherrers, seinem Umfeld und seiner Zeit, indem seine Biografie nachgezeichnet und im politischen, wissenschaftspolitischen und kernphysikalischen Kontext verortet wird. Im ersten Teil des Buchs liegt der Schwerpunkt bei der Person Paul Scherrers, bei seiner Familie und seinem Wirken als Hochschullehrer, Forscher und Institutsleiter. Im zweiten Teil werden ausgesuchte Themenfelder vertieft. Scherrer war ein umtriebiger Wissenschaftler, der verschiedentlich am Schnittpunkt zentraler Begebenheiten Einfluss nahm und dem Geschehen seinen Stempel aufdrückte. Auf sein grosses Netzwerk wird an verschiedenen Stellen eingegangen. Sollte der Faden verloren gehen, können im Anhang die relevanten Namen und Kurzbiografien nachgeschlagen werden. Die Entwicklungen der Physik und der Kernphysik in der Schweiz wiederum sind eng mit der Persönlichkeit Scherrers verknüpft. Die physikalischen Zusammenhänge sind dabei nicht immer leicht zu verstehen; das Glossar, ebenfalls im Anhang des Buches, könnte hier weiterhelfen.

Abb. 2: Paul Scherrer (1890–1969), undatiert.

Es stellt sich die Frage, ob Paul Scherrer selbst diese Biografie gewollt hätte, hatte er doch seiner Sekretärin, Margret Schmid, das Versprechen abgerungen, seinen Nachlass nach seinem Tod zu zerstören. Tatsächlich ist die Vernichtung des eigenen Nachlasses nicht selten, doch warum erledigte das Scherrer nicht selbst? Margret Schmid, die ihm an der ETH bis zu seiner Emeritierung stets loyal zur Seite gestanden hatte, vernichtete die Akten wie gewünscht postum und spedierte laut eigenen Aussagen lediglich einen kleinen Teil seiner privaten Korrespondenz an die Rislingstrasse, Scherrers Wohnsitz in Zürich.[2] Andererseits: Scherrer war nicht frei von Eitelkeit, sodass ihm die Aufzeichnung seiner Lebensgeschichte vielleicht geschmeichelt hätte.

Weshalb aber veranlasste er die Vernichtung seiner Akten, auch wenn es nichts Ungewöhnliches war? Darüber lässt sich nur spekulieren: Scherrer hatte sich durch seine Heirat und nach seiner Berufung an die ETH Zürich einen grossbürgerlichen Habitus angeeignet. Dazu gehörte, dass das Private niemanden etwas anging. Und dies schloss offensichtlich auch sein Vermächtnis ein. Es gibt aber noch einen zweiten Aspekt: Scherrer stand während der letzten Kriegsjahre (1943–1945) mit dem amerikanischen Geheimdienst in Verbindung und belieferte diesen mit Informationen zu den im nationalsozialistischen Deutschland verbliebenen Physikern, allesamt Kollegen Scherrers. Diese Tätigkeit unterstand grösster Geheimhaltung. Gut möglich, dass ihn der Instinkt der Verschwiegenheit weiterhin begleitete, immerhin befand sich die Welt zum Zeitpunkt seines Todes im Jahr 1969 auf dem Höhepunkt des Kalten Kriegs.

Überlebt haben einige private Schreiben, zahlreiche Fotos, wenige Vorlesungsskripte, die von seinen Schülern und Schülerinnen angefertigt worden waren, dazu einige Radio- und Fernsehaufzeichnungen sowie Korrespondenzen, die sich in Nachlässen über ganz Europa verteilt befinden. Vor allem aus Letzteren geht hervor, dass er in regem Austausch mit der Wissenschaftsgemeinschaft in Europa und den USA stand, Kolleginnen und Kollegen für Vorträge an sein Institut einlud, Datenmaterial austauschte, Forschungsergebnisse diskutierte, Anfragen für Unterstützung von Dritten erhielt, Nachfragen von Fachfremden zu seinem Arbeitsgebiet beantwortete, sich für zugesandte Bücher und Aufsätze bedankte, zum Geburtstag gratulierte und bei Todesfällen kondolierte.

Zugleich klaffen unvermeidliche Lücken. Jede Geschichte ist auf ihre Weise fragmentiert, jede Person agiert in verschiedenen Rollen auf mannigfachen Feldern, die nicht alle gleichermassen zugänglich sind. Keine Geschichte kann je zu einem kohärenten Ganzen geformt werden. Eine Biografie ist stets eine Vereinfachung dessen, was tatsächlich geschehen ist, wie Michael Hampe es einmal ausdrückte.

Gleichwohl wird im Folgenden versucht, Scherrer in seinem Wirken zu erfassen und zugleich die Geschichte der Kernphysik – Pars pro Toto – durch seine Person zu beleuchten. Was entstanden ist, ist keine psychologische Introspektion, auch

Abb. 3: Bekanntes Porträt Paul Scherrers, um 1960 (Foto: Photopress).

keine Familiengeschichte. Über die Motive des Protagonisten wird zuweilen sinniert, es finden sich aber – und das mag manche enttäuschen – wenige Hinweise auf seine Anschauungen und Auslegungen. Für den wegfallenden Teil, die nicht zu schliessenden Leerstellen, hat Scherrer selbst gesorgt, und das spiegelt sich im Abgebildeten.

Wo wenig Material zur Verfügung steht, entstehen Mythen, kursieren Gerüchte. Die vorliegende Schrift ist deshalb auch ein Versuch, diese zu benennen und, wo möglich, aus dem Weg zu räumen. Hilfreich waren bei der Aufarbeitung Gespräche mit Zeitgenossinnen und Zeitgenossen Scherrers, allen voran mit seinen Enkelinnen, Karin Mendes de Leon-Theiler und Sabina Brodbeck-Jucker. Für mehr Evidenz sorgten aber auch die Arbeit im Archiv und die Vorarbeit von Kolleginnen und Kollegen, die sich lange vor mir für die Geschichte der Kernphysik in der Schweiz interessierten.

Das Unterfangen war eine Suchbewegung. Das Resultat ist eine Vereinfachung, aber keine Simplifizierung, sondern erzählte Physik, mit dem Brennpunkt Paul Scherrer.

Aufbruch

Im Sommer 1946 reiste ein Schweizer Journalist nach Paris, um dort den französischen Nobelpreisträger und Leiter des Commissariat à l'énergie atomique, Frédéric Joliot-Curie, zu interviewen. Er wollte von ihm wissen, wie es um die «Atomforschung» stand, welche Optionen ihr offenstanden und vor allem, ob man mittlerweile neben Atombomben, deren gewaltsame Zerstörungskraft so kurz nach dem Kriegsende sehr deutlich im Gedächtnis haftete, auch Kernkraftwerke für die Stromerzeugung bauen könne. Anstelle der erwarteten Ausführungen erhielt der Journalist jedoch nur eine knappe Replik: «Aber Sie haben in der Schweiz doch namhafte Spezialisten auf dem Gebiet der Kernphysik [...]; Forscher ersten Ranges. [Fragen Sie] Prof[essor] Scherrer in Zürich [...].»[3] Der Journalist liess sich dies nicht zweimal sagen, reiste zurück und suchte Scherrer an seinem Wirkungsort auf, der Eidgenössischen Technischen Hochschule (ETH) Zürich. Von ihm erhielt er die erhofften Ausführungen. Paul Scherrer beantwortete die Frage nach Kernreaktoren mit einem beredten Ja.

Scherrer, der eben aus den USA zurückgekehrt war, war tatsächlich die richtige Person, um zum Thema Auskunft zu geben. Er war dank guter Beziehungen zur amerikanischen Physikergemeinschaft über den Stand der kernphysikalischen Entwicklungen im Bild. Zudem war er seit einem halben Jahr Vorsteher der Schweizerischen Studienkommission für Atomenergie (SKA), die sich mit allen Fragen in diesem Bereich zu beschäftigen hatte. Daneben hielt er eine Professur für Experimentalphysik an der ETH und verfügte deshalb über die notwendigen Ressourcen, um zum Gegenstand auch Forschung zu betreiben. Und tatsächlich hatte die Schweiz den Bau einer «Uranversuchsanlage», das heisst eines Kernkraftwerks, ins Auge gefasst. Es standen 1946 also alle Zeichen auf Aufbruch, und Paul Scherrer bewegte sich mittendrin.

Dabei entstammte Paul Hermann Scherrer (1890–1969) einer Familie, in der nichts auf eine wissenschaftliche Karriere des Sprösslings hindeutete. Sein Vater, Hermann Scherrer, war Kaufmann und Kunstmaler, seine Mutter, Ida Zürcher, arbeitete vermutlich als Wäscherin.[4] Die Familie residierte in St. Gallen, wo Scherrer geboren wurde und aufwuchs. Wohl auf Wunsch des früh verstorbenen Vaters entschied er sich in jungen Jahren, in St. Gallen eine Ausbildung an der Eidgenössischen Handels- und Verkehrsschule zu durchlaufen. Mit dem Abschluss scheint er seinem Vater, der im Umgang nicht leicht gewesen sein muss und unter Alkoholproblemen litt, ausreichend Reverenz erwiesen zu haben. Schon bald begann der junge Scherrer, seinen eigenen beruflichen Interessen nachzugehen.

Dabei bewies er Instinkt für effizientes Vorankommen. 1908 immatrikulierte er sich, mittlerweile achtzehn Jahre alt, nach einem Jahr Vorbereitung mithilfe von

Abb. 4: Paul Scherrer als Student, undatiert (Foto: Photogr. Anstalt Zürich).

Privatunterricht am Eidgenössischen Polytechnikum, der heutigen ETH Zürich. Die Schule erlaubte in dieser Zeit auch Personen ohne Matura mittels einer Aufnahmeprüfung den Zugang. Für sein Studium übersiedelte Scherrer nach Zürich, wo er, abgesehen von Studienaufenthalten in Deutschland sowie zahlreichen Forschungs- und Vortragsreisen in die halbe Welt, zeit seines Lebens bleiben sollte.

Nach seiner Immatrikulation an der ETH nahm Scherrer noch einmal einen Umweg. Er stieg, als begnadeter Zeichner, zunächst ins Studium der Botanik an der naturwissenschaftlichen Abteilung ein. Nach zwei Semestern folgte der Wechsel an die mathematisch-naturwissenschaftliche Abteilung, wo er sich fortan mit Verve der Physik widmete. Seine Lehrer waren die Mathematiker Arthur Hirsch und Ernst Meissner sowie der Ordinarius für Geometrie Marcel Grossmann, ein Studienkollege Albert Einsteins.[5] Scherrer erlebte als junger Student die Anfänge einer «glänzenden Periode»[6] der Zürcher Physik. In der ersten Hälfte des 20. Jahrhunderts war sie durch das Wirken zahlreicher Grössen an der ETH und an der Universität Zürich gekennzeichnet, darunter die späteren Nobelpreisträger Albert Einstein, Peter Debye, Max von Laue, Erwin Schrödinger und Wolfgang Pauli.[7]

Noch während seiner Studienzeit lernte Scherrer Ina Sonderegger (1890–1979) kennen, die sich damals auf die Maturitätsprüfungen vorbereitete. Scherrer unterrichtete sie privat in Mathematik.[8] Dies muss 1911 gewesen sein, Ina Sonderegger jedenfalls bedankte sich im Dezember dieses Jahres bei «Herrn Scherrer» für Geschenke und berichtete ihm von einem Aufenthalt in St. Gallen mit Besuchen in Museum und Theater sowie in der Stiftsbibliothek.[9] Ina Sonderegger, im selben Jahr wie Scherrer geboren, stammte aus einer zu Wohlstand gelangten Familie aus Heiden: Vater Conrad Sonderegger war als beim Bau des Panamakanals Beteiligter zu Geld gekommen, was ihm den Spitznamen «Panama-Sonderegger» eintrug und ihm erlaubte, in späteren Jahren in Bad Ragaz ein Sommerschloss bauen zu lassen.[10]

Am 24. Mai 1912, nur ein Jahr nach ihrem ersten Treffen, ergriffen die Frischverliebten während eines Aufenthalts in Königsberg die Gelegenheit und heirateten fernab der Heimat, was wohl nicht im Sinne Conrad Sondereggers war: Das Paar informierte ihn erst nach der Trauung. Der Schwiegervater scheint aber nicht nachtragend gewesen zu sein; er war der Verbindung gegenüber zwar kritisch eingestellt, wollte jedoch, dass sein Schwiegersohn «etwas Rechtes lernte», und ermöglichte ihm konsequenterweise das weitere Studium. Dieses setzte Scherrer ab 1912 in Deutschland fort.[11]

Ina Sonderegger pendelte fortan zwischen der Schweiz und Deutschland, pflegte das gesellschaftliche Leben mit und ohne Scherrer, genoss ein sorgenfreies Leben im Ausland und kehrte schliesslich zurück, um ihre kranke Mutter in Bad Ragaz zu pflegen. Zahlreiche Briefe von und an Scherrer belegen, dass die beiden schon früh regelmässig örtlich getrennt waren. Scherrer hatte seine Wissenschaftlerexistenz aufgenommen.

Mit der Rückkehr nach Zürich Anfang der 1920er-Jahre und der Geburt der beiden Töchter Ines und Renate übernahm Ina Scherrer-Sonderegger die von ihr erwartete Rolle der Vorsteherin eines Professorenhaushalts. Dies war weder ungewöhnlich für eine Angehörige des Grossbürgertums, noch beschränkten sich solche Bestimmungen auf Frauen von Physikern. Ina Scherrer jedenfalls organisierte fortan den Alltag, während der Mann oft abwesend war, und bewirtete die Gäste, die Scherrer zu sich nach Hause lud. Gut möglich, dass sie auch seine Schriften und Korrespondenzen überarbeitete oder weitere Arbeiten für Scherrers professionelles Fortkommen übernahm. Scherrer war, trotz häufiger Reisen, durch seine Briefe präsent, schrieb von Heimweh, erinnerte an vergangene gemeinsame Reisen und

Abb. 5: Paul Scherrer mit seiner Tochter Ines, um 1925.

sorgte sich um das Wohlergehen seiner Töchter Inesli und Nati, wie er sie nannte. Vor allem mit der älteren Tochter Ines Scherrer hatte er auch in späteren Jahren engen Kontakt. Zur Familie gehörte überdies ein Hund: Weil Ines als Kind oft kränkelte und die Sorgen um sie gross waren (mehrere südamerikanische Verwandte wie auch Ina Scherrers Schwester Mercedes waren an Tuberkulose gestorben), schaffte die Familie einen Foxterrier namens Xiri an, der dafür sorgte, dass Ines sich häufig an der frischen Luft bewegte.

Scherrer, mittlerweile auf einen Physiklehrstuhl an der ETH berufen, pflegte einen grosszügigen Lebensstil. Das Polytechnikum diente ihm dabei als Aufstiegshebel, da die Zugehörigkeit nicht ans Bildungsbürgertum gebunden war. Sein Status eines Hochschullehrers und Institutsleiters erlaubte es ihm, sich in finanzieller Hinsicht zunehmend grosse Gesten anzueignen. Dass er sich diese in jungen Jahren kaum selbst leisten konnte – da hatte er seine Frau wiederholt bitten müssen, ihm Geld zu schicken –, hatte seiner Unternehmungslust und seinem Selbstbewusstsein zwar keinen Abbruch getan. Jetzt aber waren die Möglichkeiten zahlreicher: ein erfülltes Sozialleben im Professorenumfeld, Besuche in der legendären Kronenhalle sowie die Ausübung auserlesener Hobbys, etwa Reiten und Tanzen. Auch pflegte er

Abb. 6: Paul Scherrer unterrichtete stets in Anzug und Krawatte, undatiert.

ein elegantes Auftreten: Zu seinen Vorlesungen erschien er statt im Laborkittel stets im Anzug.[12]

Früh erstand Scherrer ein Motorrad und fuhr mit seiner Frau im Sozius über Land. Er besass zudem verschiedene Autos, die wohl über die Jahre immer vornehmer wurden, 1964 kaufte er sich gar einen Jaguar.

Daneben war er häufig mit dem Fahrrad unterwegs, seine Sportlichkeit war legendär. Zu seinem ausschweifenden Lebenswandel gehörten des Weiteren einige aussereheliche Liebschaften, unter denen Ina Sonderegger ausnehmend litt, wie zahlreiche ihrer Briefe deutlich machen. So soll er mit der Frau eines ehemaligen Lehrers, des Mathematikers Hermann Weyl, in Zürich eine Affäre gehabt haben.[13]

Scherrer schätzte Geselligkeit, dazu eine gute Küche, Pferde und schnelle Wagen. Er interessierte sich für Belletristik und für Museen, für Jazzmusik und Kinofilme, er fotografierte gerne und häufig und galt als Person mit viel Fantasie und noch mehr Humor. Die Ferien verbrachte er in Ascona oder Arosa, später in seinem Ferienhaus in Brissago. Nur das Rauchen pflegte Ina intensiver als er.

EMIL FREY AG ZÜRICH

EFZ

Wagenkarte Nr. 32'274

Marke: JAGUAR
Typ: 3,8 lt. „S"
Jahrgang: 1964
PS: 19,26 /
Zyl.: 6 cm³
Bohrung: 87 mm, Hub: 106 mm

Karosserie: Limousine
Türen: 4 / Plätze: 5
Farbe: Dark Green
Polster: Beige
Getr./Body: JBC 20516
Pneus: Dunlop 6.40-14

Chassis Nr.: 1 B 76476 BW
Motor Nr.: 7 B 53777-8
Lenkung: links / rechts
Heizung: mit / ohne
Schlüssel Nr.: FS 929/930
Kilometerstand: 50

Ort / Datum: Safenwil, 24.11.64/uc
Unterschrift: E. Bachmann

Automat/Scheibenbremsen, Liegesitz

Faktura: E. Lutz, Vaduz Datum: 16.11.64 Nr.: 2155

Verzollung in Basel SBB Datum: 23.11.64 Nr.: 8076

Fahrzeughalter: Hr. Prof. Dr. Paul SCHERRER | J | F | M | A | M | J | J | A | S | O | N | D

Beruf: Prof. ETH Strasse: Rislingstrasse 8 Wohnort: 8044 Zürich

Tel.-Nr.: Pol.-Nr.: Abgeliefert am: 30. 4. 65 km-Stand:

Verkauft durch: F. Klug (EFAG) Ort: Zürich Datum: 21.4.65 Garantie: 12Mon

Bemerkungen: 32'274 Jaguar 3,8lt. "S" 1965, Limousine/Automat

Claim-Nr.	Vertr. oder Karte	Datum	km	Ausgeführte Arbeiten

Abb. 7: Wagenkarte für den Jaguar, abgeliefert 30. April 1965.

Zu seinen Freunden zählten namhafte Personen der europäischen Physiker- und Mathematikerszene, etwa Walter Baade, David Hilbert, Jean Weigle und Gregor Wentzel, die er auf Wissenschaftskongressen und an Veranstaltungen traf, mit denen er aber auch gesellschaftlich verkehrte. Wenn Niels Bohr in Zürich war, lud er diesen in distinguierte Restaurants ein.[14] Mit Wolfgang Pauli und Peter Debye traf er sich im akademischen Kegelclub von Universität und ETH, gefolgt von Ausflügen in die Bars von eleganten Hotels oder auch mal in «rather disreputable districts».[15]

Abb. 8: Paul Scherrer im Winter vor seinem Tod, Anfang 1969.

An einem der letzteren Orte soll Scherrer einmal, so will es Paulis Assistent Rudolf Peierls gehört haben, in einen heftigen Streit mit einem anderen Gast geraten sein, der damit endete, dass er diesen in einen nahestehenden Brunnen warf. Als man Scherrer vor Gericht zitierte, soll er sich mit dem Argument verteidigt haben, es sei keine Inschrift an besagtem Brunnen angebracht gewesen, die dies verboten hätte … Gleichwohl musste er eine Busse akzeptieren.[16]

Scherrer war ein origineller Denker und ein anregender Gesprächspartner. Dennoch umgab ihn ein Nimbus des Unergründlichen, und dies bis zuletzt. Bei der Ausübung seines Lieblingssports, des Reitens, verunglückte er mit fast 79 Jahren tödlich. Auch darum ranken sich Legenden: Stürzte er «beim Aufbruch zu einem Ausritt»[17] oder erst beim anschliessenden «Bügeltrunk»?[18] War er allein unterwegs oder in Begleitung? Verabschiedet wurde er am 29. September 1969 in der Kirche Zürich-Fluntern, anwesend waren neben seinen Angehörigen auch zahlreiche Kollegen und ehemalige Studierende, die dem «grossen Physiker und Menschen»,[19] dem «unvergesslichen Lehrer»,[20] «unserem Scherrer»[21] die letzte Reverenz erwiesen.

Göttingen

Im Zentrum der Physik

Im Frühling 1912 brach Paul Scherrer zusammen mit seiner künftigen Ehefrau Ina Sonderegger nach Königsberg auf. Einer seiner Professoren an der ETH hatte ihm geraten, an der dortigen Universität seine Studien weiterzuverfolgen. Scherrer hatte sich zuvor bereits über mögliche Aufenthalte an anderen Universitäten erkundigt, etwa in Bern, Jena und München.[22] Nun also ging es ins kulturelle und wirtschaftliche Zentrum Ostpreussens, das Königsberg in jenen Jahren war. Der Aufenthalt erlaubte ihm, erste Auslandserfahrungen zu sammeln. Alles Übrige scheint jedoch nicht gestimmt zu haben. Nach nur einem Semester zog er bereits wieder um. Für das Herbstsemester 1912 immatrikulierte er sich auf Empfehlung des Physikers Paul Volkmann an der Georg-August-Universität in Göttingen.[23]

Hier sollte Scherrer den Ausbau der Universität zum «Weltzentrum» der mathematischen und theoretischen Physik miterleben, dessen Grundlagen bereits im 19. Jahrhundert gelegt worden waren. Nun wurde Göttingen zur Wirkstätte einer ganzen Physikergeneration, die die Stadt während vieler Jahre zum Mittelpunkt der physikalischen Forschung machte. Dazu gehörten unter anderen Scherrers Lehrer Woldemar Voigt, Hermann Theodor Simon und Peter Debye, dann auch David Hilbert, Max Born und James Franck, ab 1924 Werner Heisenberg, als Gäste Niels Bohr, Enrico Fermi und Robert Oppenheimer. Max Born, Werner Heisenberg und Pascual Jordan verhalfen der Quantenmechanik zum Durchbruch, die zur wesentlichen Grundlage der Kernphysik wurde. Dazu gehörte auch die Mathematikerin Emmy Noether, die sich ab 1915 in Göttingen aufhielt, ab 1916 mit Albert Einstein zur allgemeinen Relativitätstheorie zusammenarbeitete und 1918 das weiterhin vermittelte Noether-Theorem entwickelte. 1919 wurde sie als erste Frau in Deutschland in Mathematik habilitiert. Sie gilt als Begründerin der modernen abstrakten Algebra, eine der bedeutendsten Innovationen der Mathematik des 20. Jahrhunderts.[24]

Mit der Immatrikulation am physikalischen und elektrotechnischen Institut traf Scherrer auf jene Lehrer, die ihn in diesen Jahren am meisten prägen sollten: Debye, Simon und Voigt. Vorlesungen besuchte er ausserdem bei namhaften Physikern wie Theodore von Kármán, Ludwig Prandtl, Constantin Carathéodory sowie dem Mathematiker Hermann Weyl, der bis 1912 als Privatdozent lehrte und dem Scherrer in Zürich wieder begegnen sollte. Des Weiteren studierte er beim Chemiker Gustav Tammann und bei den Mathematikern Edmund Landau und David Hilbert, wobei Hilbert neben Hermann Simon als Zweitgutachter von Scherrers Dissertation fungierte.[25] Nicht wenige der Genannten blieben Scherrer später in Freundschaft verbunden. In Göttingen verbuchte er auch seine ersten wissenschaftlichen Erfolge. Im Februar 1916 wurde er bei Debye mit einer Arbeit zum Faraday-Effekt an Wasserstoffmolekülgasen promoviert.[26] Im selben Jahr wählte ihn die Deutsche Physikalische Gesellschaft zum auswärtigen Mitglied.[27]

Zwei Jahre nach seiner Promotion, 1918, legte Scherrer bereits seine Habilitation vor, mit der er zum Privatdozenten ernannt wurde. Gleichzeitig erhielt er eine Assistenzstelle.[28] In seiner Habilitationsarbeit beschäftigte er sich mit der Bestimmung der Grösse und Struktur von Kolloiden (Teilchen im Nanometerbereich), einem Forschungsthema, das in Göttingen von Richard Zsigmondy vorangetrieben wurde. Während dieser die kolloidalen Teilchen mit dem von ihm entwickelten Immersionsultramikroskop untersuchte, wandte Scherrer die Röntgenmethode an, die er gemeinsam mit seinem Lehrer Peter Debye entwickelt hatte. Dies erlaubte ihm, die faserige Struktur von Zellulose und anderen organischen Verbindungen zu beobachten und damit neue Erkenntnisse zur Kolloidforschung beizusteuern.[29] Die Arbeit zeugt neben der wissenschaftlichen Leistung auch von der in Göttingen praktizierten Zusammenarbeit.

Im Übrigen scheint das Leben in Göttingen unbeschwert gewesen zu sein. Scherrer musste hier allerdings zunächst ohne seine Ehefrau auskommen, da Ina Scherrer noch in der Schweiz weilte. Ihre Korrespondenz in dieser Zeit ist von gegenseitigen Liebesbezeugungen dominiert, gelegentlich bat Scherrer seine Frau aber auch, ihm Geld zukommen zu lassen.[30]

Nachdem auch Ina Scherrer in Göttingen angekommen war und die beiden eine feste Wohnung bezogen hatten, stürzten sie sich nicht nur in Arbeit, sondern auch ins Vergnügen. Sie knüpften Freundschaften, die ein Leben lang hielten, so etwa mit dem späteren Astronomen Walter Baade oder mit dem Physikstudenten und zukünftigen Schriftsteller Rudolf Jakob Humm. Mit beiden streiften die Scherrers nachts durch die Wälder rund um Göttingen, kehrten in Landgasthöfe ein und verlängerten die Wanderungen nicht selten bis in den Morgen hinein.

Eine enge Freundschaft verband Ina und Paul Scherrer auch mit dem Ehepaar Käthe und David Hilbert. Hilbert gilt als einer der bedeutendsten Mathematiker des 20. Jahrhunderts. Er begründete mit seinen Entwürfen die formalistische Auffassung von den Grundlagen der Mathematik und unterzog die Begriffsdefinitionen der Mathematik und des mathematischen Beweises einer kritischen Analyse. Um 1900 stellte er eine berühmte Liste von 23 ungelösten mathematischen Problemen zusammen. Gemeinsam mit Felix Klein hatte er in Göttingen ein Zentrum für Mathematik aufgebaut, welches die Stadt weltberühmt machte. Käthe Hilbert liess die Scherrers wissen: «Für mich kommen Sie wie gerufen, mir ist nach netten Menschen zumut.»[31] Trotz des beträchtlichen Altersunterschieds bestand die Freundschaft über Jahrzehnte. Aber nicht nur die Hilberts wurden zu wichtigen Wegbegleitern auf wissenschaftlicher wie auf privater Ebene, auch mit den Landaus und

Abb. 9: Ina Scherrer-Sonderegger mit Walter Baade und Rudolf Jakob Humm, 1910er-Jahre.

Abb. 10: Paul und Ina Scherrer beim Tischtennisspiel, undatiert.

den Weyls traf man sich in privatem Rahmen. Unterbrochen wurde der Aufenthalt in Göttingen vom Militärdienst, den Scherrer während des Ersten Weltkriegs in der Schweiz zu absolvieren hatte.[32]

Zusammenarbeit mit Debye

Insbesondere der Holländer Peter Debye, der 1913 in Göttingen die Nachfolge Woldemar Voigts angetreten hatte, wurde für Scherrer wichtig, er sollte ihn später als zentral für seine «physikalische Erziehung»[33] bezeichnen. Als die beiden sich kennenlernten, war der Student Scherrer, angeregt vom Theoretiker Voigt, damit beschäftigt, Versuche über den Zeeman-Effekt, also die Wirkung des Magnetismus auf Spektrallinien, anzustellen.[34] Debye seinerseits war daran, seine Arbeiten zur Interferenz von Röntgenstrahlen voranzutreiben: «Der mittlere Teil dieses Zimmers wurde eingenommen von einem alten Foucault-Transformator riesiger Dimensionen. Dieser wurde betrieben mit einem Quecksilberstrahl-Unterbrecher und lieferte die Hochspannung zu der Röntgenröhre mit vorgeschalteter Gleichrichterröhre. Hier begann ich die ersten Streuversuche mit Hilfe einer aus einer Papprolle angefertigten Kamera, und hier war es, wo ich Paul Scherrer zum ersten Male begegnete.»[35] Scherrer zeigte sich interessiert, mehr über die Arbeiten Debyes zu erfahren, sie kamen ins Gespräch und begannen, im Vorbereitungszimmer neben dem Hörsaal erste Versuche zu machen, bis Scherrer diese selbst übernehmen konnte. Erste Erfolge stellten sich Ende 1915 ein und führten schliesslich zur gemeinsamen Untersuchung der Streuung und Identifikation pulverförmiger kristalliner Substanzen mittels Röntgenbeugung. Dieses Verfahren erlaubte es ihnen, grundlegende Kenntnisse über den Bau von Kristallen zu gewinnen. Zudem diente die Methode der qualitativen Analyse unbekannter Gemische von Mineralien. Das Debye-Scherrer-Verfahren war geboren. Es basierte auf dem von Max von Laue geführten zweifachen Nachweis, dass Röntgenstrahlen aus elektromagnetischen Wellen bestehen und dass Kristalle aus regelmässig angeordneten Atomen gebaut sind. Mit ihren Experimenten wiesen Scherrer und Debye nach, dass auch feinste Pulver von Mineralien aus winzigen Kristallen bestehen. So konnten sie etwa zeigen, dass die aus Kohlenstoff bestehenden Mineralien Grafit und Diamant sich lediglich durch ihren Gitterbau unterscheiden. Das Debye-Scherrer-Verfahren wurde später auch zur Untersuchung von Metallen für den Nachweis von Beimischungen bei Legierungen und zur Analyse von Korrosionsprodukten eingesetzt. Seine Weiterentwicklungen spielen bis heute eine Rolle, etwa in der Strukturanalyse in der Chemie, mittlerweile unter dem Namen «Xray powder diffraction».[36]

Abb. 11: Peter Debye (1884–1966), um 1920 (Foto: Franz Schmelhaus).

Rasch gingen die beiden mit ihren Resultaten an die Öffentlichkeit und legten sie Ende 1915 der Göttinger Akademie vor («Notiz vom 3. Dezember 1915»). Ein Jahr später erschienen sie in den «Göttinger Nachrichten» unter dem Titel «Interferenzen an regellos orientierten Teilchen im Röntgenlicht I». Ihren Versuch wiederholte wenig später ein Amerikaner, der die Resultate bestätigte, was Debye nicht etwa als Konkurrenz auffasste, sondern mit Genugtuung zur Kenntnis nahm. Noch ein Jahr später lagen ihre erweiterten Überlegungen vor, die sie unter demselben Titel, mit dem Vermerk «II», veröffentlichten.[37] Dem schloss sich eine langjährige, erfolgreiche Arbeitsgemeinschaft an.

Als nächstes befassten sich Debye und Scherrer mit der Untersuchung von Flüssigkeiten. Hier konnten sie mittels Interferenzen zeigen, dass auch in Flüssigkeiten eine gewisse Ordnung der Moleküle besteht. Spätere Experimente lieferten den Beleg: Flüssigkeiten besitzen eine quasikristalline Struktur, die allerdings, so das Ergebnis, nur wenige Moleküle weit reicht.[38] Um dies an einem Beispiel zu belegen, untersuchten die beiden Benzol. Hierbei soll, so Debye, Ina Scherrer-Sonderegger eine Rolle gespielt haben: Sie habe die dafür notwendigen numerischen Rechnungen durchgeführt. Damit sei sie die Erste gewesen, die «eine innermolekulare Interferenzkurve berechnete, die publiziert wurde»,[39] allerdings ohne dass ihr Name in der Publikation aufgeführt worden wäre. Ein weiterer gemeinsamer Aufsatz der beiden Forscher folgte 1918, nun mit dem programmatischen Titel «Atombau».[40]

Debye verfeinerte und korrigierte in den folgenden Jahren seine Arbeiten und erhielt 1936 den Nobelpreis für Chemie. Scherrer wiederum begründete mit diesem frühen, fulminanten Einstand in die Wissenschaft sein Renommee als Experimentalphysiker. Albert Einstein gestand ihm dies einmal zu, als er 1920 keineswegs abschätzig festhielt: «Scherrer ist fähig und tüchtig, wenn auch kein eigentlicher Theoretiker.»[41]

Qualifikationsarbeiten

Zunächst aber galt es für Scherrer, seine Dissertation abzuschliessen. Diese beschäftigte sich mit dem Faraday-Effekt bei Wasserstoffmolekülen (Titel: «Die Rotationsdispersion des Wasserstoffs»). Dazu legte er drei Aufsätze vor, davon je einen mit den Koautoren Woldemar Voigt und Peter Debye.

Die Dissertation behandelte die Frage, in welcher Weise die Fortpflanzung des Lichts in magnetisiertem Wasserstoffgas stattfindet. Scherrer hatte sich vom Bohr-Sommerfeld-Modell beeindrucken lassen, wollte aber darüber hinausgehen: «Es ist wohl sicher, dass wir im Zusammenhange mit dem Planck'schen Wirkungsquantum von den althergebrachten Prinzipien eines oder mehrere aufzugeben haben werden. Leider ist eine genaue Formulierung eines neuen allumfassenden Prinzips noch nicht gelungen. Deshalb sind wir wenigstens vorläufig noch ganz und gar darauf angewiesen, in langsamem Fortschreiten Gesetz nach Gesetz zu prüfen.»[42] In diesem Sinne setzte er sich das Ziel, mit an Bohrs Atommodell angelehnten Annahmen die Wirkung eines Magnetfeldes im Wasserstoffgas zu studieren, und zwar anhand der Drehung der Polarisationsebene von elektromagnetischen Wellen (Faraday-Effekt). Scherrer vermerkte dazu: «[Wir] berechnen versuchsweise, unter vollständiger Anlehnung an die althergebrachten Prinzipen, die Grösse jenes Effektes. Das heisst also, wir versuchen den Effekt nach Grösse und Dispersion vollständig vorherzusagen unter alleiniger Benutzung universeller Konstanten.» Und er folgerte: «Als Resultat finden wir: Die klassischen Gesetze für die Wirkung eines Magnetfeldes sind im Atommodell anwendbar.»

Obschon es sich um eine rein theoretische Arbeit handelte, bekräftigen im Gutachten zur Dissertation sowohl Debye als auch Voigt Scherrers Fähigkeit des Experimentierens. Scherrer verfüge über ein «ungewöhnliches Mass an experimentellem Geschick», zu dem sich «theoretische Kenntnisse und Anlagen in nicht alltäglichem

Abb. 12: Titelblatt der Dissertation, Ina Scherrer-Sonderegger gewidmet, 1915.

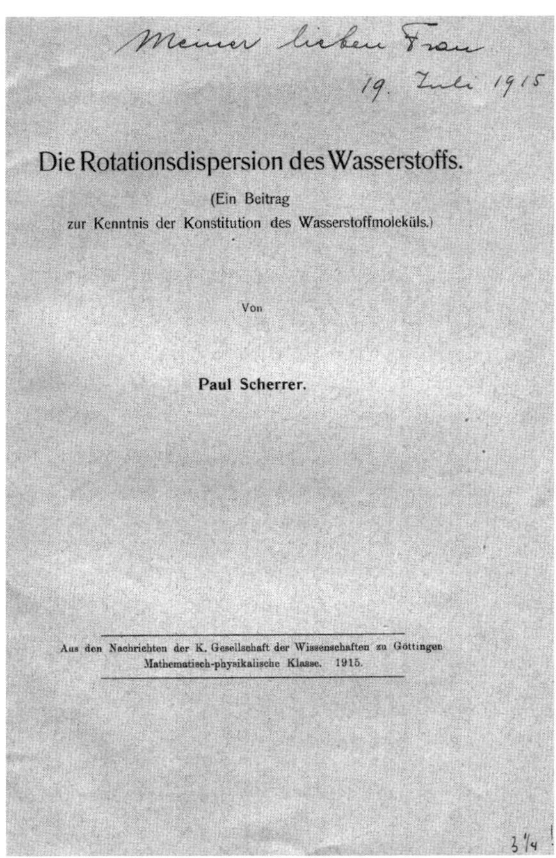

Ausmass» gesellten.[43] Die Arbeit stelle eine theoretisch hoch einzuschätzende Leistung dar, sie erhielt das Prädikat «summa cum laude».

Nur zwei Jahre später erfolgte die nächste Qualifikation, die Habilitation. Scherrer hatte sich im Anschluss an die gemeinsame Arbeit mit Debye mit Röntgenstrahlen befasst. Mittlerweile beschäftigte er sich unabhängig von Debye mit deren Anwendungsbereichen. Bei seiner Habilitationsarbeit handelt es sich um eine konzise Einführung in die Debye-Scherrer-Methode, deren Anwendung auf verschiedene Präparate sowie deren experimentellen Aufbau und die Auswertungsmethoden. Neu daran war, dass man die im Nanometerbereich liegende Grösse der Einzelkristalle und deren innere Struktur bestimmen konnte. Dazu fertigte Scherrer Interferenzbilder von acht Präparaten an und wertete sie aus. Die Habilitation zeigt neben der Forschungsleistung auch seine sich abzeichnende Begabung als Lehrer.

Die Arbeit legte Scherrer am 26. Juli 1918 der Göttinger Akademie vor, und sie erschien noch im gleichen Jahr in den «Göttinger Nachrichten» unter dem Titel «Bestimmung der Grösse und der inneren Struktur von Kolloidteilchen mittels

Röntgenstrahlen». Er habilitierte sich damit an der mathematisch-naturwissenschaftlichen Abteilung der Philosophischen Fakultät der Universität Göttingen. Im Empfehlungsschreiben rekapitulierte Debye noch einmal die Kooperation und die Befähigung Scherrers als Experimentalphysiker: Paul Scherrer «wurde mir erst in Göttingen bekannt, als ich im Physikalischen Institut zu tun bekam. Dass es sich bei seiner Person nicht um eine alltägliche Erscheinung handelte, war mir bald klar. Denselben Eindruck hatte er übrigens schon auf Herrn Kollege Voigt gemacht, wie sich herausstellte, als letzterer mich [...] auf Scherrer aufmerksam machen wollte. Eine nähere Bekanntschaft bildete sich indessen erst heraus, als ich mit Versuchen über Zerstreuung von Röntgenstrahlen anfing, Scherrer mehr zufälligerweise hinzukam, sich dafür interessierte und dann bald in jeder Hinsicht seinen Teil an Mühe in die Versuche hineinsteckte. Seitdem habe ich Scherrer sehr genau kennengelernt und ich glaube nicht, dass ich noch öfter Gelegenheit haben werde, ein Gesuch um Erteilung der Venia Legendi so warm zu befürworten, als mir das bei Scherrer möglich ist. Tatsächlich hat Scherrer sich noch bei jeder Aufgabe bewährt, welche er sich stellte oder die ihm gestellt wurde.»[44] Voigt bestätigte Debyes Einschätzung, und so verlief das Bewerbungsverfahren für die Lehrbefähigung reibungslos. Auch wenn die Arbeit, wie Scherrer Jahrzehnte später festhielt,[45] wenig Beachtung fand: Das Thema «Röntgenstrahlen» sollte fortan zu Scherrers Spezialgebiet in jungen Jahren werden; er publizierte weitere Arbeiten dazu und vermittelte sein Wissen, gelegentlich stellvertretend für Debye, in ersten Vorlesungen («Röntgenstrahlen», «Die wichtigsten theoretisch-physikalischen Arbeiten der letzten Jahre»).[46] Dass die Lehrtätigkeit seine eigentliche Berufung war, deutete sich nun peu à peu an.

Ruf nach Zürich

1920 wurde Debye nach Zürich an die ETH berufen. Er war froh, Deutschland verlassen zu können, denn «die Verhältnisse in Deutschland [waren] infolge des [Ersten Welt-]Krieges sehr schwierig geworden».[47] Er kehrte damit für einige Jahre in jene Stadt zurück, in der er bereits 1911/12 als Nachfolger Albert Einsteins auf dem Lehrstuhl für theoretische Physik an der Universität gewirkt hatte. Sein Ruf erlaubte ihm, für Scherrer ebenfalls eine Professur zu fordern.

So kam es, dass Scherrer mit nur dreissig Jahren als Nachfolger von Alfred F. Schweitzer auf den Lehrstuhl für Experimentalphysik der ETH Zürich berufen wurde. Die Schulleitung anerkannte, dass die Physik «einem jüngeren Schweizer, Herrn Dr. Scherrer, Privatdozent an der Universität Göttingen, übertragen werden [könne], der sich als Mitarbeiter des Herrn Debye bereits einen angesehenen Namen als Forscher verschafft hat. Herr Scherrer soll aber auch ein sehr guter Dozent sein.»[48] Der Antrag ging, wie damals üblich, an den Bundesrat, der die Professuren an der ETH formal bestätigen musste. Die ETH verpflichtete Scherrer als «Professor für Physik (vorzugsweise an der Abteilung II)» provisorisch auf zwei Jahre, Amtsantritt war der 1. April 1920. Das jährliche Gehalt von 9000 Franken (zuzüglich Umzugskosten) umfasste neben der Forschung zwölf Semesterstunden Lehre sowie die Veranstaltung von Übungen in den physikalischen und elektrotechnischen Laboratorien. Der Bundesrat bestätigte den Vorschlag der ETH-Schulleitung am 9. März 1920, Scherrer war damit gewählt.[49] Er akzeptierte seine Berufung mit den Worten: «Mit Freuden erkläre ich mich bereit, die ehrenvolle Wahl als Lehrer und Forscher an der höchsten Staatsschule meines Heimatlandes anzunehmen. Es wird mein eifrigstes Bestreben sein, das in mich gesetzte Vertrauen zu rechtfertigen.»[50]

DER SCHWEIZERISCHE BUNDESRAT

urkundet anmit,

dass er als Professor für Physik (vorzugsweise an der Abteilung II) an der eidgenössischen Technischen Hochschule gewählt hat:

Herrn Dr. Paul Scherrer,

von Mosnang (St.Gallen), Privatdozent an der Universität Göttingen.

Die Ernennung erfolgt provisorisch auf zwei Jahre, mit Amtsantritt auf 1.April 1920 und mit einer festen jährlichen Besoldung (Grundgehalt) von 9000 Franken, nebst dem reglementarischen Schulgeld- und Honoraranteil und den Alterszulagen, mit Anspruch auf die Versicherungsstiftung bei der Schweizerischen Lebensversicherungs- und Rentenanstalt und mit der Verpflichtung zum Eintritt in die Witwen- & Waisenkasse der Professoren der eidgenössischen Technischen Hochschule.

Die Lehrverpflichtung geht auf höchstens 12 Stunden Vorlesungen wöchentlich nebst den zugehörenden Repetitorien. Ueberdies ist der Gewählte verpflichtet, auf Anordnung der Behörde bei den Uebungen in den physikalischen und elektrotechnischen Laboratorien mitzuwirken.

Der Schulrat behält sich Aenderungen in der Umschreibung des Unterrichtsgebietes vor.

Der Gewählte ist den Bestimmungen des Reglements unterstellt und darf während der Dauer seiner Anstellung an der eidgenössischen Technischen Hochschule ohne Einwilligung des Bundesrates keine andere Lehrverpflichtung übernehmen.

Bern, den 9.März 1920.

Aus Auftrag des Bundesrates,

Der Kanzler der Eidgenossenschaft:

Abb. 13: Der Bundesrat beurkundet die Berufung Paul Scherrers an die ETH, 9. März 1920.

Zürich

Physikweltstadt Zürich?

Damit war Scherrer also zurück in Zürich und trat seine Professur an. Hier sollte er bis zu seiner Emeritierung 1960 bleiben. Es war eine Zeit, in der «ein Professor jeden Tag tun und lassen konnte, was ihm sein Gewissen vorschrieb».[51] Noch hielt sich der Aufwand für Administration und Sitzungen in Grenzen. Zürich war in der Zeit nach dem Ersten Weltkrieg eine beschauliche Stadt, stieg aber bereits zum Finanzzentrum der Schweiz auf. Am Polytechnikum (ETH) bestand seit 1876 ein physikalisches Laboratorium, das später in ein Institut umgewandelt wurde. Hier wirkte seit Beginn des neuen Jahrhunderts eine Reihe von späteren Physikgrössen. 1912–1914 war kein Geringerer als Albert Einstein an der ETH Ordinarius für theoretische Physik.

Einstein, in jungen Jahren in Aarau herangereift, hatte zwischen 1896 und 1900 an der ETH studiert und war 1901 in der Stadt eingebürgert worden. 1902–1909 arbeitete er im Patentamt in Bern. Während dieser Zeit entstanden einige seiner wichtigsten Arbeiten. 1906 wurde er an der Universität Zürich promoviert, seine Dissertation war einer der fünf Aufsätze aus dem «annus mirabilis» 1905. 1909 berief man den Dreissigjährigen als Extraordinarius für Physik an die Universität Zürich, worauf er für drei Semester nach Prag ging, um danach nochmals für zwei Jahre nach Zürich zurückzukehren, als Ordinarius für theoretische Physik an der ETH. Sein weiterer Weg, zunächst an die Preussische Akademie der Wissenschaften in Berlin, dann nach Princeton, war von politischem Engagement mitgeprägt, vor allem für die bedrängten und verfolgten Jüdinnen und Juden, gegen den Antisemitismus und für einen internationalen Zionismus und schliesslich zugunsten eines universalen Pazifismus.[52]

Neben Einstein und Debye gesellten sich zum Zürcher Physikerkreis in den 1910er- und 1920er-Jahren weitere illustre Namen hinzu, etwa Max von Laue, der ab 1912 als Nachfolger Debyes an der Universität wirkte, diese jedoch bereits 1914 in Richtung Frankfurt am Main verliess, wo er im selben Jahr den Nobelpreis entgegennahm. Zum renommierten Kreis gehörte weiter der österreichische Physiker Erwin Schrödinger, der ab 1922 an der Universität Zürich eine Professur für theoretische Physik wahrnahm. Hier beschäftigte er sich mit der Weiterentwicklung der statistischen Thermodynamik und formulierte 1926 die nach ihm benannte Gleichung der Wellenmechanik, die ihm Ende 1925 während eines Aufenthalts in Arosa zugefallen sein soll. Diese bildete eine der Grundlagen der Quantenmechanik, machte ihn berühmt und brachte ihm 1933 den Nobelpreis ein.[53] Mittlerweile

Abb. 14: Albert Einstein am Physiklabor der ETH; Bildunterschrift: «Karl Ferdinand Herzfeld, Otto Stern, Albert Einstein, Frl. Frankamp, Auguste Piccard, Paul Ehrenfest, René Fortrat, Frl. Bruins, Miss Girgorjeff [eigentlich Grigorjeff], Gabriel Foëx, Wolfers (Assistent)», 1913.

ist aber auch bekannt, dass Schrödinger mehrere junge Frauen sexuell ausgebeutet hat. Weyl relativierte und bestätigte dies einmal damit, dass Schrödinger «seine herausragende Arbeit während eines späten erotischen Ausbruchs in seinem Leben geleistet» habe.[54] Sowohl Debye als auch Schrödinger verliessen Zürich 1927; sie hatten besser bezahlte Stellen an renommierteren Hochschulen angeboten bekommen: Debye ging nach Leipzig, Schrödinger nahm einen Ruf nach Berlin als Nachfolger Max Plancks an. In den ersten Jahren des 20. Jahrhunderts war nicht nur die Universität Zürich, sondern auch die ETH weit davon entfernt, ein Ort der internationalen Spitzenforschung zu sein, vielmehr galt Zürich als «Wartsaal 1. Klasse für ein Ordinariat in Deutschland».[55] Dies sollte sich nun ändern. Noch vor dem Ersten Weltkrieg durchlief die ETH eine tief greifende Reform. Das Polytechnikum wurde 1911 zur Eidgenössischen Technischen Hochschule; der Namenswechsel trug der Neuausrichtung der Schule Rechnung: Es kam zu einer klareren Trennung von der Universität, die bis dahin gemeinsam verwalteten und genutzten Gebäude, Sammlungen und Einrichtungen wurden entflechtet, die Zuständigkeiten neu verteilt. Des Weiteren nahm die ETH eine grundlegende Reorganisation des Studiums vor. Ab 1908 wurden für jedes Fach sogenannte Normalstudienpläne entwickelt, die einen möglichst effizienten Verlauf des Studiums ermöglichten, aus den Poly-Schülern wurden Hochschulstudentinnen und -studenten und die ETH erwarb das Recht, Doktortitel zu verleihen. Damit war der Weg zur akademischen Forschungsstätte frei. Die angewandte Forschung und die Grundlagenforschung gewannen gegenüber der Lehre an Bedeutung. Damit gelang es der ETH vermehrt, namhafte Forschende zu behalten und nicht lediglich als Zwischenstation zu fungieren. Nachdem sie ausser Einstein und Debye auch den Mathematiker Hermann Weyl – dieser war zwischen 1913 und 1930 an der ETH tätig – verloren hatte, konnte sie neben Scherrer auch den Physiker Wolfgang Pauli, den Chemiker Leopold Ruzicka sowie die Humanwissenschaftler Carl Gustav Jung und Karl Schmid verpflichten und halten. Auch durch die Zusammenarbeit mit dem Physiker Gregor Wentzel, der 1928 als Nachfolger auf den Lehrstuhl Schrödingers an der Universität Zürich berufen wurde, konnte sich Zürich zu einem international bekannten Zentrum physikalischer Forschung aufschwingen. Als einzige Bundeshochschule bis 1969 spielte die ETH eine zentrale Rolle als Ausbildungsstätte der technisch-industriellen Führungskräfte der Schweiz sowie der Berufskader der Armee. Nach dem Ersten Weltkrieg intensivierte die ETH die Zusammenarbeit mit der Industrie über teilweise privat finanzierte Institute; die Hochschule wurde zum «Flaggschiff» der nationalen Wissenschaft und Wirtschaft.[56] Dabei lag die strategische Verantwortung der ETH über viele Jahrzehnte beim Schweizerischen Schulrat, bis sich dieser 1970 in zwei Nachfolgeorganisationen aufteilte: in die Schulleitung der ETH und den Schweizerischen Schulrat, mit veränderten Aufgaben und Kompetenzen (seit 1990 ETH-Rat).

Nach 1933 verschärfte sich an der ETH, was schon Jahrzehnte zuvor angelegt worden war: Der latent fremdenfeindliche Diskurs, der vorherrschte, erhielt nun eine antisemitische Dimension.[57] Einzelne ausländische Wissenschaftlerinnen und Wissenschaftler sahen sich in diesen Jahren gezwungen, die Schweiz und damit die ETH zumindest vorübergehend zu verlassen. Dazu gehörte nicht zuletzt der renommierte Physiker Wolfgang Pauli. Darauf wird zurückzukommen sein.

Frühe Forschungen

Nach seiner Rückkehr nach Zürich setzte Scherrer zunächst die experimentelle Strukturforschung auf dem Gebiet der Röntgenstreuung fort, an der er in Göttingen mit Debye gearbeitet hatte. In zahlreichen Arbeiten befasste er sich mit den Strukturen von Komplexsalzen, an denen er durch Röntgenanalyse die Koordinationslehre der chemischen Bindung des an der Universität Zürich lehrenden Chemikers Alfred Werner demonstrierte; Werner hatte dafür 1913 den Nobelpreis erhalten. Dann waren es vor allem Fragen des Atombaus, die durch die Quantenmechanik Schrödingers, Heisenbergs, Diracs und Paulis ins Zentrum des Interesses gerückt waren und ebenfalls durch Streuung von Röntgenstrahlen der Beobachtung zugänglich gemacht wurden. Kristallstrukturfragen führten Scherrer schliesslich zu den Problemen des Kristallbaus und der Festkörperphysik im Allgemeinen.[58] An der ETH führte er die Forschung auf diesem Gebiet mit seinem Schüler Georg Busch fort. Dieser wurde später Scherrers Kollege, in den letzten Jahren jedoch sein Gegner; wissenschaftlich beschäftigte er sich mit Halbleitern. Scherrer seinerseits begann sich ab Ende der 1920er-Jahre den neuen, vielversprechenden Gebieten der Höhenstrahlung und der Ferroelektrizität zuzuwenden, für die sich in der Folge eine eigentliche Zürcher Schule bildete. Es war die Zeit, als es in den Laboratorien erst wenige Grossanlagen gab. Rudolf Stössel, Vorlesungsassistent bei Scherrer zwischen 1927 und 1930, erinnert sich, dass etwa Zählrohr und Verstärker damals überhaupt erst Einzug hielten und zudem die Leitungen noch nicht abgeschirmt waren, sodass ständig mit Induktionsstörungen oder Erdschlüssen gerechnet werden musste.[59] In der Wahl der Forschungsthemen zeigte sich das Interesse Scherrers sowohl an theoretischen wie auch an praktisch-technischen Ansätzen physikalischer Phänomene; er lehnte Spezialistentum ab, seine Forschungsinteressen und Forschertätigkeit umfassten mehrere Teilgebiete. Diese breitere Ausrichtung hatte sich bereits bei seiner Dissertation bemerkbar gemacht und sollte sich in seiner zukünftigen Forschung in der Kern- und Festkörperphysik und in der Erweiterung dieser Gebiete über die kosmische Strahlung hin zur Hochenergie- und Elementarteilchenphysik akzentuieren.[60]

Forschung und Lehre verstand er als einander bedingend, die Vermittlung der eigenen Erkenntnisse als logische Folge der Forschung.[61] So seien bei Scherrer, wie sich Hans Staub, Scherrers Assistent in den 1930er-Jahren und später Professor für Experimentalphysik an der Universität Zürich, erinnert, die Kategorien der Beurteilung eines Experiments, einer Schrift oder einer These nie «richtig» oder «falsch» gewesen, sondern vielmehr «interessant» oder «langweilig», aber auch «lustig». Gerade mit Letzterem war er nicht allein; auch Einstein qualifizierte Beobachtungen gelegentlich als lustig: «Eine merkliche Abnahme der Masse müsste beim Radium erfolgen. Die Überlegung ist lustig und bestechend [...].»[62] Die physikalische Forschung war nach Staub für seinen Lehrer Scherrer jedenfalls «nicht in erster Linie eine mühselige Erwerbstätigkeit [...], sondern etwas, das dauernd und in jeder Phase dem Forscher die Befriedigung seiner Neugierde bringt».[63]

Zwei Jahre nach seinem Eintritt in die ETH erhielt Scherrer 1922 hier eine feste Professur, «da sich dieser [Scherrer] in jeder Richtung, im Vortrag wie in den Übungen, vorzüglich bewährt» und auch die Erwartungen an seine Forschung in «rei-

Abb. 15: Paul Scherrer, 1935 (Foto: Franz Schmelhaus).

chem Masse erfüllt» hatte.[64] Faktisch hiess dies, dass er einen Zehnjahresvertrag erhielt, mit Beginn am 1. April 1922 und einem Grundgehalt von 12 000 Franken.

Diese Jahre waren allerdings nicht nur rosig, sondern gekennzeichnet von angeordneter Sparsamkeit und sinkenden Löhnen. Die Physikerinnen und Physiker mussten vieles selbst bauen, erhielten wenig Geld für Instrumente, kaum Hilfspersonal zur Bedienung der Apparaturen; zahlreiche Mitarbeitende Scherrers sollen sich gar ausgebeutet oder in ihrem Fortkommen eingeschränkt gefühlt haben.[65] Gleichwohl gelang 1928 die Gründung einer eigenen Wissenschaftszeitschrift, der «Helvetica Physica Acta». Scherrer war Mitgründer und erster Redaktor, später übernahm er für einige Jahre das Präsidium der Redaktionskommission.[66] Fortan galt die Zeitschrift als wichtiges Publikationsorgan neben den renommierteren deutschen «Annalen der Physik» und der «Zeitschrift für Physik».

Unterbrochen wurden Scherrers Arbeiten von gelegentlichen Reisen ins Ausland, manchmal für Ferien, häufiger für Besuche von Kongressen oder Kolloquien. Diese Zusammenkünfte dienten der wissenschaftlichen Positionierung und dem Fortkommen, noch entscheidender aber der Vernetzung mit der europäischen Physikerelite. So traf Scherrer 1921 Hermann Weyl in Jena,[67] 1925 in Paris die renommierten Physikerinnen und Chemikerinnen Marie Skłodowska-Curie und deren Tochter Irène Joliot-Curie,[68] zudem mehrfach David Hilbert und Max Born in Göttingen, Otto Stern, Wilhelm Lenz und Wolfgang Pauli in Hamburg sowie Walter Bothe in Berlin.[69] Die meisten Fachkolleginnen und Fachkollegen kannte er persönlich oder stand brieflich mit ihnen in Kontakt.[70] Aus diesen Jahren stammt auch der einzige bekannte Briefwechsel Scherrers mit Albert Einstein. Scherrer scheint diesen um Rat bezüglich eines Forschungsproblems gefragt zu haben. Ging es um die Quantenstatistik von Gasen mit mehratomigen Molekülen? Einstein antwortete dem jüngeren Kollegen jedenfalls freundlich und machte ihn auf Unstimmigkeiten in dessen Grundannahmen aufmerksam.[71] Das Schreiben muss für Scherrer enttäuschend gewesen sein, bot es doch nur eine knappe Antwort und lud zu keinem weiteren Austausch ein.

Das etablierte Netzwerk erlaubte ihm dagegen, 1925 erstmals die Organisation eines internationalen Physikerkongresses zu wagen. Daraus entstand eine der ersten grossen Konferenzen der europäischen Physikerinnen und Physiker nach dem Ersten Weltkrieg überhaupt. Zahlreiche Koryphäen der europäischen Physikergemeinschaft folgten Scherrers Einladung nach Zürich.[72]

Damit begründete er die Zürcher «Physikalischen Wochen», die er von nun an etwa zweijährlich gemeinsam mit seinen Institutskollegen Wolfgang Pauli und Franz Tank ausrichtete und die international einen guten Ruf genossen. Sie orientierten sich an den renommierten Solvay-Konferenzen, die seit 1911 stattfanden und jeweils die gesamte Physikelite versammelten, darunter Marie Skłodowska-Curie, Albert Einstein, Paul Ehrenfest, Erwin Schrödinger, Wolfgang Pauli, Werner Hei-

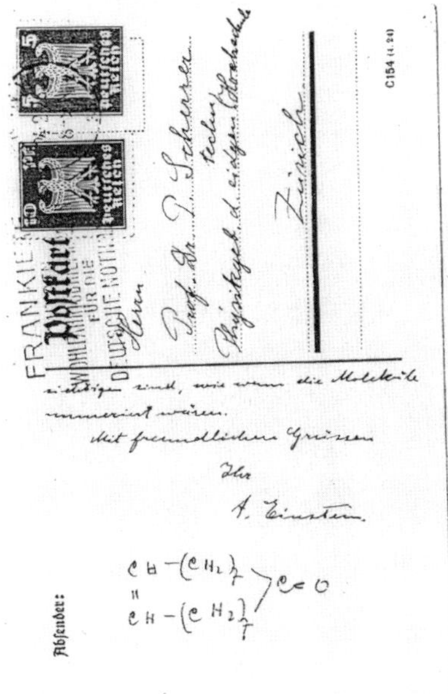

24. II. 26

Sehr geehrter Herr Kollege!

Mit freundlichen Grüssen

Ihr

A. Einstein

Zürich

Abb. 16: Postkarte Albert Einsteins an Paul Scherrer, 24. Februar 1926.

senberg, Peter Debye, Louis de Broglie, Max Born, Niels Bohr und Max Planck. Die Konferenzen in Zürich waren nicht ganz so auserlesen, doch gelang es, etliche Male bedeutende europäische und amerikanische Wissenschaftler und Wissenschaftlerinnen einzuladen, 1929 etwa Lise Meitner, eine der wenigen Physikerinnen in jener Zeit. Im Fokus der Symposien standen in den ersten Jahren die klassischen, von Scherrer vorangetriebenen Forschungsthemen der experimentellen und theoretischen Röntgenphysik und der kosmischen Strahlung, spätestens ab 1936 widmete sich die Konferenz auch der Thematik der «Atomumwandlung».[73]

Scherrer hatte als Experte auf dem Gebiet der Röntgenstreuung inzwischen im In- und Ausland grosses Ansehen erworben. Im Wintersemester 1929 lud ihn der spanische Physiker Julio Palacios Martínez, der sich ebenfalls mit der Erforschung kristalliner Strukturen mithilfe der Röntgenbeugung beschäftigte, an sein physikalisches Institut der Universität Madrid ein; Scherrer hielt dort während eines Semesters Vorlesungen über Röntgenstrahlen und beteiligte sich am Aufbau eines Röntgeninstituts. Die Universität Madrid verlieh ihm dafür 1967 den Ehrendoktortitel. 1930 erhielt er zudem eine Einladung an das Massachusetts Institute of Technology (MIT) in Cambridge (USA), wo er während des Herbstsemesters trotz anfänglicher Schwierigkeiten mit der englischen Sprache erfolgreiche Vorlesungen hielt.[74]

Abb. 17: Zürcher Physikalische Woche: Otto Stern links, Wolfgang Pauli rechts, Cornelis Bakker im Hintergrund, um 1935.

Zunächst jedoch kam es zu einer grundlegenden Veränderung. 1927 erhielt Peter Debye, anfangs Mentor, später ein Kollege Scherrers, einen Ruf an die Universität Leipzig, letztlich nur eine weitere Zwischenstation. Für die Zürcher Schulleitung war unbestritten, dass Scherrer Debyes Nachfolger in der Leitung des Physikalischen Instituts werden sollte. Er trat diese am 1. Oktober 1927 an, daneben behielt er seinen Lehrstuhl für Experimentalphysik. In der Folge waren ihm sämtliche Assistierenden sowie das Werkstattpersonal unterstellt. Zugleich figurierte er als Direktor der Demonstrationssammlungen des Physikalischen Instituts und der Bibliothek des Physikalischen und des Elektrotechnischen Instituts.[75] Nicht zuletzt umfasste seine neue Funktion die Programmleitung, was ihm ermöglichte, das Curriculum des Physikalischen Instituts neu auszurichten. Konsequenterweise erwirkte er Ende der 1920er-Jahre eine Neuordnung des Physikunterrichts und leitete schliesslich die Verschiebung des Schwerpunkts von Lehre und Forschung in Richtung Kernphysik ein. Damit einher ging eine Erweiterung des Physikalischen Instituts, das in diesen Jahren auch in baulicher Hinsicht ständig wuchs.[76]

Vorerst galt es jedoch, Debyes Lehrstuhl für theoretische Physik neu zu besetzen. Dafür wurden, wie damals üblich, im Physikerumfeld Namen von möglichen Kandidaten sondiert, denn Professuren schrieb man, anders als heute, nicht aus. Es waren die Fakultätsangehörigen, die in Rücksprache mit externen Fachleuten eine

Physikalisches Institut der Eidgenössischen Technischen Hochschule
Zürich

EINLADUNG

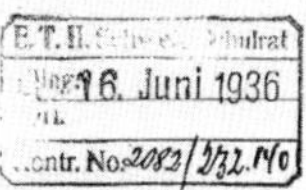

Wie schon mehrmals wird die Eidgenössische Technische Hochschule in Zürich auch dieses Jahr in der Zeit vom

30. Juni bis 4. Juli [1936]

eine Vortragswoche veranstalten. Die Vorträge und Diskussionen betreffen Probleme der Kernphysik und der kosmischen Strahlung. — Es sind folgende Referate vorgesehen:

Dienstag, den 30. Juni, 20 Uhr

Joliot F., Paris:	„Synthèse des nouveaux radioéléments."
Meitner L., Berlin:	„Künstliche Umwandlungsprozesse beim Uran."

Mittwoch, den 1. Juli, 16 Uhr

Dunning, New York:	„Experiments with slow Neutrons."
Döpel, Würzburg:	„Kernzertrümmerung bei niedriger Spannung."

Mittwoch, den 1. Juli, 20 Uhr

Bothe, Heidelberg:	„Koinzidenzversuche am Comptoneffekt." Anschließend ausführliche Diskussion über Comptoneffekt.

Donnerstag, den 2. Juli, 15 Uhr

Williams, Manchester:	„General Survey of Theory and Experiment for high energy Electrons."

Abb. 18: Einladung an die Zürcher Physikalische Woche vom 30. Juni bis 4. Juli 1936.

Liste möglicher Kandidaten (noch keine Frauen) zusammenstellten und dem Schulrat vorlegten, der die Entscheidungsbefugnis hatte. Ein Name, der bei der Neubesetzung weit oben rangierte, war derjenige von Werner Heisenberg, der jedoch ablehnte, da er es vorzog, Debye nach Leipzig zu folgen. In Erwägung gezogen wurde auch Gregor Wentzel, der gleichzeitig für den Physiklehrstuhl an der Universität Zürich zur Debatte stand.

Scherrer berichtete Debye über den Dreiervorschlag, erwähnte Pauli als geeigneten Kandidaten und wollte Debyes Meinung hören.[77] Scherrer hatte Pauli in Göttingen kennengelernt, später in Hamburg erneut getroffen und war dort ein paarmal mit ihm ausgegangen. Pauli war zudem auf Einladung Scherrers und Debyes mindestens einmal in Zürich gewesen.[78] Für Pauli machte sich übrigens auch Albert Einstein stark, was nicht aussergewöhnlich war, war es in diesen Jahren doch üblich, eine Position auf Empfehlung hin zu vergeben. Und auch Schulratspräsident Arthur Rohn wollte Pauli unbedingt in Zürich haben: er reiste sogar nach Hamburg, um diesen für die Professur zu gewinnen. Mit Erfolg: Dem Schulrat lag letztlich ein Dreiervorschlag vor, der neben Wolfgang Pauli auch Louis de Broglie aus Paris und eben Gregor Wentzel, damals in Leipzig, auflistete.[79] Das Gremium entschied rasch und besetzte Debyes Lehrstuhl mit dem jungen Theoretiker Wolfgang Pauli. Dieser hatte zu dem Zeitpunkt, 1927, bereits das Ausschliessungsprinzip formuliert, das später als Pauli-Prinzip bekannt wurde und für das er 1945 den Nobelpreis erhalten sollte. Pauli bekundete in einem Schreiben vom November 1927 Scherrer gegenüber seine Genugtuung über den Ruf, bestätigte sein Kommen und machte Vorschläge für eine erste Vorlesung. Zudem lag ihm daran, adäquate Assistenten zu erhalten. So hoffte er, Ralph Kronig für Zürich gewinnen zu können, ein Quantenmechaniker, der damals unter Niels Bohr in Kopenhagen arbeitete.[80] Scherrer sicherte ihm seine volle Unterstützung zu.

Pauli und Scherrer: Theoretische und experimentelle Physik

Der Experimentalphysiker Paul Scherrer und der Theoretiker Wolfgang Pauli arbeiteten fortan also zusammen. Pauli konnte sich in Ruhe einarbeiten, weitgehend von administrativen Aufgaben entlastet, welche ihm Institutsdirektor Scherrer beziehungsweise seine Assistenten und seine Sekretärin abnahmen. Jahre später resümierte Pauli seinen Einstand in Zürich Albert Einstein gegenüber: «Ich fand Zürich keineswegs ein Alpendorf, sondern einen sehr internationalen Platz. Unter meinen Studenten und Mitarbeitern sind nicht nur Schweizer, sondern auch Schweden und Belgier.»[81] Gemeinsam bauten Pauli und Scherrer das Institut an der ETH zu einem international angesehenen Forschungszentrum aus, welches vor allem in den 1920er- und 1930er-Jahren dazu beitrug, dass die Physik in der Schweiz eine Breitenentwicklung und Internationalisierung durchlief. Pauli war dabei der Theoretiker («Als Theoretiker brauche ich kein Laboratorium»),[82] Scherrer der Praktiker. Dies war keineswegs erstaunlich – Experimentalphysik und theoretische Physik standen und stehen in einer steten Wechselbeziehung. Scherrer und Pauli wechselten sich in der Leitung des «Physikalischen Seminars», einer regelmässig stattfindenden Veranstaltung in theoretischer und experimenteller Physik, ab. Neben den beiden gehörte auch Franz Tank zum Institut. Dieser war 1922 auf Auguste Piccard gefolgt und wirkte bis 1960 als Professor für Physik und Hochfrequenztechnik, ausserdem zwischen 1943 und 1947 als Rektor der ETH. Tank befasste sich mit drahtloser Telefonie sowie mit Elektronenröhren. Ähnlich wie Scherrer war er erfolgreich

Abb. 19: Paul Scherrer und Wolfgang Pauli, undatiert.

in der Kooperation mit Unternehmen, zum Beispiel mit Brown, Boveri & Cie. (BBC), die sich an Tanks Forschung interessiert zeigte und diese substanziell unterstützte.

Über die Zusammenarbeit Scherrers mit Wolfgang Pauli ist insgesamt wenig aktenkundig geworden. Die Wissenschaftler arbeiteten Tür an Tür und sollen mündliche Besprechungen einem Briefwechsel vorgezogen haben.[83] Ihre Wertschätzung war gegenseitig, ihr Verständnis von Physik dagegen fundamental verschieden: Scherrer war bemüht, komplexe Vorgänge zu reduzieren, das Wesentliche herauszuschälen und allgemein verständlich darzulegen. Für sein Leitmotiv «Es ist doch alles ganz einfach!»[84] wurde er berühmt. Nicht selten aber waren seine Vereinfachungen zu drastisch und für theoretisch arbeitende Studierende zu wenig elaboriert, sodass Pauli ihn deswegen mehr als einmal mahnte. Nachdem Scherrer wieder einmal die Einfachheit eines physikalischen Phänomens betont hatte, soll Pauli erwidert haben: «Einfach ist es schon, aber es ist auch falsch.»[85] Dessen ungeachtet zollte Scherrer dem Kollegen Respekt: «Als Mensch war Pauli schwer kennenzulernen. Menschlich so verständnisvoll und weich, wirkte er in wissenschaftlichen Diskussionen oft hart, streng und unnachgiebig; doch war es gerade diese unerbittliche Forderung nach Aufrichtigkeit in allen Dingen, die man in längerem Umgang mit ihm ganz besonders schätzen lernte.»[86] Für den älteren Scherrer war Pauli zeitlebens «mein Pauli», der jüngere, wenngleich berühmtere Kollege und Freund, mit dem er sich gelegentlich im Kegelklub traf oder ins Kino ging. Pauli wiederum anerkannte die Erfahrung Scherrers. Werner Heisenberg erinnert sich: «Wenn Pauli und ich etwa nach einer langen und schwierigen Diskussion, in der wir uns nicht einigen konnten, zu Scherrer hinübergingen, so konnte er zwar auch die Schwierigkeiten oft nicht lösen, aber sie erschienen dann doch irgendwie geringer, und selbst wenn Scherrer nur sagte: ‹Das weiss man halt noch nicht›, so ging von einem solchen Satz doch eine gewisse Befriedigung aus, die die Hoffnung auf die spätere Lösung in sich trug.»[87] Und während Pauli sich namentlich auf internationaler Ebene hervortat, prägte und förderte Scherrer in erster Linie die Physik in der Schweiz.

Scherrer war also der Praktiker und Erklärer, Pauli der Theoretiker und dabei handwerklich gänzlich ungeschickt. Sein Erscheinen in den mit Glasapparaturen und sonstigen Instrumenten überfüllten Laboratorien soll bei den Experimentalphysikern jeweils die schlimmsten Befürchtungen ausgelöst haben, sodass es gelegentlich zum etwas anderen «Pauli-Effekt» kam: Dieser bedeutete, dass die Anwesenden in Paulis Beisein so nervös wurden, dass experimentelle Apparaturen versagten oder Instrumente zu Bruch gingen. Pauli soll denn auch als Lehrer wenig beliebt gewesen sein, die Prüfungen bei ihm wurden als aufreibend empfunden.[88]

Das alles darf aber nicht darüber hinwegtäuschen, dass Pauli einer der bedeutendsten Physiker im 20. Jahrhundert war. Ende 1930 postulierte er die Existenz des Neutrinos. Ausgangspunkt war das kontinuierliche Energiespektrum im Betazerfall, das sich theoretisch nicht deuten liess. Niels Bohr hatte es mit der Hypothese der eingeschränkten Gültigkeit des Energieerhaltungssatzes versucht, was Pauli nicht akzeptieren konnte. Denn der Energiesatz hatte sich auf allen Gebieten der Physik bewährt. In dieser kritischen Situation verfiel Pauli «auf einen Ausweg der Verzweiflung»:[89] Er entwickelte die Idee, dass beim Betazerfall ausser dem Elektron ein weiteres, elektrisch neutrales Teilchen emittiert werde, und zwar so, dass die Summe der Energien der beiden Teilchen konstant blieb. 1933, auf dem siebten Solvay-Kongress in Brüssel, wagte er es, seine Hypothese öffentlich vorzustellen. Unmittelbar danach publizierte der italienische Physiker Enrico Fermi eine vorläufige Mitteilung über seine quantitative Theorie des Betazerfalls, die auf der Idee des Neutrinos basierte. Er war es auch, der den Begriff «Neutrino» prägte, nachdem Pauli selbst vom «Neutron» gesprochen hatte. Letztere Bezeichnung blieb dem 1932 entdeckten schweren Kernbaustein vorbehalten.[90] Bis der experimentelle Nachweis des Neutrinos gelang, sollte es weitere gut zwanzig Jahre dauern. Und auch Paulis Lehre war trotz seiner Strenge den Studentinnen und Studenten gegenüber erfolgreich: Einige seiner Post-Doktoranden und Assistenten, die er im Laufe seiner Zeit an der ETH ausbildete, gehörten später zu den Grössen der theoretischen Physik. Neben den bereits genannten Kronig und Peierls waren dies Markus Fierz, der Pauli nach seinem frühen Tod 1958 auf dem Lehrstuhl nachfolgte,[91] zudem Res Jost, Felix Bloch, Lew Dawidowitsch Landau und Victor Weisskopf. Letztere drei waren Juden, Bloch und Landau spätere Nobelpreisträger. Weisskopf war zwischen 1934 und 1936 an der ETH als Assistent Paulis tätig und flüchtete bei Kriegsbeginn aus Europa in die USA, wo er hauptsächlich am MIT tätig war, 1948 und 1950 aber nochmals als Gastprofessor an die ETH zurückkehrte und dem Institut zeit seines Lebens verbunden blieb.

Scherrers Verbindung mit Pauli wurde schwieriger, als sich dieser während des Zweiten Weltkriegs 1940 in die USA absetzte. Es war dies eine Reaktion auf die zunehmend finsteren Zeiten (Hannah Arendt), die mit der Machtergreifung der Nationalsozialisten in Deutschland im Januar 1933 einsetzten und die auch die Schweiz erfassten. Deutlich kommt dies in einem Schreiben Debyes an Scherrer zum Ausdruck, welches mit der Bemerkung schloss: «Wenn man heute gefragt wird, wie es einem geht, so sagt man entweder: ‹Man lebt› oder [...] ‹Besser als nächstes Jahr›. Ich möchte aber nicht zuweit in die Zukunft schauen und lieber geniessen, was der Tag bringt. Vorläufig gelingt mir dies noch, wenn auch nicht hundertprozentig.»[92] Scherrer selbst brauchte, wie viele seiner Zeitgenossinnen und Zeitgenossen, eine Weile, bis er die Schwere der Lage begriff. So schilderte er während einer Reise 1936 durch Deutschland einen Ausflug nach Nürnberg, wo der alljährliche Parteitag der NSDAP stattfand, den er als «lebendiges Treiben» und «wirklich imposant»[93] darstellte, ohne zu reflektieren, worum es hier politisch und ideologisch ging.

Anfang der 1930er-Jahre befanden sich ungefähr 800 «nicht arische» Hochschullehrer und -lehrerinnen im deutschen Staatsdienst, die mit dem Gesetz zur Wiederherstellung des Berufsbeamtentums vom 7. April 1933 ihre Stellung verloren. Jüdische Wissenschaftlerinnen und Wissenschaftler zählten damit zu den ersten Berufsgruppen, die der antisemitischen Politik zum Opfer fielen. Aber auch zahlreiche nicht jüdische, regimekritische Akademiker und Akademikerinnen sahen sich gezwungen, ihre Lehr- und Forschungsstelle an Universitäten im NS-Herrschaftsbereich aus moralisch-ethischen Überlegungen aufzugeben – oder sie wurden aus politischen Gründen entlassen. Die Ausschlüsse und Vertreibungen waren eine Katastrophe für die Betroffenen, aber auch ein dramatischer Verlust für die deutsche Wissenschaftslandschaft. Weit über die Hälfte der entlassenen Forschenden emigrierte ins Ausland, vornehmlich in die USA und nach Grossbritannien, wo sie als erheblicher Zuwachs von Wissen und Fähigkeiten betrachtet wurden. Die Schweiz war in geografischer, sprachlicher und kultureller Hinsicht ebenfalls ein wichtiges Emigrationsziel für deutschsprachige Akademikerinnen und Akademiker; konkrete Zahlen zu deren Einwanderung in die Schweiz sind allerdings nicht greifbar.[94] Doch erhält man den Eindruck, dass Schweizer Hochschulen in diesen Jahren wenig geneigt waren, jüdische Wissenschaftlerinnen und Wissenschaftler einzustellen und so das Potenzial der aus dem Deutschen Reich Vertriebenen zu nutzen, wie unten noch deutlich wird.

Der vorherrschende Überfremdungsdiskurs sowie antisemitische Ressentiments in Behörden und Fremdenpolizei hatten direkte Auswirkungen auf die Berufungspolitik der Hochschulen. Die Einwanderung von Schutzsuchenden, von Scherrer nach Möglichkeit gefördert, wurde beschränkt und schliesslich gänzlich verhindert. Gleichzeitig emigrierten zahlreiche deutsch-jüdische Wissenschaftler und Wissenschaftlerinnen aus der Schweiz, darunter einige von Scherrers und Paulis Doktoranden und Assistentinnen. Die meisten wanderten in die USA oder nach Grossbritannien aus, wobei einige von ihnen, unter anderen Peierls und Weisskopf, später am berühmten amerikanischen Kernwaffenprogramm, dem Manhattan-Projekt, mitarbeiteten.

Pauli seinerseits hatte nach 1938 mehrfach versucht, das Schweizer Bürgerrecht zu erlangen: Er entstammte einer jüdischen Familie, die zum Katholizismus konvertiert war, sodass er nach NS-Diktion als «halb jüdisch» galt; zudem war er als österreichischer Bürger nach der Annektierung Österreichs durch Deutschland gezwungen, Deutscher zu werden, was er ablehnte. In seinen Bemühungen unterstützte ihn zunächst die ETH-Schulleitung, hauptsächlich Schulratspräsident Arthur Rohn, der über beste Verbindungen nach Bundesbern verfügte. Alle Anträge blieben erfolglos, zuletzt auch derjenige im Frühling 1940, als die Polizeiabteilung des Eidgenössischen Justiz- und Polizeidepartements ihm mitteilte, dass seinem Anliegen aus Gründen «ungenügender Assimilation» nicht stattgegeben werden könne.[95] In Zürich waren 1925 Einbürgerungsvorschriften eingeführt worden, die von jüdischen Kandidaten und Kandidatinnen mehr Niederlassungsjahre verlangten als von nichtjüdischen Einbürgerungswilligen. 1936 wurde diese Vorschrift zwar fallengelassen, weil man fürchtete, damit nationalsozialistischer Propaganda ein willkommenes Einfallstor zu liefern. Doch eine oft unausgesprochene diskriminierende Reserve gegen Juden und Jüdinnen blieb noch weit über 1945 hinaus spürbar.[96] So blieb etwa Kurt Hirschfeld als Direktor des Schauspielhauses bis zu seinem Tod 1964 ein Staatenloser, da er den Behörden zu wenig «assimilierbar» schien.[97]

Pauli zog aus dieser miserablen Lage die Konsequenzen. Als er im Mai 1940 vom Direktor des Institute for Advanced Study in Princeton (USA) eine Einladung für eine zweijährige Gastprofessur erhielt, nahm er sie an.[98] Auf das Herbstsemester 1940 übersiedelte er mit seiner Frau in Amerikas Osten. Die ETH unterstützte ihn erneut dabei, gewährte ihm Urlaub und organisierte eine Vertretung. Diese übernahm Gregor Wentzel, an der Universität Zürich tätig und in diesen Jahren zur Stütze auch der ETH-Physik geworden.[99]

An der ETH begann nun eine schwierige Phase, die sich bis 1946 hinzog und die der Hochschule unwürdig ist. Als Pauli aus den USA meldete, dass er auf das Sommersemester 1942 nicht zurückkehren würde, wurden Schulrat und Kollegium ungeduldig. Schon im Jahr zuvor hatte Scherrer über Arthur Rohn versucht, Pauli zur Rückkehr zu bewegen. Er monierte, dass die ETH darunter leide, dass kein theoretischer Physiker anwesend sei. Das sei ein Problem, da neue Apparaturen in Betrieb genommen würden und das Institut deshalb zwingend einen «erfahrenen Haustheoretiker» brauche.[100] 1942 verschärfte der Schulrat den Ton: Präsident Rohn forderte Pauli auf, sofort zurückzukehren, da sonst sein Lehrstuhl neu ausgeschrieben werden müsse. Noch wollte man Pauli aber nur ungern ersetzen.[101] Dass es zwischen August 1942 und Juli 1944 für Juden und Jüdinnen gar nicht mehr möglich war, in die Schweiz einzureisen, ignorierte die Schulleitung. Sie reihte sich damit ein in die Phalanx eines fremdenfeindlich motivierten Antisemitismus, der nicht erst nach der Machtübernahme der Nationalsozialisten zum Ausdruck kam, sondern während Jahrzehnten gepflegt worden war – zunächst durch konservative christliche Kreise, die Antisemitismus aus religiösen Vorurteilen ableiteten und zur Bekämpfung der modernen Kultur und Lebensweise verwendeten, später im Rahmen der Frontenbewegung, die anfangs die parlamentarische Demokratie kritisierte, eine Vorliebe für das «Führerprinzip» hatte und die «alteidgenössischen Tugenden» mystifizierte, was schliesslich in antisemitischer Hetze, gemischt mit antiliberalen und antikommunistischen Parolen, kulminierte.[102]

1943 spitzte sich die Lage zu: Um besser planen zu können, schlug der Schulrat Pauli in einem Schreiben vor, ganz in den USA zu bleiben. Dieser lehnte ab mit dem Hinweis, dass er bis 1948 gewählt sei. Der Tenor im Schulrat war nun eindeutig: Die Abwesenheit Paulis generierte ein Problem, das man nicht mehr dulden wollte. Scherrer machte den Vorschlag, neben dem Lehrstuhl Paulis eine zweite Professur in theoretischer Physik einzurichten, dies nicht zuletzt deshalb, weil Pauli als Lehrer noch nie herausragend gewesen sei. Er sprach bereits Empfehlungen zur Besetzung aus. Noch plädierten neben Scherrer einige weitere Kollegen dafür, dass man Pauli unbedingt an der ETH behalten sollte, da er als fachliche Autorität überragend sei. Andere dagegen äusserten sich schärfer: Für Juden habe keine Notwendigkeit bestanden, die Schweiz zu verlassen, lamentierten sie, Pauli habe sich in den USA einfach in Sicherheit bringen wollen. Dagegen opponierte der Schulratspräsident mit dem Hinweis, dass die Nichteinbürgerung Paulis vor dem Krieg diesem zum Nachteil gereicht habe. Gleichwohl sprachen sich einige gegen eine Rückkehr Paulis aus: Er sei «untragbar» geworden, klammere sich an seinen Vertrag, statt freiwillig zurückzutreten. Schliesslich entschied man sich dann doch für die Beibehaltung der provisorischen Lösung.[103]

Spätestens 1945 verhandelte der Schulrat das Thema erneut: Scherrer sollte Pauli in den USA treffen, was nicht zustande kam.[104] Dieser hatte mittlerweile verschiedene Angebote seitens amerikanischer Universitäten bekommen, war jedoch, trotz enger Kontakte zu den Protagonisten, nie ins Manhattan-Projekt eingebunden gewesen.[105]

Inzwischen hatte Pauli einen weiteren Ruf erhalten: Das Institute for Advanced Study in Princeton trug ihm die Nachfolge Einsteins an. Einstein hatte sich zur Zeit der Wahl Hitlers zum Reichskanzler in Princeton aufgehalten, war unmittelbar danach aus der Preussischen Akademie der Wissenschaften ausgetreten und nicht mehr nach Deutschland zurückgekehrt.[106] Nun hatte Pauli also die Option, in Einsteins Fussstapfen zu treten. Er prüfte das Angebot ernsthaft, das für ihn wissenschaftlich reizvoll gewesen sein muss. Zudem hätte es ihm die Möglichkeit geboten, die wenig erfreuliche Behandlung durch die ETH-Verantwortlichen endgültig hinter sich zu wissen. Im Schreiben an Scherrer betonte er denn auch, dass die ETH etwas gutzumachen habe, da man sich während der «Hitler-Konjunktur in der Schweiz [...] trübe Methoden gegen mich herausgenommen» habe und dass dies «mit Anstand gutgemacht werden [sollte], andernfalls [...] ich der E. T. H. zur Einsicht verhelfe, dass sie für ihren moralischen Ruf in der Gemeinschaft aller Hochschulen [werde] besorgt sein müssen».[107]

Scherrer zeigte sich empört über das Schreiben, ebenso wie Schulratspräsident Rohn. Gemeinsam vereinbarten sie, Pauli nochmals nahezulegen, in den USA zu bleiben. Verklausuliert wandte sich Scherrer an Pauli: «Die Situation hat sich für Sie natürlich durch den ehrenvollen Ruf als Nachfolger Einsteins total geändert. Ich glaube, dass Sie diesen Ruf nicht werden ablehnen können und dass es keinen Sinn mehr hat, noch weitere zwei Semester hin und her zu diskutieren, ob Sie kommen oder nicht.»[108]

Dennoch kehrte Pauli zurück. Er betonte, dass er in der Schweiz bleiben wolle, und erklärte, unter der Abweisung des Einbürgerungsgesuchs gelitten zu haben. Seine Rückkehr wurde mit gemischten Gefühlen aufgenommen. Einige beharrten auf ihren Animositäten ihm gegenüber, betonten aber, dies gehe zwar gegen seine Person, nicht aber gegen sein Ansehen. Andere hofierten ihn von da an mehr denn je. Nicht zufällig: Mittlerweile hatte Pauli weitere Rufe an die renommiertesten Universitäten der Welt erhalten. Vor allem aber war er im November 1945 für die Entdeckung des Pauli-Prinzips mit dem Nobelpreis für Physik ausgezeichnet worden.[109] Dies änderte einiges: Nun fühlte man sich geehrt, dass Pauli die ETH Princeton vorgezogen hatte, bezeichnete ihn als einen der «bedeutendsten theoretischen Physiker und eine Zierde der ETH»[110] und benannte Plätze und Gebäude der Hochschule nach ihm. Und 1949 verlieh die Schweiz ihm, der längst amerikanischer Staatsbürger geworden war, endlich auch das Bürgerrecht. Die Feindseligkeiten hatten sich ins Gegenteil verkehrt.

Und Pauli? Sein Entscheid, nach Zürich zurückzukehren, sei schwierig gewesen, schrieb er seinem ehemaligen Schüler Josef-Maria Jauch. Er begrüsste es aber, dass Scherrer «von dem Augenblick an sehr begeistert [war], als er sicher war, es würde keine Schwierigkeiten geben».[111] Tatsächlich zeigte sich Scherrer erleichtert über Paulis Rückkehr. Seine Haltung dem zeitweiligen Emigranten gegenüber war in erster Linie praktischer und nicht opportunistischer Natur gewesen, auch wenn er

Abb. 20: Wolfgang Pauli (1900–1958), April 1953.

Feingefühl hatte vermissen lassen. Der zusätzliche Aufwand, der sich aus Paulis Abwesenheit ergeben hatte, hatte ihn belastet. Doch Pauli war nicht nachtragend.

Die gesamte Episode muss im Lichte der schwierigen Jahre des Krieges gelesen werden, der sich für Juden und Jüdinnen in Europa im Zuge der Verfolgungs- und Vernichtungspolitik der Nationalsozialisten als mörderisch herausstellte. Nicht wenige schweizerisch-jüdische Familien suchten sich nach 1938 mit einem zweiten Standbein in England oder den Vereinigten Staaten abzusichern, falls es zu einer Besetzung des Landes durch das Deutsche Reich kommen würde. Wiederum andere verkauften ihr Lebenswerk und wanderten aus. Eine Motion im Zürcher Kantonsrat von 1945, eine allfällige Rückkehr mit einer sogenannten Drückeberger-Steuer zu belasten, wurde gleichwohl fallen gelassen.[112]

Die Idee Scherrers, eine zusätzliche Professur für theoretische Physik zu installieren, wurde übrigens aufrechterhalten. Auf den Vorschlag Paulis hin besetzte man die Stelle 1955 mit dessen ehemaligem Assistenten Res Jost, 1959 erfolgte dessen Wahl zum Ordinarius. Zum Zuge kam auch der später an der Universität Neuenburg lehrende Konrad Bleuler, den man auf eine frei gewordene Assistentenstelle platzierte. Die gesamte Professorenschaft stützte notabene den Vorschlag, denn die experimentelle Physik war mehr denn je auf die Mitarbeit von theoretischen Physikern angewiesen.[113]

«Die Kunst, Physik verständlich zu machen»: Scherrer als Lehrer

Scherrer hatte also ein Institut zu führen und daneben seinen Auftrag als Forscher und Lehrer wahrzunehmen. Er trat bald einmal als begnadeter Vermittler hervor, der Physik als spannende Geschichten erzählen konnte und dafür weit über sein Fach hinaus bekannt und anerkannt wurde. Er «erzählte Physik» und stand, so zumindest sah es sein Basler Kollege und ehemaliger Schüler Paul Huber, für eine «Echtheit», mit der er der Physik begegnete, und für die «hieraus geborene Begeisterung».[114]

Dies hatte auch mit dem experimentellen Geschick Scherrers zu tun. «Von Scherrer halte ich als Forscher nicht sehr viel. Er kann aber experimentieren»,[115] liess Albert Einstein einmal verlauten. Sein Talent war es, komplizierte Zusammenhänge auf anregende Weise zu veranschaulichen, ja, es war die «Kunst, Physik verständlich zu machen»,[116] die ihn auszeichnete. Seine Kurse waren berühmt, seine Demonstrations- und Vortragskünste legendär. So besuchten seine Vorlesungen nicht nur Studenten und Studentinnen der Physik, sondern auch der Ingenieurwissenschaften, der Chemie und der allgemeinen Naturwissenschaft. Es gehörte sich, erzählte ein späterer Mediziner einmal,[117] bei Scherrer mindestens einmal eine Vorlesung besucht zu haben. Und nicht nur das: Einige der Studenten sollen mit-

Abb. 21: Vorlesung von Paul Scherrer im grossen Hörsaal des alten Physikgebäudes, undatiert.

unter ihre Freundinnen mitgenommen haben, damit diese wenigstens einmal im Leben eine Vorlesung bei Scherrer erlebten. Er war dafür berühmt, auf jede Frage mit grösster Aufmerksamkeit einzugehen und sie ausführlich und mit Klarheit zu beantworten.[118] Dies fiel selbst seiner Sekretärin auf: «Der grosse Hörsaal, der in den dreissiger Jahren gebaut wurde, war immer zum Bersten voll. Das erwartungsvolle Interesse und die Sympathie für ihren Lehrer bekundeten die Studenten bei jedem Vorlesungsbeginn mit freudigem Getrampel und grossem Applaus, um dann sofort in den Bann des Vortragenden gezogen zu werden. Nach Schluss der zweistündigen Vorlesung umringte ihn eine Schar von Studenten und bestürmte ihn mit Fragen, und mit unermüdlicher Bereitschaft beantwortete er alles eingehend – oft weit über die Mittagszeit hinaus – und belegte seine Ausführungen mit weiteren Demonstrationen.»[119]

Scherrer, der Experimentalphysiker, dozierte stehend oder gehend, zwischen grossen Aufbauten von Apparaten im Physikalischen Institut. Sein Fach vermittelte er auf unterhaltsame, mitunter gar spektakuläre Weise. Sein Anfängerkurs etwa war entsprechend als «Kabarett Scherrer» bekannt, da seine Erläuterungen oft ebenso instruktiv wie witzig ausfielen.[120] So soll er den Einfluss tiefer Temperaturen auf die Sprödigkeit eines Stoffes so demonstriert haben, dass er eine gefrorene Tomate mit Schwung gegen die Wand des Auditoriums warf, sodass sie in Tausende glasähnliche Stücke zerbarst.[121] Ein anderes Mal erklärte er die Kettenreaktion, die in einem Reaktor erfolgt, mit Mausefallen: Löst man in einer Ansammlung gestellter Mausefallen bei einer den Schnappmechanismus aus, überträgt sich die Reaktion in raschem Tempo auf alle weiteren.[122] Dabei war es Scherrer durchaus ernst: «Wie soll ein Problem von fundamentaler Bedeutung sein», pflegte er zu fragen, «wenn man es zuletzt nicht auf einfache Weise dem Nichtspezialisten erklären kann?»[123] Und er schickte die Mahnung nach: «Ich kann Ihnen die Physik nur vorführen, lernen müssen Sie sie selber!»[124]

Seine Vorlesungen waren das Ergebnis einer gewissenhaften Vorbereitung sowohl des Vortrags selbst als auch der vorgeführten Experimente. Scherrer soll viel Zeit, apparativen Aufwand und nicht zuletzt auch Erfindergeist in die Vorbereitung der Vorlesungsversuche investiert haben. So habe er jeweils bis in die späte Nacht hinein, gemeinsam mit zwei Vorlesungsassistenten und einem Präparator, die Versuchsanlagen aufgebaut. Seine Assistenten liess er wissen: «Sie müssen nicht nur messen, Sie müssen auch eine schöne Apparatur aufbauen.»[125] Nicht selten führte er die Vorlesungen nach der eigentlichen Sitzung weiter und erklärte vor seiner Experimentanlage gewisse Probleme so lange, bis sich die Studierenden verliefen. Vorstellen muss man sich dies wohl so, wie es sein Vorlesungsassistent Rudolf Stössel in Versen synthetisierte:

«Da wird durchgestrichen, wird gleich Null gesetzt,
Das mit dem verglichen, dieses abgeschätzt,
Eines wird gemittelt, eines weggelassen,
Etwas neu betitelt, dass es leicht zu fassen,
Dieses wird summiert, jenes umgewandelt,
Weil die Form geniert, wenn man's so behandelt.
Man vernachlässigt, was unendlich klein,
Geht zum Grenzwert über, weil es so muss sein.
Man entwickelt das, was sich verwickelt hat,
Und bekommt dann klar das Resultat.
‹Man kann's aber auch wirklich anständig machen. – Soll ich's machen?›
Wenn auch nur einer nickt, so wird es durchgeführt
Und mit Anstand integriert:
Denn sonst war er – nicht der Scherrer.»[126]

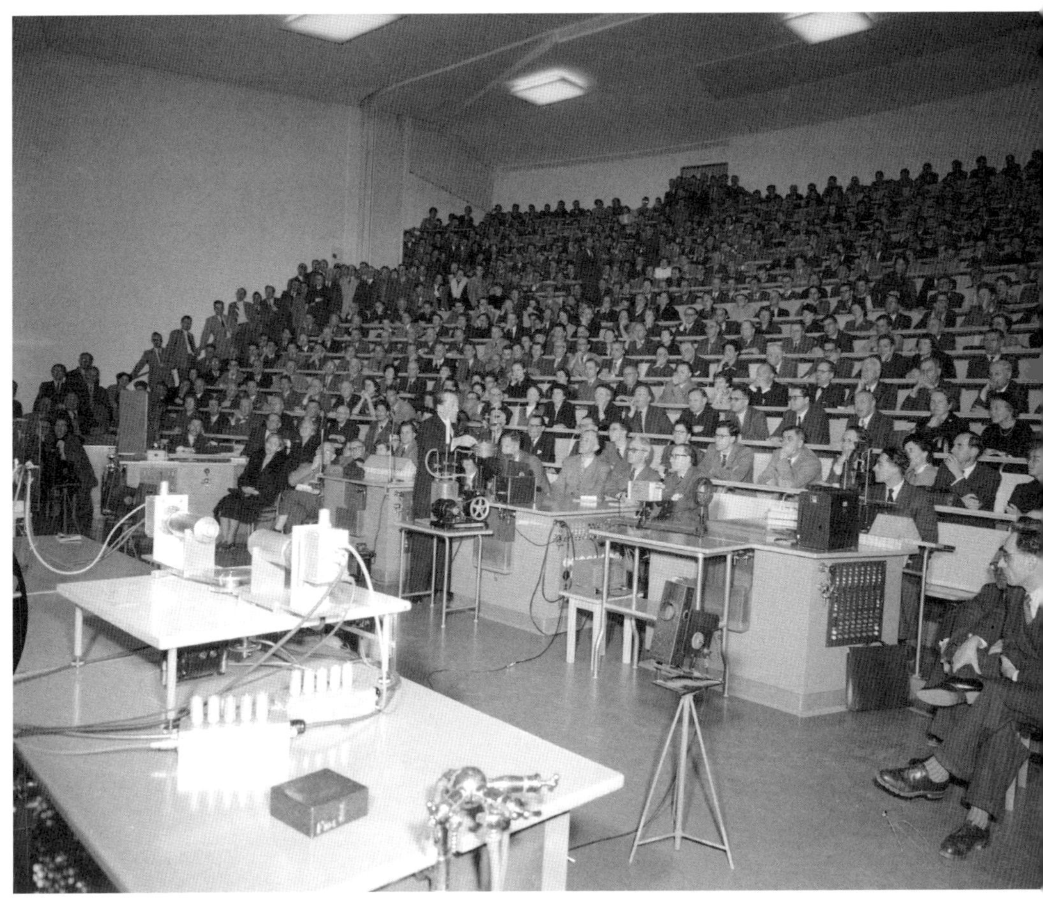

Abb. 22: Vorlesung von Paul Scherrer zur Atomforschung, 1954 (Foto: Comet Photo AG).

Scherrer gelang es ausserdem, hervorragende Mitarbeitende anzuziehen – auch weil er einen unfehlbaren Instinkt für interessante physikalische Probleme hatte. Jungen Wissenschaftlern und Wissenschaftlerinnen gegenüber war er grosszügig, er sah in ihrer relativen Unerfahrenheit den Vorteil, dass sie eine höhere Risikobereitschaft mitbrachten, insbesondere darin, Neues anzugehen.[127] Er, der für alle «der Chef» war, verstand es, seine Doktorierenden und Mitarbeitenden anzutreiben und gezielt zu fördern: «Scherrer verlangte viel von seinen Schülern und Mitarbeitern, aber er gab ihnen noch viel mehr. Seine Dynamik und Vitalität waren gepaart mit Güte, Menschlichkeit und nie versagendem Humor. Das hat den Teamgeist und diese einzigartige Atmosphäre im Institut an der Gloriastrasse geschaffen. Frei von jedem professoralen Gehabe kümmerte sich Scherrer nicht nur um die wissenschaftliche Ausbildung seiner Schüler, sondern auch um all die kleinen und grossen menschlichen Probleme. Unvergesslich sind uns die Abende, die wir mit ihm und Frau Scherrer in seinem Haus an der Rislingstrasse verbringen durften. Mit fast allen seinen Schülern, denen er entscheidend bei ihrer beruflichen Laufbahn beistand, blieb er zeit seines Lebens aufs engste verbunden.»[128] Gerade seine Frau wurde wohl nicht wenig strapaziert. So soll Scherrer seine Schülerinnen und Schüler im Anschluss an eine Vorlesung mit offenem Ausgang nicht selten zum Mittagessen nach Hause eingeladen haben, um die begonnene Diskussion abzuschliessen. Er habe, liess Scherrer seine Frau jeweils kurzfristig wissen, mit seinen Studierenden «noch einige kleine Schwierigkeiten aufzuklären», was am besten «über ihrem [Scherrers Frau] einzigartigen Essen gelingen» würde.[129] Zum guten Arbeitsklima gehörten auch ein regelmässig durchgeführter «Physikalischer Tee» am Institut sowie eine saisonal veranstaltete Velofahrt respektive ein jährlich durchgeführter Skitag in Davos oder Arosa.

Seinen besten Studierenden gegenüber zeigte er sich fürsorglich, etwa als er Genesungswünsche an Helmut Bradt sandte.[130] Die erste Frau unter den Studierenden am Physikalischen Institut, Verena de Haas, erinnert sich, dass er sie nach einer Unterredung ermunterte, das Studium aufzunehmen, und sie danach, wenn notwendig, unterstützte. 1942 nahm sie ihr Diplom entgegen.[131] Auch den Laboranten und Mechanikern zollte Scherrer Anerkennung, indem er regelmässig zu Neujahr in der Werkstatt einen Umtrunk organisierte, um sich für die geleistete Arbeit zu bedanken.[132]

Eine oft erzählte Anekdote handelt von einer Autotour Scherrers mit einigen seiner Schüler, Otto Huber, Peter Preiswerk und Werner Zünti, auf den Klausen. Beim Aufstieg seien sie auf den schweizweit bekannten Radrennfahrer Ferdy Kübler getroffen und machten, oben angekommen, mit ihm Bekanntschaft. Scherrer soll sich eingehend mit ihm unterhalten und ihn sodann an sein Institut eingeladen haben. Kübler antwortete darauf lapidar: «Sie haben Ihren Beruf, ich meinen; ich komme, wenn ich den Weltmeistertitel habe», was er im Herbst desselben Jahres dann auch prompt tat: Kübler besuchte Scherrer wie versprochen am Institut, und dieser erklärte ihm umgehend die Physik des Velofahrens.[133]

Im Laufe seines vierzigjährigen Wirkens an der ETH übernahm Scherrer bei über hundert Dissertationen und einem Mehrfachen an Diplomarbeiten die Rolle des Referenten oder Koreferenten. Zu den Promovierten gehörten spätere Grössen ihres Fachs wie der Glarner Fritz Zwicky, bei dessen Dissertation 1925 Scherrer neben Debye Koreferent war. Es zählten dazu auch Valentin L. Telegdi, der nach einer erfolgreichen Zeit in Chicago als Ordinarius an der ETH wirkte, oder Victor F. Weisskopf, der 1945 ans MIT wechselte und für seine Beiträge zur theoretischen Physik bekannt wurde. Unter Scherrers Schülern war zudem Chauncey Guy Suits, der 1929 bei ihm promovierte und in späteren Jahren für ihn eine wichtige Rolle spielen sollte. Zu nennen sind ebenso Hans Staub (Zürich), Hermann Wäffler (Zürich, später Mainz), Paul Huber (Basel), Otto Huber und Helmut Schneider (Freiburg im Üecht-

Abb. 23: Beispiel aus Paul Scherrers berühmten Experimentalphysikvorlesungen; bei der Demonstration könnte es sich um die Beweisführung des Nichtfunktionierens eines rotierenden Perpetuum mobile handeln, um 1955 (Foto: Comet Photo AG).

Abb. 24: Peter Preiswerk, Piet Gugelot, Paul Scherrer und seine Tochter Ines Scherrer in Arosa beim Skifahren, undatiert.

land), Jean Rossel (Neuenburg), Pierre Marmier (ETH), Jean-Pierre Blaser (ETH und Paul Scherrer Institut), C. Richard Extermann (Genf). Später gesellten sich auch Paul Erdös (Lausanne), Walter Kündig (Zürich), Heinrich Gränicher, Walter J. Merz, Heinz Albers, Hans Heeb und Werner Känzig (ETH) zum Kreis derjenigen, die sich nach dem Studium bei Scherrer einen Namen auf dem Gebiet der Physik machten.[134] 1951 kam erstmals eine Frau hinzu, die Physikerin Monica Eder.[135] Einige der Genannten wurden später Scherrers Assistenten, bis sie eigene Wege zur Verfolgung ihrer Karriere einschlugen. Scherrer bemühte sich wiederholt, seine Ehemaligen in anspruchsvollen Positionen unterzubringen. Den Weg dahin erleichterte die ab Ende der 1930er-Jahre aufgebaute Zusammenarbeit mit der Privatwirtschaft. Zudem drängte Scherrer manch einen seiner Studenten, vor allem nach 1945, zumindest temporär ins Ausland zu gehen, vorzugsweise in die USA. Einige folgten dem Rat und blieben für immer am neuen Domizil, so etwa Rolf M. Steffen (Purdue University, USA), Heinrich Medicus (Rensselaer Polytechnic Institute, USA), Felix Boehm (California Institute of Technology, USA), Hans Frauenfelder (University of Illinois, Urbana-Champaign, USA), Peter Stähelin (Universität Hamburg) sowie Piet C. Gugelot (Princeton University, USA) und Helmut L. Bradt (Purdue University, USA).[136] Sie alle fühlten sich ein Leben lang als «Schüler Scherrers», aber auch von ihm ernstgenommen: Norbert Straumann erinnert sich, dass er nach seinem Doktorat 1961 zu einem Kolloquium in Basel eingeladen war und anschliessend mit Scherrer im Zug nach Zürich zurückfuhr, der zu diesem Zeitpunkt bereits in Basel tätig war. Im Gespräch gingen die beiden nochmals den Vortrag Straumanns durch; Scherrer wollte sicher sein, alles verstanden zu haben, da sich der Inhalt nicht um sein Kerngebiet drehte. Straumann schätzte dieses Interesse und die Anerkennung Scherrers – er war vom Schüler zum Kollegen auf Augenhöhe geworden.[137]

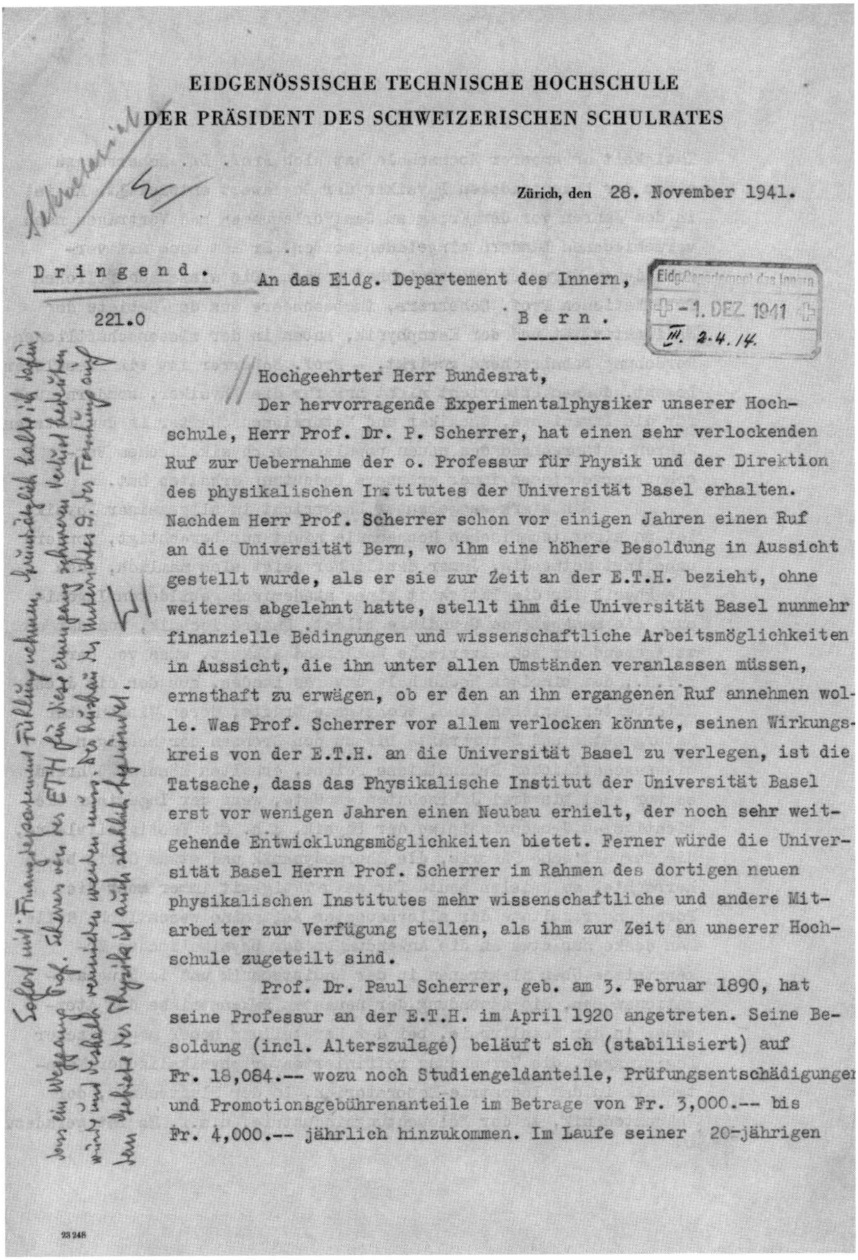

EIDGENÖSSISCHE TECHNISCHE HOCHSCHULE
DER PRÄSIDENT DES SCHWEIZERISCHEN SCHULRATES

Zürich, den 28. November 1941.

Dringend.

221.0

An das Eidg. Departement des Innern,

Bern.

Eidg. Departement des Innern
– 1. DEZ. 1941
III. 2.4.14.

Hochgeehrter Herr Bundesrat,

Der hervorragende Experimentalphysiker unserer Hochschule, Herr Prof. Dr. P. Scherrer, hat einen sehr verlockenden Ruf zur Uebernahme der o. Professur für Physik und der Direktion des physikalischen Institutes der Universität Basel erhalten. Nachdem Herr Prof. Scherrer schon vor einigen Jahren einen Ruf an die Universität Bern, wo ihm eine höhere Besoldung in Aussicht gestellt wurde, als er sie zur Zeit an der E.T.H. bezieht, ohne weiteres abgelehnt hatte, stellt ihm die Universität Basel nunmehr finanzielle Bedingungen und wissenschaftliche Arbeitsmöglichkeiten in Aussicht, die ihn unter allen Umständen veranlassen müssen, ernsthaft zu erwägen, ob er den an ihn ergangenen Ruf annehmen wolle. Was Prof. Scherrer vor allem verlocken könnte, seinen Wirkungskreis von der E.T.H. an die Universität Basel zu verlegen, ist die Tatsache, dass das Physikalische Institut der Universität Basel erst vor wenigen Jahren einen Neubau erhielt, der noch sehr weitgehende Entwicklungsmöglichkeiten bietet. Ferner würde die Universität Basel Herrn Prof. Scherrer im Rahmen des dortigen neuen physikalischen Institutes mehr wissenschaftliche und andere Mitarbeiter zur Verfügung stellen, als ihm zur Zeit an unserer Hochschule zugeteilt sind.

Prof. Dr. Paul Scherrer, geb. am 3. Februar 1890, hat seine Professur an der E.T.H. im April 1920 angetreten. Seine Besoldung (incl. Alterszulage) beläuft sich (stabilisiert) auf Fr. 18,084.-- wozu noch Studiengeldanteile, Prüfungsentschädigungen und Promotionsgebührenanteile im Betrage von Fr. 3,000.-- bis Fr. 4,000.-- jährlich hinzukommen. Im Laufe seiner 20-jährigen

23 248

Abb. 25: Die ETH wirbt um Paul Scherrer, nachdem dieser verschiedene Rufe an andere Schweizer Universität erhalten hat. Schreiben an das Eidgenössische Departement des Innern, 28. November 1941.

Dass Scherrer nicht immer der besonnene und abgeklärte Wissenschaftler war, zeigte sich 1929, als er einen seiner Physikkongresse organisierte und bei der Eröffnung, sehr zur Erheiterung seiner Assistenten, Nervosität an den Tag legte: «Es belustigte uns, dass sich Scherrer, als er die Tagung präsidierte, etwas verlegen und verschämt gebärdete, er, der sonst gewandt und selbstsicher auftrat.»[138] Prompt verfassten die Studierenden eine Schnitzelbank dazu, die sie auf einem Festausflug vortrugen:

«Dem Scherrer, dem geht's meistens gut,
Ich glaube, das liegt ihm im Blut.
Er wählt sich eine Reiseroute,
Baut fremde Röntgeninstitute.
Die Tagung ist ihm auch geglückt,
Nur letzten Dienstag war es möglich,
Da war sein Bild doch etwas kläglich,
Als er die Sitzung präsidierte
Und sich so fürchterlich genierte.»[139]

Dank Scherrers Initiative konnten in der Schweiz bedeutende Forschungsprojekte verwirklicht werden. Verschiedene in- und ausländische Hochschulen und wissenschaftliche Gesellschaften zollten ihm dafür und für seine Lehre durch die Verleihung von Ehrendoktorwürden und anderen wissenschaftlichen Auszeichnungen Respekt und Anerkennung. Dazu gehörte der Marcel-Benoist-Preis – damals der einzige Wissenschaftspreis der Schweiz –, den man Scherrer 1944 verlieh: «Es geschah dies in Anerkennung der meisterlichen Art, wie er die Forschungen in seinem Institut geleitet und die Studien auf den beiden Gebieten der Kristall- und Kernphysik gefördert hat – sowie für die im Jahre 1943 abgeschlossene Vervollkommnung der äusserst delikaten Konstruktion des Cyclotrons; dies in Rücksicht auf die hervorragende Bedeutung dieser Apparatur für die Wissenschaft im Allgemeinen und für das menschliche Leben im Besondern.»[140] Scherrers Ansehen zeigte sich auch darin, dass er im Laufe seiner ETH-Karriere verschiedene Rufe an andere Universitäten erhielt, so etwa 1941, als die ETH Kenntnis nehmen musste von einem Ruf an die Universität Basel. Einigermassen beunruhigt berichtete der Schulrat den Zuständigen des Eidgenössischen Departements des Innern (EDI) von dem «sehr verlockenden Ruf zur Übernahme der o[rdentlichen] Professur für Physik und der Direktion des Physikalischen Institutes der Universität Basel», der an Scherrer ergangen war, und bat darum, das von der Universität Basel ausgesprochene finanzielle Angebot zu egalisieren, um Scherrer an der ETH halten zu können.[141] Der Schulrat argumentierte, dass Scherrer sich als Wissenschaftler zu einem der «bedeutendsten Physiker der Gegenwart» entwickelt habe und mit unzähligen Einladungen zu Gastvorlesungen und Vorträgen in verschiedensten Ländern sowie mit verschiedensten Ehrungen versehen sei. Dies alles sei seinen wissenschaftlichen

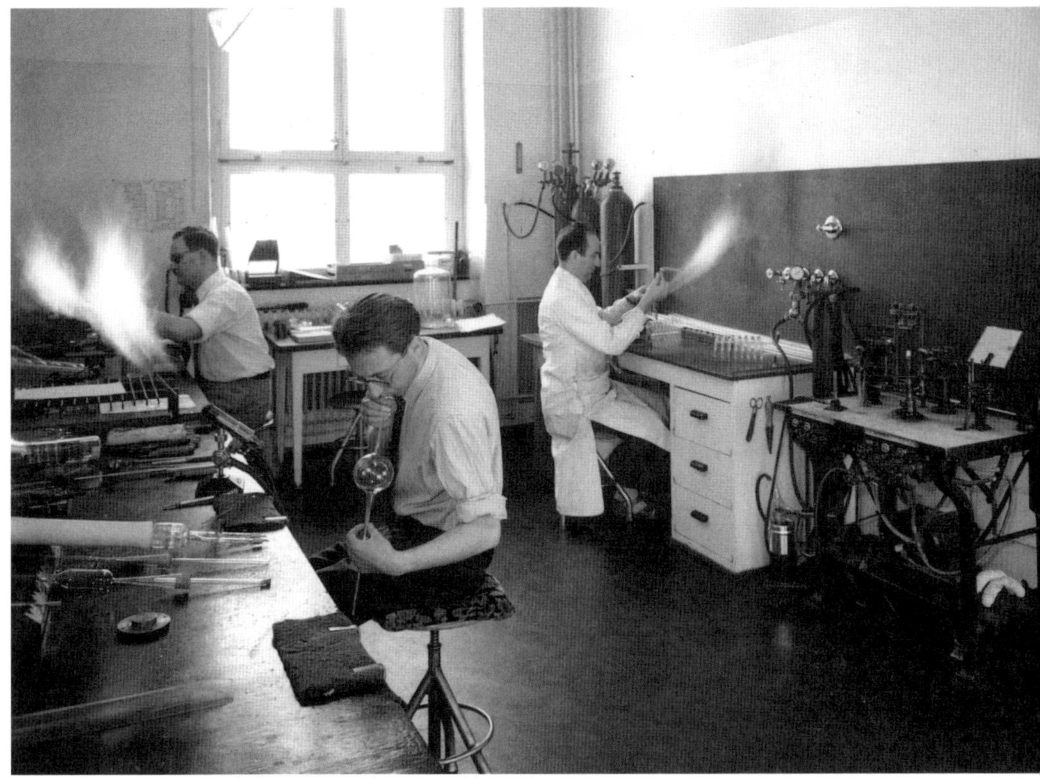

Abb. 26: Glasbläser an der Arbeit, im alten Physikgebäude der ETH, 1965.

Leistungen auf dem Gebiet der Radioaktivität und der Kernphysik zu verdanken, die «in der wissenschaftlichen Forschung bahnbrechend gewirkt» hätten. Und nicht zuletzt, so der Schulrat weiter, habe Scherrer im Laufe seiner zwanzig Jahre an der ETH «eine grössere Anzahl Experimentalphysiker ausgebildet», von denen die meisten eine akademische Laufbahn gewählt hätten und immerhin drei in die USA berufen worden seien. Die von Scherrer formulierten Konditionen, unter denen er an der ETH bleiben würde, beinhalteten eine Aufstockung seines wissenschaftlichen und technischen Personals, eine Erhöhung seiner Forschungskredite sowie mehr Gelder für die Modernisierung der Apparaturen. Die ETH war zudem bereit, ihm eine höhere Besoldung zu gewähren, sie wollte ihn auf jeden Fall halten: «Wir sind es dem Lande und unserer Hochschule schuldig, Herrn Prof. Scherrer an seiner bisherigen Arbeitsstätte eine Stellung zu verschaffen, die es ihm ermöglicht, seine wissenschaftlichen Forschungen in befriedigender Weise fortzusetzen und weiter zu entwickeln.» Der Vorsteher des EDI reagierte umgehend und schickte eine positive Antwort.[142] Scherrer blieb der ETH erhalten.

Nicht zuletzt spiegelte sich Scherrers Ansehen in der zweimaligen Empfehlung für den Nobelpreis für Physik. 1939 empfahl ihn dafür der estnische Physiker Harald Perlitz gemeinsam mit Peter Debye, der bereits den Nobelpreis für Chemie erhalten hatte. Der Preis ging schliesslich an Ernest Orlando Lawrence für seine Arbeiten in der Entwicklung von Zyklotronen. 1951 schlug der Spanier Armando Duran Scherrer ein zweites Mal vor, doch stattdessen erhielten John D. Cockcroft und Ernest T. S. Walton den Preis für ihre Pionierarbeit in der Transmutation von Atomkernen durch künstlich beschleunigte Atomteilchen. Beide Male also wurden nicht Scherrers Werk, aber doch Arbeiten im Feld der Kerntechnologie ausgezeichnet.[143] Nicht mit dem Entscheid des Nobelpreiskomitees einverstanden zeigte sich Kollege Zwicky: «Dass Scherrer für diesen wichtigsten Beitrag [Debye-Scherrer-Verfahren] nie einen Nobelpreis zuerkannt erhielt, während anderseits alle möglichen gegenseitigen Bewunderungsgruppen das Nobelkomitee dazu brachten, denselben verschiedentlich ausgesprochenen Scharlatanen und Experten des geistigen Diebstahls zuzuerkennen, wird uns, seinen Schülern, für immer rätselhaft bleiben.»[144] Dies umso mehr, so Zwicky in expressiven Worten weiter, als Scherrer in Forschung und Lehre ausreichend bewiesen habe, «welch Meister» er gewesen sei. Nun, Scherrer erhielt anderweitig durchaus vielfach Anerkennung: neben dem Marcel-Benoist-Preis mehrere Ehrendoktorate, namentlich von den Universitäten Zürich (1934), Toulouse (1948), Genf (1952), Freiburg im Breisgau (1957) und Madrid (1967) – sie alle mehrten sein symbolisches Kapital erheblich.

Scherrer als Institutsleiter

Bereits 1927 wurde Scherrer auch Institutsleiter, als Nachfolger Debyes. Sein Führungsstil war, so drückten es seine Schüler später aus, ergebnisorientiert, in späteren Jahren patriarchal. Vor allem in den ersten Jahren soll am Institut ein freundschaftlich-herzlicher Ton dominiert haben; man sprach vom familiären sozialen Leben, das an Scherrers Institut vorherrschend sei und in das sich auch Pauli gerne einfügte. Gemeinsam mit Pauli baute Scherrer das Institut zur international anerkannten Institution auf. Dazu gehörte die Durchführung der erwähnten «Physikalischen Wochen» sowie ein wöchentlich gemeinsam mit den Kollegen der Universität ausgerichtetes physikalisches Kolloquium. Hier kreuzten sich die Wege einer Vielzahl von in Europa und den USA tätigen Physikern und Physikerinnen, die Kollaborationen entwickelten, Wissensnetzwerke etablierten, kollegiale Beziehungen und lebenslange Freundschaften aufbauten, die weit über das Institut und die damalige Zeit hinauswirkten.

Allerdings waren die Arbeitsmöglichkeiten, die sich am Institut insbesondere jüngeren Physikern und Physikerinnen boten, beschränkt. Nach offizieller Lesart war das Institut eine Lehranstalt und bestand in personeller Hinsicht aus einem Vorsteher auf Dauer, einem für den Hörsaal und die zugehörige Sammlung zuständigen Verwalter, zwei in der Institutswerkstatt zur Hauptsache mit dem Aufbau von Vorlesungs- und Praktikumsversuchen beschäftigten Mechanikern sowie einem Hauswart. Der gesamte Unterrichtsbetrieb erforderte zusätzlich lediglich eine Handvoll Assistentinnen und Assistenten; die meisten von ihnen waren daneben mit ihrer Dissertation beschäftigt. Für ihre Tätigkeit erhielten sie eine unter dem Existenzminimum liegende Entlöhnung, obschon die Arbeit an ihrer Forschung Nacht- und Wochenendarbeit bedeutete. Laboranten und weitere Hilfskräfte für die Forschungsarbeit waren damals noch weitgehend unbekannt. Der experimentierende Physiker war gleichzeitig sein eigener Mechaniker, Glasbläser und Laborant. Dies trug zwar zu einer Vielseitigkeit bei, verzögerte aber entsprechend das Weiterkommen der eigenen Arbeit.

Kam hinzu, dass ein Verbleib am Institut über den Abschluss der Doktorarbeit hinaus vonseiten der Hochschulbehörden in keiner Weise gefördert wurde. Assistenzstellen mit der Aussicht auf eine postdoktorale wissenschaftliche Tätigkeit liessen sich nur in vereinzelten Fällen verwirklichen. Den Naturwissenschaften Studierenden stand in erster Linie die Laufbahn eines Mittelschullehrers oder einer Mittelschullehrerin offen. Die schweizerische Industrie hielt noch kaum Arbeitsplätze für junge Physiker, geschweige denn Physikerinnen, bereit. Schliesslich blieb die Übersiedelung in die USA, die in diesen Jahren überhaupt erst zur Option wurde und immerhin einigen Schweizer Physikern die Möglichkeit einer Karriere bot. Scherrer unterstützte nach Kräften die Ambitionen seiner Studierenden, einige Jahre ins Ausland zu ziehen, in erster Linie in die USA. Folgerichtig machte er sich für eine Kommission für Stipendien auf dem Gebiet der Mathematik und Physik stark zu einer Zeit, in der Studienbeihilfen für Auslandsaufenthalte eine Seltenheit waren.[145] Scherrer setzte sich aber auch dafür ein, dass jene Wissenschaftlerinnen und Wissenschaftler, die in der Schweiz bleiben wollten, ein Auskommen fanden. Gegenüber dem ETH-Schulrat monierte er in einem Schreiben, dass «unsere jungen Leute genötigt [sind], nach Amerika zu gehen, wo sie mit Leichtigkeit gut bezahlte Stellen» vorfänden, unter anderem weil sowohl die Hochschulen als auch die Industrie es immer noch nicht verstanden hätten, «der Schweiz einen Stab von guten Physikern zu erhalten».[146] Er regte deshalb wiederholt an, Stellen für «lecturers» oder «research associates» zu schaffen, wie es angelsächsische Hochschulen taten. Der Schulrat hielt dagegen, diese Art von Anstellung gebe es bereits: in Form sogenannter Assistenzstellen der Kategorie A oder als Lehraufträge.[147] Die Studierenden wiederum waren sich nur zu bewusst, dass «die Aussichten[,] in der Schweiz etwas vorwärtszukommen, [...] wirklich gering»[148] waren. Entsprechend setzte, wie von Scherrer antizipiert, ab den 1940er-Jahren ein Braindrain aus der Schweiz in die USA ein.[149]

Akademische Zwangsmigranten an Scherrers Institut

Was Scherrer damals nicht erkannte, war, dass spätestens ab 1933 die Aufnahme von Studierenden und die Anstellung von ausländischen Mitarbeitenden, insbesondere von Assistenten, erschwert wurden. Unter den Studierenden wie unter den Dozierenden war eine Debatte im Gang, ob man deren Anzahl beschränken solle. Mit der Machtergreifung der Nationalsozialisten in Deutschland kamen die Zulassungsbedingungen für ausländische Studierende in der Schweiz erneut auf den Tisch, nun jedoch antisemitisch konnotiert. Die im April 1933 verschärfte Bewilligungspraxis des Eidgenössischen Justiz- und Polizeidepartements (EJPD) für den Aufenthalt von Ausländern und Ausländerinnen an den Hochschulen musste allerdings nach Protesten wieder gelockert werden. Man zählte aber darauf, dass die ausländischen Studierenden nach ihrem Studium das Land wieder verliessen. Als im September 1938 die Fremdenpolizei die Maxime herausgab, dass die Schweiz für ausländische Jüdinnen und Juden nur noch ein Transitland sei, wurde dies von der ETH-Schulleitung mehrheitlich gestützt, sie verwahrte sich jedoch gegen Einmischung von aussen und unterstützte Studierende, die aus dem Ausland stammten, in Einzelfällen mit zinslosen Darlehen.[150]

Während der ETH-Schulrat sich bezüglich der Studierenden ambivalent verhielt, begrüsste er eine «Helvetisierung des Lehrkörpers»[151] und förderte sie. Bereits ab den 1870er-Jahren und bis in die 1960er-Jahre hinein wurde in der Schweiz die Praxis, den Ausländeranteil bei den Lehrpersonen tief zu halten, angewendet. Der freisinnig-protestantische Geist des zwinglianischen Zürich war auch an der ETH allgegenwärtig – und wurde vom Bundesrat, dem die ETH unterstellt war, gefördert: Schweizer Kandidatinnen und Kandidaten waren ausländischen Fachleuten wenn immer möglich vorzuziehen. Diese Haltung spitzte sich ab den 1930er-Jahren zu, wurde zunehmend antisemitisch und prägte den wenig empathischen Umgang mit jüdischen Kolleginnen und Kollegen und den Not leidenden Flüchtlingen. Die ETH intensivierte die Suche nach Schweizer Bürgerinnen und Bürgern bei der Besetzung vakanter Stellen nochmals. Mit dem Argument, dass die Anwesenheit von Jüdinnen und Juden den Antisemitismus in der Schweiz verschärfen würden – ein Topos schweizerischer Ausgrenzungsrhetorik –, zog es auch Schulratspräsident Arthur Rohn, der bereits im Zusammenhang mit der Causa Pauli negativ aufgefallen war, vor, auf Dienste jüdischer Kollegen und Kolleginnen zu verzichten.[152] Für die Universität Basel bot sich notabene das gleiche Bild.[153]

Die ETH begann auch gezielt zu eruieren, wer an den Instituten wie viele ausländische Wissenschaftlerinnen und Wissenschaftler angestellt hatte. Das Physikalische Institut erhielt eine Ermahnung, es beschäftige zu viele ausländische Forschende. Scherrer als Vorsteher entgegnete, dass er dies zur gängigen Praxis gemacht habe. Da zahlreiche Schweizer Studierende im Laufe der Jahre ins Ausland gegangen seien, würde er zum Ausgleich gelegentlich ausländische Physiker anstellen: «Ich nehme gerne hie und da einen ausländischen Assistenten als Kompensation für die vielen Schweizer-Physiker.»[154] Was wie eine Rechtfertigung tönt, war die Verwahrung gegen ein Verbot, das Scherrer für bedenklich hielt; er bestritt, dass Schweizer Physiker und Physikerinnen übergangen würden. Pauli schloss sich seiner Stellungnahme an.[155]

Mit ihrer nicht zuletzt gegen Jüdinnen und Juden gerichteten Politik, die über das Kriegsende hinaus wirksam bleiben sollte, vergab sich die Schweizer Politik die Chance, innovative Geister in Kultur und Wissenschaft anzuziehen oder im Land zu behalten. Für die ETH wiederum bedeutete der Verzicht, in diesen Jahren jüdische Wissenschaftler und Wissenschaftlerinnen auf Lehrstühle zu berufen, einige der renommiertesten und besten Forschenden zu verlieren.[156] Immerhin gelang es Scherrer, einigen Physikern für eine beschränkte Zeit Refugium zu gewähren.

Die Debatte um ausländische Forschende an Schweizer Hochschulen stand in einem grösseren Kontext. Wie oben ausgeführt, sahen sich jüdische Physikerinnen und Physiker – und nicht nur sie – ab 1933 zur Auswanderung aus Deutschland gezwungen. Die Physik sollte, nach NS-Diktion, von «jüdischen Elementen gereinigt» werden, etwa von den Vertretern der Relativitätstheorie. Einige entschieden sich deshalb für eine Ausreise aus Deutschland – solange dies noch möglich war –, etwa Albert Einstein, Otto Stern, Edmund Landau und Walter Elsasser. Im Mai 1941 wurden die Grenzen geschlossen. Nicht jüdische deutsche Physiker wie Otto Hahn, Max von Laue oder Max Planck wiederum wehrten sich – erfolglos – gegen den Terror, dem ihre jüdischen Kollegen und Kolleginnen zunehmend ausgesetzt waren, und blieben in Deutschland. Werner Heisenberg, der sich vereinzelt öffentlich für jüdische Kollegen und Schüler einsetzte, durfte während Jahren nicht unterrichten.[157] Mit ihm hatten die Nationalsozialisten anderes vor.

Die Schweizer Behörden ihrerseits legten im Frühjahr 1933 die bis 1944 angewandte Unterscheidung zwischen politischen und anderen Flüchtlingen fest. Als politischer Flüchtling galt nur, wer persönlich verfolgt wurde, was für einige wenige zutraf. Auch im Wissen um den Massenmord an Jüdinnen und Juden und weiteren Minderheiten wurde 1942 festgehalten, dass Flüchtlinge aus «Rassegründen» kein Asyl zugestanden werden könne. Aufgrund dieser engen Auslegung gewährte die Schweiz zwischen 1933 und 1945 insgesamt lediglich 644 Personen politisches Asyl. Alle anderen Flüchtlinge waren in rechtlicher Hinsicht «Ausländerinnen und Ausländer». Die Schweiz definierte sich als Erstaufnahme- und Transitland, das die Flüchtlinge so bald als möglich wieder zu verlassen hatten. Um dies durchzusetzen, auferlegte man ihnen ein Erwerbsverbot. Die Behörden beschlossen im August 1938 zudem, Flüchtlinge ohne Visum zurückzuweisen. Dieser Beschluss wurde im August 1942 sogar noch erweitert mit der Festlegung, «Flüchtlinge nur aus Rassegründen» (Eidgenössische Polizeiabteilung) – damit waren in erster Linie Jüdinnen und Juden gemeint – nicht als politische Flüchtlinge anzuerkennen und wegzuweisen. Erst gegen Ende 1943, als sich die Niederlage der Achsenmächte abzeichnete, lockerten die Behörden ihre restriktive Politik schrittweise, und am 12. Juli 1944 erteilte das EJPD die Weisung, alle an Leib und Leben gefährdeten Zivilpersonen aufzunehmen.[158] Es ist deshalb wenig erstaunlich, dass die Zwangsmigranten und -migrantinnen, die nach 1933 an Scherrers Institut kamen, früher oder später weiterreisten.

Für Scherrer als Gegner des Nationalsozialismus war es ein Gebot, jüdische Kolleginnen und Kollegen in der einen oder anderen Form zu unterstützen: «Ausserdem weiss ich, dass mein Vater auch jüdischen Physikern zur Flucht verholfen hat. Das alles war mutig [...]. Denn dass er bei einem Einmarsch der Nazis als einer der ersten an die Wand gestellt worden wäre, unterliegt ja keinem Zweifel»,[159] so Scherrers Tochter, Ines Jucker-Scherrer, rückblickend.

An Scherrers Institut fanden denn auch nach der Machtübernahme der Nationalsozialisten 1933 vereinzelt verfolgte jüdische Wissenschaftlerinnen und Wissenschaftler aus Deutschland Aufnahme; manchen ermöglichte Scherrer mit einer Anstellung am Institut gar ein Auskommen, wenn auch ein mageres und lediglich temporär.[160] Nur von wenigen Aufgenommenen sind die Namen überliefert, konkrete Zahlen liegen keine vor.

Zu den Zwangsmigrantinnen und -migranten an Scherrers Institut zählte Helmut Bradt, ein aus Berlin emigrierter jüdischer Student, der 1935 sein Studium an der ETH bei Scherrer und Pauli als Staatenloser aufnahm und ab 1939 bei Scherrer doktorierte.

Sein Geld verdiente er mit Nachhilfeunterricht, was allerdings verboten war. Bei Kriegsausbruch erhielt er von den Schweizer Behörden einen Ausreisebefehl: Staatenlose hatten zurück nach Deutschland zu gehen. Dass er dann doch bleiben konnte, verdankte er vornehmlich Albert Einstein, einem alten Bekannten der Familie. Dieser war von Helmut Bradts Schwester über die Lage des Bruders informiert worden und intervenierte von Princeton aus sofort bei der Zürcher Fremdenpolizei – mit Erfolg: Die Behörden zogen den Ausweisungsbefehl zurück, und Bradt konnte sein Doktorat wieder aufnehmen.[161] 1941 verpflichtete ihn Scherrer als Assistenten, 1944 als wissenschaftlichen Mitarbeiter. 1942 scheint Bradt einen Abstecher nach Biel gemacht zu haben, offenbar zu Scherrers Unmut. Bradt erklärte es seinem Lehrer so, dass er in Zürich in «miserabler Lage»[162] sei. Im selben Jahr noch erliess ihm die ETH die Studien- respektive Promotionsgebühren, und Bradt kehrte an die ETH zurück.[163] In den Kriegsjahren versuchte er, seine Mutter aus Deutschland nach Zürich zu holen, ohne Erfolg.

Bradt arbeitete im Juli 1939 im Rahmen seiner Diplomarbeit mit einer von Fermi vorgeschlagenen Methode[164] an einer Messung der Zahl der freigesetzten Neutronen bei der Spaltung von Urankernen, und ab 1944 war er auf eigenen Vorschlag Teil

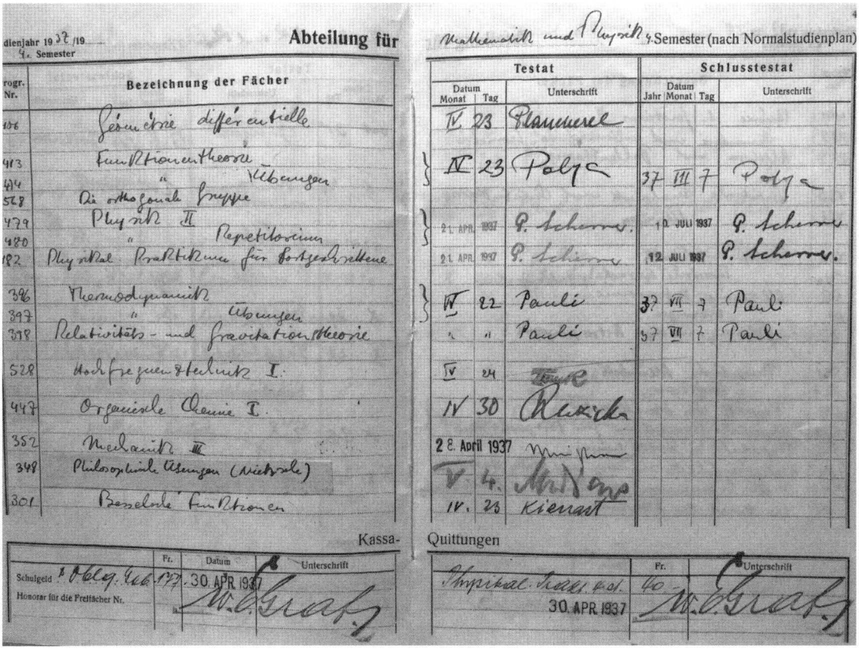

Abb. 27: Testatheft Helmut Bradts, mit Signaturen von Paul Scherrer und Wolfgang Pauli, 1937.

der von Scherrer etablierten Zyklotrongruppe.[165] Offensichtlich mit Gewinn für die Gruppe; Scherrer bezeichnete ihn einmal als seinen besten Studenten: «Bradt war doch mein bester Schüler: er hat sich in den letzten Jahren so überaus glänzend entwickelt; die Physik hat so viel von ihm erwarten dürfen.»[166] Nach dem Krieg, 1946, verliess Bradt die ETH und übersiedelte in die USA, wo er zunächst an der Purdue University und ab 1947 an der Rochester University als Visiting Professor wirkte. Mit Scherrer blieb er in Kontakt.[167]

Ähnlich gestaltete sich die Beziehung Piet Cornelis «Kees» Gugelots zur ETH und zu Scherrer. Der Holländer kam 1934 sechzehnjährig mit seiner Familie in die Schweiz nach Davos, wo sein Vater als Arzt die Leitung einer Klinik übernahm. Gugelot erhielt also einen Teil seiner schulischen Bildung in der Schweiz. Ab Ende der 1930er-Jahre studierte er an der ETH bei Paul Scherrer und erlangte 1940 sein Diplom. Noch im selben Jahr bot ihm Scherrer eine bezahlte Position als Hilfsassistent an; fortan sollte er gemeinsam mit ihm und Paul Huber zu den «schnellen Neutronen» arbeiten.[168] Auch Gugelot war Mitarbeiter in der Zyklotrongruppe; er war für die Betreuung der Hochvakuumanlage zuständig und damit am Erfolg der Gruppe mitbeteiligt. 1945 wurde er mit einer Arbeit zur Kernaktivierung und Spektroskopie von kurzlebigen Isotopen bei Scherrer und Tank

Abb. 28: Helmut Bradt (1917–1950), undatiert.

promoviert und anschliessend zum wissenschaftlichen Mitarbeiter befördert.[169] Von der ETH aus übersiedelte er 1947 nach Princeton, arbeitete dort zunächst als wissenschaftlicher Mitarbeiter, später als Assistenzprofessor für Kernphysik. Zwischenzeitlich kehrte er in die Niederlande zurück, beendete seine Karriere aber in den USA, ab 1966 als Direktor des NASA Space Radiation Effects Laboratory in Newport News, Virginia, sowie als Professor an der Universität von Virginia. Seine Stationen verweisen darauf, dass er die ETH nicht aufgrund eines besseren Auskommens verliess, sondern weil ihm ein Wirken in den USA aussichtsreicher schien.

Als Assistent Scherrers gehörte Gugelot zu dessen engerem Kreis und war auch zugegen, als während des Kriegs deutsche Physikerinnen und Physiker in Zürich weilten. Als die Emeritierung Scherrers näher rückte, zog man Gugelot als möglichen Nachfolger in Betracht – er war damals Direktor des Kernphysikalischen Forschungsinstituts in Amsterdam –, doch er kam nicht in die engere Wahl. Mit Scherrer hielt Gugelot zeitlebens Kontakt und steuerte zu dessen Gedenkfeier 1990 die wunderbare Anekdote bei, als Scherrers Gruppe realisierte, dass ihr Zyklotron nur in einer Richtung arbeitete – der falschen.[170]

Weniges ist bekannt von Hans Gerhard Heine, einem aus Leipzig stammenden Dozenten. Er kam 1935 nach Zürich und studierte zunächst ein Semester an der Universität, anschliessend an der Abteilung für Mathematik und Physik der ETH, wo er 1940 sein Diplom ablegte. Ab 1941 war er Doktorand bei Scherrer, offensichtlich trotz der gemeinsamen Arbeit sehr schlecht bezahlt, ersuchte er doch wiederholt um Erlass der Fachhörergebühren. Tatsächlich gewährte der Schulrat jüdischen ausländischen Studierenden in Einzelfällen zinslose Darlehen und ermöglichte ihnen so den Aufenthalt in Zürich.[171] Heine erfuhr weitere Erschwerungen, als er in den Arbeitsdienst einberufen wurde – eine Form des Einflusses auf die Aufenthaltsgestaltung der Flüchtlinge durch das EJPD ab April 1940.[172] Seine Dissertation verzögerte sich dadurch; er promovierte 1944 mit einer Arbeit zur Teilchenphysik.[173] Erneut hatte er um Erlass der Gebühren nachsuchen müssen, diesmal für die Doktoratsprüfung. Immerhin auf die Hälfte der Gebühren verzichtete die ETH.[174] Wann er die ETH verliess und in die USA emigrierte, ist nicht überliefert, gesichert ist dagegen, dass er in Boulder, Colorado, als Gerald John Hine verstarb.

Für Walter Elsasser war Zürich lediglich eine kurze Zwischenstation. Elsasser hatte in Heidelberg und München studiert und 1927 in Göttingen bei Max Born promoviert. Nach einem kurzen Abstecher an die Universität Leiden zu Paul Ehrenfest kam er 1928 für ein Semester als Postdoktorand an die ETH Zürich zu Pauli und ging von dort nach Berlin. Bereits 1933 war ihm klar, dass ein weiteres Arbeiten in Deutschland wegen seiner jüdischen Herkunft nicht möglich sein würde. Damals in Frankfurt lebend entschied er, Deutschland rasch zu verlassen. Tatsächlich sollte er nie wieder in seine Heimat zurückkehren. Sein erster Aufenthalt führte ihn erneut an die ETH, an Scherrers Institut, vorläufig für unbestimmte Zeit. Kaum angekommen, soll er am Institut auf Pauli gestossen sein, der ihn mit den Worten begrüsste: «Elsasser, du bist der erste, der diese Treppen hinaufsteigt. Ich kann mir vorstellen, dass es in den kommenden Monaten noch viele Weitere geben wird, die hier ebenfalls hochkommen werden.»[175] Noch beschäftigte sich Pauli nicht mit seiner eigenen Ausreise, den Ernst der Lage hatte er aber durchaus erkannt. Elsasser reiste nur drei Monate nach seiner Ankunft in Zürich nach Paris weiter. Pauli hatte ihn Frédéric Joliot vorgeschlagen, der einen theoretischen Physiker suchte. 1935 übersiedelte Elsasser schliesslich in die USA, wo er am California Institute of Technology eine erste Anstellung fand. Weitere Stationen waren Salt Lake City, Princeton und Maryland. Elsasser hatte sich mittlerweile auf Meteorologie spezialisiert und sich als Geophysiker einen Namen gemacht. Scherrers Name sucht man in seinen Memoiren allerdings vergeblich; dieser hatte in diesem Fall wohl keinen prägenden Eindruck hinterlassen.[176]

Der bekannteste unter den Zwangsmigranten an Scherrers Institut ist zweifellos Valentin (auch Valentine) Telegdi. In Budapest geboren, besuchte Telegdi in Wien und Brüssel die obligatorischen Schulen und arbeitete in den ersten Kriegsjahren in Mailand. 1943 kam er als Flüchtling in die Schweiz. Er bezeichnete diese Zeit als «leider unfreiwilligen Tourismus», da er aufgrund von deutschen Besetzungen dreimal fliehen musste: aus Österreich, Belgien und Norditalien.[177] Nach seiner Ankunft in der Schweiz internierten ihn die Behörden für kurze Zeit und gestatteten ihm schliesslich, zu seinem Vater, der legal in Lausanne lebte, überzusiedeln. Ein Stipendium erlaubte ihm, 1946 als diplomierter Chemiker an der École polytechnique de l'Université de Lausanne abzuschliessen. Dank der Vermittlung Ernst Stückelbergs, bei dem er Vorlesungen gehört hatte, wurde er an die ETH zugelassen, nachdem Scherrer ihm aufgrund seiner «mangelhaften Ausbildung» die Zulassung zunächst verwehrt hatte. Hier war er zu Beginn neben seinem Studium auch in einer Physikgruppe als «chemischer Assistent» tätig, Scherrer engagierte ihn aber alsbald als Assistenten. Telegdi bezeichnete die Atmosphäre jener Zeit einmal als elitär: Man «schaute nicht nur auf den Olymp hinauf, sondern auch vom Olymp herunter». Gleichzeitig kam ihm das Leben in der Schweiz der Nachkriegszeit wie das Dasein auf einer «Trauminsel» inmitten des zerrütteten Europas vor, auf der auch im Wissenschaftsbereich «business as usual» herrsche: «Erscheinen uns die zur Verfügung stehenden Mittel im Rückblick als beschränkt, so waren sie doch seinerzeit einzigartig!»[178] 1950 promovierte Telegdi bei Scherrer und Pauli über den Zerfall eines Kohlenstoffkerns in Alphateilchen bei Beschuss mit Gammastrahlen. Ihm war aufgefallen, dass Scherrer zu diesem Zeitpunkt bereits nur mehr «peripher» an der Forschung im Institut beteiligt war, da er sich vornehmlich administrativen Aufgaben zugewandt hatte. Im Gegensatz zu anderen empfand Telegdi dies nicht als problematisch, sondern anerkannte, dass Scherrer als «Dirigent, der die Rolle jedes Instrumentes verstand, begabte Musiker förderte und den neuesten Kompositionen gegenüber stets offen war».[179]

1951 wanderte Telegdi in die USA nach Chicago aus, wo er ab 1956 eine Professur innehatte, stark gefördert von Gregor Wentzel, der 1949 selbst von Zürich nach Chicago übersiedelt war. Daneben hielt Telegdi zahlreiche Gastprofessuren an verschiedenen amerikanischen Hochschulen. Seine wichtigsten Beiträge betrafen das Gebiet der schwachen Wechselwirkungen; unter anderem zählte Telegdi zu den Entdeckern der Paritätsverletzung.

1976 kehrte er nochmals für ein Jahrzehnt nach Zürich zurück – er hatte die Physik an der Universität Chicago nach dem Tod Enrico Fermis zunehmend unbedeutend gefunden und zog es vor, an die ETH zu wechseln. Hier blieb er bis zu seiner Emeritierung 1989 und leitete zwischenzeitlich eine Teilchenphysikgruppe an der Europäischen Organisation für Kernforschung (CERN). Zwischen 1981 und 1983 war er zudem Vorsitzender des Science Policy Committee, des CERN-Wissenschaftsrats.

Abb. 29: Valentin Telegdi (1922–2006), zweite Hälfte der 1970er-Jahre (Foto: Yousuf Karsh).

Paul Scherrer und Lise Meitner

Auch Lise Meitner hätte, wäre es nach Scherrer gegangen, in der Schweiz Zuflucht finden sollen. Aufgrund des deutschen Gesetzes zur Wiederherstellung des Berufsbeamtentums war Meitner im April 1933 wegen ihrer jüdischen Herkunft die Lehrbefugnis entzogen worden. Am nicht staatlichen Kaiser-Wilhelm-Institut für Physik in Berlin war sie als Österreicherin dagegen weiterhin geduldet. Hier fungierte in den Jahren 1936 bis 1940 Peter Debye als Direktor. Tatsächlich praktizierte die Kaiser-Wilhelm-Gesellschaft (KWG), die zur Förderung der Wissenschaften eingerichtet war, 1933 eine Art «Gleichschaltung», unter deren Schirm sie für einige Jahre einen Anschein von Unabhängigkeit aufrechterhalten und so einige wenige ihrer prominentesten jüdischen Wissenschaftlerinnen und Wissenschaftler halten konnte, alle andern jedoch entliess. Otto Hahn etwa, ebenfalls im Kaiser-Wilhelm-Institut tätig, konnte seinen Assistenten Fritz Strassmann halten, der es abgelehnt hatte, einer nationalsozialistischen Berufsorganisation beizutreten, und folglich ausserhalb des Instituts nicht mehr beschäftigt wurde. Debye wiederum ermöglichte Meitner, bis 1938 am Institut zu bleiben.[180] Als Präsident (seit 1937) der Deutschen Physikalischen Gesellschaft unterschrieb er jedoch jene Entlassungsbriefe, die zur Folge hatten, dass bis Ende 1938 alle jüdischen Mitglieder aus der KWG ausgeschlossen wurden. 1940 entzog sich Debye dieser Situation ins Exil an die Cornell University in den USA. Nach Europa kehrte er nur noch für die Teilnahme an Tagungen und für die Übernahme einer Gastprofessur zurück. Dieter Hoffmann und Mark Walker gehen in ihrer Schrift zur «Debye-Affäre» davon aus, dass Debye trotz seines diskrepanten Handelns keine Entnazifizierung hätte fürchten müssen.[181]

Zurück zu Lise Meitner: Bei nicht wenigen Kollegen und Kolleginnen in Europa weckte nach 1933 Meitners Verbleib in Deutschland zunehmend Sorge. Niels Bohr lud sie nach Kopenhagen ein. Im Zuge der «Arisierungen» in Deutschland 1938 («Anschluss» Österreichs, Novemberpogrom) wurde sie deutsche Staatsbürgerin. Als gebürtige Jüdin war sie nun akut gefährdet. Dies sprach sich in der Fachwelt herum. Otto Hahn begann wohlweislich, ihre Flucht zu planen: Er bat Kollegen im Ausland um Einladungen an Lise Meitner, die ihr den Vorwand für eine Ausreise geboten hätten. Niels Bohr lud sie erneut ein, aber jetzt erhielt sie für die Einreise in Dänemark kein Visum mehr. Auch aus Holland kamen Einladungen an Meitner. Diese befürchtete nun, überhaupt nicht mehr aus Deutschland ausreisen zu können.[182]

Paul Scherrer wollte sie nach Zürich holen. Die beiden hatten sich bereits 1918 in Göttingen kennengelernt und standen seither in Kontakt. Sie luden sich gegenseitig zu Tagungen ein, Meitner war einige Male in Zürich an den «Physikalischen Wochen» zugegen, sie diskutierten brieflich aktuelle physikalische Fragen miteinander oder sandten sich Publikationen zu. Anfang 1938 kontaktierte Scherrer Meitner im Wissen, dass sie in Deutschland nicht mehr geschützt war: «So schade, dass ich

Abb. 30: Zürcher Physikalische Woche, Lise Meitner und Arnold Sommerfeld, um 1935.

nicht mit Ihnen mündlich über diese Dinge fachsimpeln kann. [...] Wann kommen Sie wieder einmal nach Zürich? Wir machen fast sicher im Sommer einen Kongress. Falls ein solcher nicht zu Stande kommt, würde ich Sie doch auf jeden Fall gerne zu einem Vortrage einladen.»[183] Das Schreiben war der Lage entsprechend überaus umsichtig abgefasst. Es begann mit Fachsimpelei zu einem physikalischen Problem und sprach die Einladung in unverfänglichen Tönen erst gegen Ende des Schreibens aus. Scherrer lieferte Meitner damit einen beruflichen Vorwand, Deutschland verlassen zu können – seine Idee war, dass sie anschliessend nicht mehr nach Berlin zurückkehren würde. Die Einladung war auf ein konkretes Ereignis in der nahen Zukunft bezogen, würde jedoch bis zum Sommer hin ausgedehnt werden können. Er wusste also genau, wie vorzugehen war. Monate später, im Juli 1938, als er Meitner in Sicherheit wusste, liess er sie wissen, dass der Brief «zum Zwecke geschrieben [war], für Sie ein Visum zu erlangen: denn unser Semester ist ja schon vorbei und wir haben kein Kolloquium und kein Seminar mehr. [...] Pauli und ich haben immer sehr um Sie gebangt.»[184]

Meitner war jedoch noch nicht bereit, Deutschland ohne Aussicht auf eine gesicherte Position zu verlassen: «Zürich lockt natürlich immer sehr, aber die Trauben hängen etwas hoch.»[185] Auch fürchtete sie, nochmals neu anfangen zu müssen. Dies war durchaus realistisch, war es zu jener Zeit doch üblich, dass Frauen an den Universitäten und Hochschulen lediglich als Hilfsassistentinnen eingestellt wurden. Sie betrachtete die Einladung Scherrers, so ihre Biografin Ruth Sime, denn auch nur als Absicherung für den Notfall und blieb vorläufig in Berlin, um mit ihren Kollegen Otto Hahn, inzwischen Direktor des Kaiser-Wilhelm-Instituts für Chemie, und dem jungen Chemiker Fritz Strassmann die Bestrahlungsexperimente mit Neutronen fortzuführen.

Nur einen Monat später kam Scherrer auf die Angelegenheit zurück: «Da wir diesen Sommer wohl keinen Kongress machen werden, wäre ich sehr froh, wenn Sie uns im Kolloquium wieder einmal über die Arbeiten Ihres Institutes berichten würden. [...] In der Hoffnung, dass Sie sich einmal für ein paar Tage frei machen können.»[186] Anfang Juni 1938 wiederholte er sein Anliegen, Meitner möge nach Zürich kommen, dezidierter: «Nun raffen Sie sich auf und kommen Sie noch in dieser Woche, mit dem Flugzeug ist es nur ein Katzensprung. Sie können Ihre Vorlesung Mittwoch oder Freitag abhalten.»[187] Nur wenig später formulierte er die Einladung zur Physikwoche erneut, diesmal in einem Telegramm.[188] Inzwischen war es Meitner jedoch nicht mehr möglich, ohne Pass und Visum auszureisen. Otto Hahn bereitete deshalb, gemeinsam mit Peter Debye, ihre illegale Ausreise vor. Im Juli 1938 verliess sie Berlin, reiste zunächst in die Niederlande, später nach Dänemark und traf schliesslich im August in Schweden ein. Fluchthelfer hatten am Nobel-Institut in Stockholm einen Forschungsplatz für sie organisiert. Hier stand sie dann noch während der ganzen Kriegsjahre unter deutscher Beobachtung.[189]

Direkt nach dem Krieg erneuerte Scherrer seine Einladung an Meitner. Nun ging es darum, sie potenziellen sowjetischen Einflüssen zu entziehen. Abermals schlug sie die Einladung aus, die Aussicht auf eine adäquate Stelle in Zürich war ihr zu unsicher, als dass sie hätte annehmen können.[190] Sie blieb in Stockholm, von wo sie erst 1960 nach Cambridge übersiedelte, um ihre letzten Jahre in der Nähe von Verwandten zu verbringen.[191]

Dass man sich in den Kriegsjahren im wissenschaftlichen Netzwerk darauf verständigte, wie jemandem zu helfen sei, kam häufig vor. Allerdings waren die Rettungsversuche nicht immer wohlüberlegt. Heisenberg berichtete retrospektiv von einem polnischen Kollegen, dem er zu helfen versucht hatte: «Während des Krieges erhielt ich fünf Hilferufe in Fällen, wo Menschen durch unsere Leute ermordet wurden. [...] [Einer davon] war Schouder [Julius Pawel Schauder], ein Mathematiker. Er hatte mir geschrieben, und ich hatte Fühler ausgestreckt, um zu sehen, was sich machen liess. Ich schrieb an Scholz, der etwas mit Polen zu tun hatte. Dann schrieb mir Scherrer den folgenden lächerlichen Brief, in dem er mir mitteilte, er habe ebenfalls etwas mit dem Fall zu tun. Er schrieb: ‹Lieber Heisenberg, ich habe gerade gehört, dass der Mathematiker Schouder in grosser Gefahr ist. Er wohnt jetzt in der kleinen polnischen Stadt soundso unter dem Falschnamen soundso.› Das stand in einem Brief, der an der Grenze natürlich geöffnet wurde. Es war unglaub-

Abb. 31: Lise Meitner und Oskar Klein am Solvay Congress, 1948.

lich, wie jemand so was aus der Schweiz schreiben kann. Ich habe von Schouder nichts mehr gehört, und jetzt erhielt ich die Nachricht, dass er ermordet wurde.»[192] Die Episode zeigt zweierlei: Nicht immer war es einfach, sich über die Grenzen hinweg zu verständigen. Das Problem lag dabei sicherlich nicht bei denen, die es versuchten. Indes war das Risiko, durch Unbedachtheit andere zu gefährden, nicht gering. Vor allem aber: Heisenberg und Scherrer standen auch während des Kriegs als Teil einer Community in ständigem Austausch.

Dissonanzen am Institut

Nach 1945 verschoben sich am Physikalischen Institut die Kräfteverhältnisse. Das Institut war zwar immer noch hervorragend aufgestellt – auch weil Scherrers wissenschaftspolitisches Engagement nach 1946 zusätzliche finanzielle Mittel in die Kassen spülte, wie weiter unten ausgeführt wird. Gleichzeitig konnten mit den während des Kriegs entwickelten Beschleunigern im grossen Stil Forschung betrieben und einige bedeutende Ergebnisse vorgelegt werden. Doch Scherrer und seine Kollegen mussten auch erkennen, dass andere Länder, insbesondere die USA, in der Kernforschung alle anderen überholt hatten. Dies hatte mit veränderten Voraussetzungen im internationalen Kontext zu tun. Wie kein zweites Land hatten die USA während der Kriegsjahre kernphysikalisches Wissen eingekauft, indem sie die in Europa verfolgten Physiker und Physikerinnen aktiv abwarben und ihnen glänzende Arbeits- und Aufenthaltsbedingungen boten. Zudem war das Land bereit, im militärischen Kontext grosse Mengen Geld in sein Kernphysikprogramm zu investieren. Um diese effiziente Wissensproduktion aus dem Krieg in die Nachkriegszeit hinüberzuretten, wurden neue staatliche Forschungsinstitute gegründet und mit zum Teil hoch spezialisierten Aufgaben versehen; der Abstand der Amerikaner zu anderen Ländern konnte so massiv ausgebaut werden. Valentin Telegdi etwa sprach davon, dass nach 1950 eine stürmische Entwicklung in der Experimentalphysik erfolgt sei, die über ein Vierteljahrhundert gedauert, sich aber primär in den USA abgespielt habe.[193] Die damit einhergehende relative Rückständigkeit anderer Staaten betraf nicht nur die Schweiz, wurde hier aber schmerzhaft wahrgenommen.[194]

Dennoch erlebte die Physik auch in Europa einen kulturellen Wandel: Sie wurde internationaler und drängte auf Kooperation im grossen Stil. Dies war Scherrer sehr wohl bewusst. So engagierte er sich nach anfänglicher Skepsis in den 1950er-Jahren für den Aufbau des CERN sowie im Rahmen eines privatwirtschaftlichen Unterfangens für die Gründung eines nationalen Forschungszentrums. Mit seinem Engagement in der Studienkommission für Atomenergie wiederum gelang es ihm, relevante Gelder ans Institut zu holen, um dem Rückstand der Schweiz mit zusätzlichen Mitteln entgegenwirken zu können.

Damit einhergehend zog er sich aus dem Physikalischen Institut immer mehr zurück, beteiligte sich nur noch marginal an den institutionellen Arbeiten und stiess in den letzten zehn Jahren seines Ordinariats keine grösseren Forschungsvorhaben mehr an.[195] Dies belegt auch seine Publikationsliste, die nach 1945 deutlich weniger eigenständige Schriften aufweist. Die Aufgaben auf wissenschaftspolitischer Ebene banden mittlerweile einen guten Teil seiner Durchschlagskraft. Pauli schien er zwischenzeitlich erschöpft zu sein: «Mein persönlicher Eindruck ist, dass es ihm nicht sehr gut geht und dass er innerlich irgendwie müde ist.»[196] Gleichwohl diente Scherrer in diesen Jahren – das wird ihm zumindest in diversen Festschriften attestiert – seinen Studierenden und Doktorierenden unbeirrt als «Schrittmacher».[197]

Hinzu kamen Probleme institutsinterner Natur: Die Strukturen des Physikalischen Instituts waren mittlerweile veraltet, sie bauten auf einer Hierarchie mit absoluter Vormachtstellung des Vorstehers auf. Dieser, Scherrer, war derweil zunehmend weniger gewillt, seine Macht mit anderen zu teilen. Das ist nicht ungewöhnlich: Reformen werden in der Regel zu Beginn einer neuen Aufgabe, einer neuen Funktion angestossen, schliesslich verfestigt, aber kaum mehr angepasst. Markus Fierz, Paulis Assistent und später Nachfolger auf dessen Lehrstuhl, umriss die Problematik wie folgt: «Die ETH-Physik war ja während über dreissig Jahren durch Paul Scherrer geführt worden, der durch seine phantasievolle, glänzende Persönlichkeit ihr das Gepräge gab. Ein blendender Dozent, ein vielgebildeter, geistreicher Gelehrter, hat er seine Schüler stark beeindruckt und [weit] herum im Lande der Physik eine Stellung geschaffen, die sie wohl nie zuvor besessen hat. Seine starke, extravertierte Intuition befähigte ihn, weite Kreise in Industrie und Politik seinen Zielen dienstbar zu machen. Nun war er freilich auch alt geworden, seine Kräfte hatten nachgelassen, was aber nach aussen kaum in Erscheinung trat. Aber die innere Organisation des Institutes war doch nicht mehr ganz so, wie sie hätte sein sollen. An sich ist ein solcher Vorgang natürlich, denn jeder muss ja den Jahren seinen Tribut bezahlen. Unglücklicherweise fiel nun aber dieses Nachlassen zusammen mit der erstaunlichen Ausweitung des Hochschulwesens überhaupt, und mit der fast explosionsartigen Vergrösserung der Studentenzahlen in der Physik im besonderen. Die Behörden waren auf diese Entwicklung leider nicht vorbereitet; und Scherrer hat gar nichts mehr getan, um hier irgendwie Abhilfe zu schaffen. So stand das Zürcher Institut, mit einer Einrichtung, die vor 15 Jahren modern gewesen war, recht hilflos vor einer schwer zu meisternden Situation.»[198] Dies hatte unter anderem zur Folge, dass sich einige von Scherrers aussichtsreichsten Schülern – dazu gehörten neben Werner Zünti auch Rudolf Sontheim, Fritz Alder und Heinz Albers – Wirkungskreise ausserhalb des Instituts suchten.

Es kam aber noch heftiger: Einige der ausgewanderten Physiker begannen sich aktiv in die Hochschulpolitik der Schweiz, insbesondere der ETH, einzumischen. In einem Exposé vom November 1956 kritisierten zwei ehemalige Schüler Scherrers, Hans Frauenfelder und Peter Stähelin, beide an der University of Illinois in Urbana tätig, die Situation der Physik in der Schweiz und attackierten damit auch Scherrer.[199] Während die physikalische Grundlagenforschung in den USA die moderne Technik und die weiteren Wissenschaften immer stärker beeinflusse und von grossen Industrieunternehmen mit eigenen starken Zentren vorangetrieben werde, monierten Frauenfelder und Stähelin, falle die Schweiz diesbezüglich immer weiter zurück. Die Struktur an den Schweizer Hochschulinstituten sei unbefriedigend, mit zu starken Hierarchien, die in der «Person des dominierenden Institutsdirektors kulminiere» und so eine geteilte Verantwortung, wie dies in den USA üblich sei, verhindere. Des Weiteren genüge die Ausbildung der Studierenden nicht mehr, ausserdem bestünden kaum Arbeitsmöglichkeiten für ausgebildete Physiker und Physikerinnen, auch seien die Gehälter zu niedrig. Insbesondere kritisierten sie, und das muss Scherrer besonders getroffen haben, dass die Quantenmechanik und die Kernphysik erst spät und überdies unzureichend in den Normalstundenplan

Abb. 32: Werner Känzig (1922–2002), Nachfolger Paul Scherrers auf der Professur für Experimentalphysik, undatiert.

aufgenommen worden seien aufgrund einer zu geringen Zahl von Dozierenden und einem zu expliziten Fokus auf die Experimentalphysik. Zudem habe Scherrer fast alle Physikprofessuren der Schweiz mit zweitrangigen Schülern besetzt, wobei diese Mittelmässigkeit, wie die Kritiker abschwächten, unbeabsichtigt gewesen sei.[200] Deutlicher wurde der in den USA lehrende Pauli-Schüler Josef-Maria Jauch. Veränderungen seien erst möglich, wenn der «Schweizer Physikzar» zurückgetreten sei: «Ich bin überzeugt, dass Scherrer, trotz seiner anderen vielen guten Eigenschaften, in diesen Fragen eine antiquierte Schule vertritt, welche den heutigen Anforderungen nicht mehr entspricht.»[201] Für die Änderung des Systems, so Jauch weiter, brauche es «eine andere Generation». Jauch kam in diesem Rahmen auf einen früheren, erfolglos angebrachten Vorschlag zurück, in der Schweiz ein theoretisches Forschungsinstitut im Stile amerikanischer Institutionen einzurichten, denn «die theoretische Physik ist bei weitem die billigste Art, Forschung zu betreiben, und wäre deshalb für ein Land wie die Schweiz mit ihren beschränkten Mitteln besonders wünschenswert». Werner Känzig, später Nachfolger auf Scherrers Lehrstuhl, bekräftigte die Einsprüche.

Scherrer sah sich hierdurch herausgefordert, ohne beleidigt zu sein. Er unterstützte die Kritiker gar in einzelnen Punkten. In einem Schreiben an ETH-Schul-

Abb. 33: Jean-Pierre Blaser (1923–2019) am Schweizerischen Institut für Nuklearforschung. Er übernahm 1960 die Zyklotronplanungsgruppe von Paul Scherrer, um 1970 (Foto: Fernand Rausser).

ratspräsident Pallmann wiederholte er seine langjährige Forderung, das Schweizer Hochschulwesen zumindest teilweise dem amerikanischen anzugleichen: «Ich halte die Bemerkungen der beiden Herren über die ungenügende Zahl von gut bezahlten Professoren für Physik an unserer Schule für richtig. Es sollte, wie es [in den] USA ist, eine Abstufung von Professorenstellen, *assistant professor*, *associate professor*, *research professor*, *full professor*, geschaffen werden, die neben den gewöhnlichen Assistenten, dem *lecturer*, den Unterricht und die Forschungsarbeiten leiten würden. Unsere älteren Forschungsassistenten und Privatdozenten in Physik sind zweifellos zu schlecht bezahlt und werden uns immer von USA weggeholt.»[202] Wie bei früheren Appellen versagte ihm die Schulleitung jegliche Unterstützung.

Keine Zustimmung zeigte Scherrer zur Kritik am Unterricht der ETH: «Dass unsere Absolventen gut ausgebildet sind, ergibt sich ja am besten aus der Tatsache, dass Amerika die grössten Anstrengungen macht, um unsere Leute samt und sonders wegzuholen.»[203]

1959, als die Emeritierung Scherrers längst in die Wege geleitet worden war, wiederholte Frauenfelder seine Intervention, nun aber unterstützt vom damaligen Wissenschaftsattaché der Schweizer Botschaft in Washington und späteren Delegierten des Bundesrats für Fragen der Atomenergie, Urs Hochstrasser. Die Polemik schlug hohe Wellen, nicht nur beim ETH-Schulrat, sondern auch in der Presse. Der «Schweizer Beobachter» lancierte am 15. Oktober 1959 einen Artikel mit der Überschrift: «Hat unsere ETH ihre einst führende Rolle auf dem Gebiet der Atomforschung ausgespielt?» Schulratspräsident Hans Pallmann konzedierte die Richtigkeit der Vorwürfe Frauenfelders zwar, kritisierte aber dessen «masslose Übertreibung und die Durchmischung seiner Kritik mit rein polemischen Elementen». Die Angelegenheit beschäftigte den Schulrat über Jahre und initiierte grundlegende institutionelle und personelle Veränderungen.[204]

Diese Auseinandersetzungen waren längst im Institut selbst angekommen. Die Beteiligten zeigten sich uneinig, welches die «beste Art der schweizerischen Forschungsförderung» wäre, die Fronten verhärteten sich, ein Generationenkonflikt zeichnete sich ab: Anhänger des «Urbanakreises», also von Frauenfelder und Stähelin, verlangten die sofortige Einrichtung eines unabhängigen Forschungsinstituts, was sowohl Scherrer als auch Pallmann zurückwiesen. Auch einzelne jüngere Professoren, so der Ordinarius für Festkörperphysik Georg Busch und der Kernphysiker Pierre Marmier, beides ehemalige Schüler und mittlerweile Kollegen Scherrers am Institut, fühlten sich von diesem seit längerem nicht mehr vertreten.[205] Marmier etwa monierte Schulratspräsident Pallmann gegenüber die fast ständige Abwesenheit Scherrers vom Institut, was in der Vernachlässigung von dringend zu erledigenden Aufgaben und in einem erschwerten Informationsfluss resultiere.[206] Die Feindseligkeit von Busch und Marmier ging so weit, dass sich beide nicht an der Festschrift zu Scherrers siebzigstem Geburtstag beteiligten. Scherrer selbst konnte sich die Spannungen zwischen ihm und den jungen Physikern nicht erklären; er hielt gegenüber Pallmann fest, er sei diesen gegenüber immer grosszügig, fördernd und loyal gewesen.[207] Der Disput erweckt den Eindruck, dass Scherrer in den letzten Jahren, beflügelt durch seine Anerkennung auf wissenschaftspolitischer und internationaler Ebene, zunehmend direktiv auftrat, dabei aber institutsinterne Angelegenheiten vernachlässigte.

Vor dem Hintergrund dieser Unstimmigkeiten entschied die Schulleitung bereits 1957, die bevorstehende Emeritierung Scherrers als Gelegenheit wahrzunehmen, Reformen am Institut einzuleiten. Scherrer brachte diesem Vorschlag Wohlwollen entgegen und engagierte sich bei der Nachfolgeregelung.[208] In einem gemeinsamen Schreiben Scherrers und Paulis vom Oktober 1957 bekräftigten die beiden Physiker die Wichtigkeit der Stärkung insbesondere der Kernphysik an der ETH und schlugen der Schulleitung zu diesem Zweck die Neuschaffung von mindestens zwei Ordinariaten sowie bauliche Massnahmen vor, das physikalische Institut bedurfte dringend neuer Räume.[209] Die Schulleitung beschloss daraufhin, beim Bundesrat zwei neue Professuren zu beantragen, die dieser ohne Umstände bewilligte. Als Experimentalphysiker berief man 1959 einen ehemaligen Assistenten Scherrers, Jean-Pierre Blaser, den Lehrstuhl für theoretische Physik besetzten sie mit Res Jost. Das Ordinariat Scherrers sollte 1960 als ordentliche Professur für Experimentalphysik, insbesondere Festkörperphysik, besetzt werden. Pauli schlug früh Hans Frauenfelder dafür vor. Scherrer unterstützte den Vorschlag, er hegte offensichtlich keinerlei Ressentiments gegen seinen früheren Assistenten. Vonseiten des Schulrats zeigte sich jedoch niemand davon überzeugt, und Frauenfelder zog es vor, in den USA zu bleiben. Nachfolger Scherrers wurde schliesslich 1961 einer seiner früheren Schüler, Werner Känzig, der zu diesem Zeitpunkt wissenschaftlicher Mitarbeiter bei General Electric in Schenectady (USA) war.[210]

Das Physikalische Institut wurde reorganisiert und um zwei Gruppen erweitert: Die Professur für Kernphysik hatte Pierre Marmier inne, dem neu gegründeten Labor für Hochenergiephysik stand Jean-Pierre Blaser vor. Letzterer übernahm ferner 1960 die Leitung der Zyklotronplanungsgruppe.[211]

Die Bestätigung der Emeritierung Scherrers durch den Bundesrat erfolgte im Juli 1959 per 1. April 1960. Verabschiedet wurde in diesem Rahmen auch Scherrers langjährige Sekretärin Margret Schmid, die Scherrer weiterhin loyal verbunden blieb.

Exkurs

Die Entdeckung der Kernspaltung des Urans durch Lise Meitner und Otto Hahn

Die österreichisch-schwedische Physikerin Lise Meitner kam 1878 als Tochter eines Rechtsanwalts in Wien zur Welt. Sie machte Abitur, was damals für Frauen nur mittels des Unterrichts durch einen Privatlehrer möglich war. Die Entdeckung des Radiums 1902 durch Marie Skłodowska-Curie motivierte sie zum Studium der Naturwissenschaften. 1906 promovierte sie an der Wiener Universität bei Ludwig Boltzmann als zweite Frau mit dem Hauptfach Physik. Im darauffolgenden Jahr ging sie zu Max Planck nach Berlin, dem damaligen Epizentrum der modernen Physik. Hier traf sie Otto Hahn. Es begann eine dreissigjährige wissenschaftliche Zusammenarbeit, die zur Entdeckung der Kernspaltung des Urans führte.

Otto Hahn kam ein Jahr nach Meitner, 1879, in Frankfurt am Main zur Welt. An der Universität Marburg studierte er Chemie, worauf er erste Forschungsjahre bei William Ramsay in London und Ernest Rutherford in Montreal verbrachte. In dieser Zeit entdeckte er mehrere vermeintlich neue radioaktive Elemente – später sollte sich herausstellen, dass es sich um Isotope bereits bekannter Elemente gehandelt hatte. 1906 kehrte er nach Deutschland zurück.

Ab 1912 waren Lise Meitner und Otto Hahn also im Kaiser-Wilhelm-Institut für Chemie in Berlin angestellt. Während Meitner die physikalisch-radioaktive Abteilung leitete, war Hahn für die chemisch-radioaktive Abteilung zuständig. Die beiden arbeiteten nun zunehmend zusammen, wobei Lise Meitner Hahns Laboratorium anfänglich nur durch den Hintereingang betreten durfte – zu den weiteren Labors wurde ihr als Wissenschaftler*in* der Zutritt sogar vollständig verweigert. Der Erste Weltkrieg brachte die gemeinsame Forschung zunächst zum Stillstand, doch noch vor Kriegsende konnte das Duo ins Labor zurückkehren und die Forschung wieder aufnehmen. Durch den Zweiten Weltkrieg wurde die Zusammenarbeit erneut unterbrochen: Als Jüdin sah sich Meitner gezwungen, 1938 nach Schweden zu fliehen.

Noch vor Meitners Flucht hatten sich die beiden Forschenden mit der Kernspaltung befasst. Noch mehr als Hahn erkannte Meitner die grosse Bedeutung dieses Feldes und publizierte aus dem Exil bereits im Januar 1939 eine Abhandlung darüber. Die Grundlage ihrer Forschung zum Uran bildete eine Entdeckung von Enrico Fermi 1934 in Rom. Dieser hatte verschiedene Elemente, darunter Uran, mit Neutronen bestrahlt. Die verbreitete These war damals, dass die Neutronen absorbiert würden und sich Transurane bildeten, das heisst Elemente mit einer höheren Ordnungszahl als Uran. 1938 bestrahlte Hahn zusammen mit dem Chemiker Fritz Strassmann ebenfalls Uran mit Neutronen. Ihre Resultate konnten sie sich jedoch nicht erklären – Transurane liessen sich nicht nachweisen. Die beiden Forscher konsultierten Meitner, die im schwedischen Exil zusammen mit Otto Frisch das Tröpfchenmodell auf den Atomkern des Urans anwandte. Ihre Berechnungen ergaben, dass Uran gespalten werden kann. Zudem erkannten sie, dass der Urankern bei Neutronenbeschuss zerplatzt: Der Kern teilt sich, weil das Neutron ihn in starke Schwingungen versetzt. Im Februar 1939 publizierten sie ihre Resultate in der Zeitschrift «Nature».

Diese Entdeckung bildete die Voraussetzung für die technische Nutzung der Kernenergie und damit für die mögliche Entwicklung von Waffen und Reaktoren. Werden Kernspaltungen ausgelöst, bei denen weitere Neutronen frei werden, kommt es zur Kettenreaktion und Unmengen von Energie werden freigesetzt. Schon wenig später arbeitete eine ganze Reihe von Staaten unter grossem finanziellem und personellem Einsatz an der Konstruktion der neuartigen Waffe. Sowohl Lise Meitner als auch Otto Hahn distanzierten sich nach dem Krieg davon; Hahn setzte sich in der Öffentlichkeit unter anderem mit Auftritten im deutschen Radio und bei der britischen Rundfunkanstalt BBC für eine friedliche Nutzung der Kernenergie ein.

1944 wurde für die Beschreibung der Urankernspaltung der Chemienobelpreis verliehen – er ging allerdings nur an Otto Hahn. Heute gehört diese Auszeichnung zu den umstrittensten – wenn auch die Nichtberücksichtigung einer Frau kein Einzelfall war –, da Lise Meitner, die einen wichtigen Teil der Arbeit geleistet hatte, nicht berücksichtigt wurde.[212]

Die goldenen Jahre der Kernphysik

Umbruch in der Physik

Blenden wir zurück: Um 1900 kam es zu bedeutenden Umwälzungen in der Physik. Einsteins Lichtquantenhypothese und die spezielle Relativitätstheorie erblickten ebenso das Licht der Welt wie das Strahlungsgesetz von Max Planck, das heute als Geburtsstunde der Quantenphysik gilt, und die von Schrödinger, Heisenberg, Pauli und anderen Ende der 1920er-Jahre konsistent formulierte Quantenmechanik. Ernest Rutherford, den Scherrer an einer Stelle als den «genialsten Experimentator unseres Jahrhunderts»[213] bezeichnete, entdeckte, dass Atome geladene Kerne haben, Bohr wiederum entwickelte zum ersten Mal ein quantentheoretisches Modell der Elektronenschale, das inzwischen überholt ist, damals aber wichtig war, weil es als erstes Modell das Spektrum von Wasserstoff erklären konnte. Gewinnen konnte die Physik auch von intellektuellen Kontroversen, etwa derjenigen zwischen Albert Einstein, Niels Bohr und Kollegen über die Interpretation der Quantenmechanik. Einstein, der in den 1920er-Jahren die Quantenmechanik durchaus als bedeutsam einschätzte, konnte die radikale Idee der Bohr-Heisenbergschen Interpretation, eine Messgrösse nehme erst im Augenblick einer Messung einen bestimmten Wert an, nicht akzeptieren, insbesondere nicht die statistische Interpretation durch Max Born.[214]

Mit Kernphysik hatte das vorerst noch wenig zu tun. Für diese wurde vor allem die Entdeckung der radioaktiven Strahlung wichtig. Marie Skłodowska-Curie stellte fest, dass Radioaktivität nicht mit Chemie, sondern mit dem Atom zu tun hat. 1903, sechs Jahre vor dem Nachweis von Atomkernen, entwickelten Ernest Rutherford und Frederick Soddy eine Hypothese, nach der Radioaktivität mit der Umwandlung von Elementen verbunden ist. Davon ausgehend formulierten 1913 Soddy und Kasimir Fajans die Verschiebungssätze, die die Änderung von Massen- und Ordnungszahl beim Zerfall beschreiben, womit die natürlichen Zerfallsreihen beschrieben werden können.

1932 wurde durch die Arbeiten von Cockcroft und Walton, beide aus der Schule Rutherfords, der Atomkern der Forschung zugänglich. Zur selben Zeit publizierte der englische Physiker James Chadwick, ebenfalls Rutherfords Schüler, seine Entdeckung des Neutrons, und auf der anderen Seite des Atlantiks tat der Amerikaner Carl Anderson das Gleiche zum Positron: Es war das «goldene Jahr der Kernphysik».[215] Die Entdeckung Chadwicks führte zur Beantwortung der Frage nach den Bausteinen der Atomkerne durch Werner Heisenberg: Mit einem aus Neutronen und Protonen aufgebauten Kernmodell liessen sich viele damals bekannte Eigen-

Abb. 34: Kernspaltungstisch von Otto Hahn, Fritz Strassmann und Lise Meitner mit Teilen der originalen Ausrüstung. Die Anordnung ist historisch nicht korrekt, die Geräte wurden in verschiedenen Räumen benutzt, 1938.

schaften der Kerne widerspruchsfrei erklären. Zwei Jahre später erfolgte die Entdeckung der künstlich erzeugten Radioaktivität durch das Ehepaar Irène und Frédéric Joliot-Curie, also die künstliche Herstellung von radioaktiven Isotopen. Dies vervollständigte die Grundlage, auf der eine systematische Forschung zur Kernphysik aufgebaut werden konnte.

1938 waren es die Deutschen Otto Hahn und Fritz Strassmann, die bei der Bestrahlung von Uran mit Neutronen mittelschwere Kerne beobachteten, die von Lise Meitner und Otto Frisch kurz darauf als Bruchstücke des Urankerns erkannt wurden. Meitner und Frisch verwendeten dafür als Erste den Begriff «Kernspaltung» beziehungsweise das gleichbedeutende «Fission». Nochmals ein Jahr später, 1939, entdeckte Leo Szilard in den USA, dass bei der Spaltung eines Urankerns ausser den Spaltprodukten noch zwei oder drei Neutronen frei werden. Damit wurden erstmals Kettenreaktionen denkbar. Auf Betreiben von Szilard und anderen wurde eine Publikation dazu zunächst zurückgehalten, man wollte nicht, dass die Deutschen davon erfuhren und dadurch Hinweise zum Bau von Atombomben erhielten. Praktisch zeitgleich mit den amerikanischen Forschenden machten

Abb. 35: Siebte Solvay-Konferenz in Brüssel vom 22. bis 29. Oktober 1933; vorderste Reihe ganz links: Erwin Schrödinger, neben ihm Irène Joliot-Curie, dann Niels Bohr und Abram Fjodorowitsch Joffé, anschliessend Irène Joliots Mutter, Marie Skłodowska-Curie, sowie zweite von rechts Lise Meitner neben James Chadwick (ganz rechts), 29. Oktober 1933 (Foto: Benjamin Couprie).

jedoch Hans von Halban, Frédéric Joliot und Lew Kowarski in Frankreich dieselbe Entdeckung. Da sie ihre Resultate sofort publizierten, konnten auch deutsche Kernphysikerinnen und Kernphysiker davon Kenntnis nehmen.

Der Beitrag der Schweizer Physik in der Zwischenkriegszeit

Mit den ständig neuen Erkenntnissen in der Kernphysik begann auch am Institut an der Gloriastrasse ein neuer Abschnitt. Mit einem sicheren Gefühl für wesentliche Forschungsprobleme wandte sich Scherrer zu Beginn der 1930er-Jahre neben der Festkörperphysik auch diesem neuen Forschungsfeld zu. 1930, nach seiner Rückkehr aus Spanien und den USA, hatte er sich zunehmend unzufrieden gezeigt mit «dem alten Grümpel an der Gloriastrasse»,[216] mit der geringen Anzahl Assistenten, der maroden Infrastruktur und den zu kleinen Räumen am Physikalischen Institut. Er wollte grösser denken. Seine Position hatte sich nun geändert, er verfügte über mehr Kompetenz, Neuerungen in die Wege zu leiten. Zudem war sein Netzwerk ständig gewachsen und umfasste mittlerweile nicht nur die Grössen der Physik Europas, sondern auch Unternehmer aus der Privatwirtschaft. Und nicht zuletzt hatte die Physik insgesamt eine immense Breitenentwicklung entfaltet. Scherrer begann also, eine Neugestaltung des Physikalischen Instituts in die Wege zu leiten, sowohl physisch als auch inhaltlich. Seine guten Beziehungen zur Schulbehörde und zur Industrie ermöglichten eine rasche Beschaffung der dazu notwendigen Kredite. Das Institut konnte seine Einrichtungen erweitern und erhielt neue Hörsäle. Und auch thematisch begann sich Scherrer neu auszurichten: Er verliess die Strukturforschung, die seinen wissenschaftlichen Ruf begründet hatte, und wandte sich dem neuen Forschungsfeld der Elektronenverteilung in Atomen zu, zu dem er in den folgenden Jahren gemeinsam mit seinen Schülern bedeutende Beiträge liefern würde. Er eröffnete seinen Studierenden ausserdem die Kristallstrukturforschung, die in die moderne Festkörperphysik mündete. Und er erkannte früh die Bedeutung der Kernphysik. Dies sollte das Thema werden, das ihn in Zukunft umtreiben würde und dem er nicht nur seine Zeit und seine wissenschaftliche Neugierde, sondern auch sein Organisationsgeschick und seinen Instinkt für die richtigen Beziehungen widmen sollte. Paul Huber erinnert sich, dass Scherrer in seinen Experimentalvorlesungen über den epochemachenden experimentellen Nachweis des Neutrons durch Chadwick berichtete.[217] Fortan sollte ein Grossteil seiner Aktivitäten dem neuen Gebiet der Kernphysik gelten.

Einzelne Arbeiten von Scherrers Gruppe deuteten bereits Ende der 1920er-Jahre das gestiegene Interesse an der neuen Thematik an. Geweckt worden war es durch die Entwicklungen in der Quantenmechanik – Scherrer hatte Max Born in Göttingen getroffen – sowie durch die von Erwin Schrödinger publizierte Schrödinger-Gleichung.[218] Erste Studien Scherrers galten 1928 den Röntgenstreuexperimenten am Quecksilberdampf, mit denen er zeigen konnte, dass die Verteilung der Elektronen im Atom nicht im Widerspruch zur Quantenmechanik stand. Eine Publikation aus der Gruppe Scherrer, ebenfalls von 1928, befasste sich mit der Interpretation von Alphastreudaten an leichten Atomkernen.[219] Auch bei den von Scherrer und Kollegen Anfang der 1930er-Jahre ausgerichteten Physikalischen Wochen stand das Thema Atomkern im Zentrum: «Das jetzt im Mittelpunkt des physikalischen Interesses und in voller Entwicklung stehende Problem des Atomkernes wurde zum Thema genommen und der Kongress verlief ausserordentlich anregend»,[220] berichtete Scherrer der ETH-Leitung. Insbesondere die «Physikalische Woche» von 1933, die ein Jahr nach der Entdeckung des Neutrons und des Positrons stattfand, sollte zukunftsweisend sein. Die Liste der Vortragenden war so lang wie illuster; noch kamen sie alle angereist: aus Deutschland Otto Hahn, Otto Stern, Walter Bothe und Lise Meitner, aus Paris Frédéric Joliot sowie Patrick M. S. Blackett aus Cambridge.[221] Sie referierten über das magnetische Moment des Protons (Hahn), die Eigenschaften des Neutrons (Joliot), künstliche Kernumwandlungen (Bothe) oder die Streuung kurzwelliger Gammastrahlen (Meitner). Noch war man eine kongeniale Gruppe europäischer Kernphysikerinnen und Kernphysiker, die in den kommenden Jahren intensiv am Thema arbeiten würde. Das Wissen zur Kernphysik war ein Gut, das nur im engsten Kreis der Physiker und wenigen Physikerinnen zirkulierte, die Gruppe war überschaubar, aber international: Die Forschergemeinde bildete eine kleine wissenschaftliche Gemeinschaft, die gut vernetzt war. Neue Erkenntnisse veröffentlichte sie über einige wenige Publikationsorgane, tauschte sich ferner brieflich aus. Über eine konkrete Anwendung ihres Wissens machte sich kaum jemand Gedanken. Als sich 1933 in Deutschland die Nationalsozialisten an die Macht putschten, begann sich die Welt der Physik dann allerdings rasch und drastisch zu verändern. «Nicht arische» Staatsbeamte hatten noch im selben Jahr ihren Dienst zu quittieren. In der Konsequenz übersiedelten Erwin Schrödinger nach Oxford, Max Born nach Cambridge, Otto Stern nach Pittsburgh, Hermann Weyl nach Princeton und Lise Meitner ans Nobel-Institut in Stockholm.[222] In den USA wurden deren Arbeiten zunehmend für politische Pläne genutzt und ihr Wissen ab 1942 in den Dienst der Kernwaffenentwicklung gestellt.[223]

Neben der ETH begannen sich auch andere schweizerische Hochschulen neuen Forschungsfeldern zuzuwenden, auch weil ehemalige Schüler Scherrers mittlerweile wichtige Positionen besetzten und dazu beitrugen, dass die Schweiz in der Kernphysik in diesen Jahren zu den international führenden Nationen zählte.

Am Physikalischen Institut der Universität Basel befasste sich Paul Huber, ehemaliger Assistent Scherrers, gemeinsam mit Kollegen mit Arbeiten an Massenspektrometern und zur Isotopentrennung.[224] Gerade Basel trug massgeblich zum guten kernphysikalischen Ruf der Schweiz bei: «Die Isotopentrennung bildete nach den bisherigen Orientierungen die Hauptschwierigkeit bei der Gewinnung des für die Atombombe verwendbaren Uranisotops»,[225] kommentierte 1945 Otto Zipfel, der spätere Delegierte des Bundesrats für Fragen der Atomenergie. In diesem Zusammenhang ist auch die Entwicklung von Verfahren zur industriellen Schwerwasserproduktion von Werner Kuhn am Physikalisch-chemischen Institut der Universität Basel zu sehen, die dieser ab den 1940er-Jahren betrieb. Die notwendige Apparatur hatte er bei den Gebrüdern Sulzer in Winterthur bestellt, die 1942 die entsprechenden Patente anmeldeten.[226]

Am Physikalischen Institut der Universität Genf befasste sich Ernst Carl Gerlach Stückelberg von Breidenbach mit theoretischen kernphysikalischen Problemen. Seine Arbeiten erhielten jedoch nie die Anerkennung, die ihm gebührt hätte.[227] So hatte Stückelberg Mitte der 1930er-Jahren unabhängig vom Japaner Hideki Yukawa und vermutlich noch vor diesem die Kernkraft zwischen den Nukleonen durch Einführung eines neuen, mit Masse versehenen Austauschteilchens erklärt und 1938 eine Theorie mit massivem Vektorboson (Stückelberg-Feld) entworfen. Das 1935 von Stückelberg und Yukawa beschriebene Teilchen, heute als Pion bekannt, konnte 1947 in Bristol in der kosmischen Strahlung experimentell nachgewiesen werden. Mit der Entdeckung in Verbindung gebracht wurde jedoch hauptsächlich Hideki Yukawa. 1941 schlug Stückelberg zudem vor, das Positron als Elektron negativer Energie zu beschreiben, das rückwärts in der Zeit läuft. Diese Theorie wurde später unabhängig von Richard Feynman aufgestellt (Feynman-Stückelberg-Interpretation) und von ihm weit wirkmächtiger propagiert.[228]

An der Universität Zürich fertigte Heinrich Greinacher bereits 1912 ein Magnetron an und beschrieb seine Funktionsweise. Zwei Jahre später entwickelte er die heute noch verwendete Greinacher-Schaltung (eine Gleichrichterschaltung zur Spannungsverdopplung). 1920 entdeckte er die Spannungsvervielfachung im Kaskadengenerator und entwarf Nachweismethoden für geladene Teilchen. Dieser später nach ihm benannte Hochspannungsgenerator erwies sich ab den 1930er-Jahren als wichtiger Bauteil von Beschleunigern für die Kern- und Elementarteilchenforschung, den auch die Scherrer-Gruppe gerne nutzte.

Führend im Bereich der Kernenergie war jedoch die ETH Zürich, und hier in erster Linie Paul Scherrer. «Prof. Scherrer est notre grand maître»,[229] soll Jean Weigle in Genf einmal gesagt haben. Scherrer war aber natürlich nicht alleine. Sekundiert wurde er von seinen Doktorierenden und Assistierenden, in theoretischer Physik unterstützt von Wolfgang Pauli, zudem von Franz Tank, dem Ordinarius für Hochfrequenztechnik und Physik. Seine Schülerinnen und Schüler begannen nun, nicht minder angetan von den Möglichkeiten dieses neuen Gebiets, sich ebenfalls der Kernforschung zuzuwenden. Sie beschäftigten sich mit der Neutronenphysik, mit Kernfotoprozessen, dem Betazerfall, der Kernspektroskopie, der Richtungskorrelation, der Coulomb-Anregung, der Kernspaltung sowie mit Strahlungen. Die Festgabe zu Scherrers siebzigstem Geburtstag ist ein Zeugnis dieser Vielfalt.[230] Und auch zur Entwicklung und Anwendung experimenteller Hilfsmittel wie Beschleuniger, Spektrograf, elektronische Zählanordnung und Reaktorbau lieferte die Gruppe wichtige Beiträge.

Im Jahre 1935 erschien als erste kernphysikalische Arbeit aus dem Institut die Dissertation von Kessar D. Alexopoulos: «Zertrümmerungsversuche an Lithium, Bor und Deuterium». Dafür baute der angehende Physiker einen Beschleuniger – den ersten unter vielen weiteren –, bestehend aus Gasentladungsröhre und Beschleunigungsstrecke. Denn zunächst und grundlegend bedeutete kernphysikalische Forschung eine neue Art des Experimentierens. Gefragt waren nun Teilchenbeschleuniger, mit denen Protonen oder Deuteronen ausreichend beschleunigt werden konnten, und dies zu einem bestimmten Zweck: Sie sollten mit Atomkernen kollidieren und damit eine Reaktion beziehungsweise neue Erkenntnisse im subatomaren Bereich ermöglichen. Im von Alexopoulos erbauten Beschleuniger wurden die Hochspannungen mithilfe der Greinacher-Schaltung erzeugt.

Das Phänomen der Kernreaktion war bereits zwei Jahre zuvor in Cambridge entdeckt worden, doch war es für die Scherrer-Gruppe eine Errungenschaft, eine eigene Zertrümmerungsanlage gebaut zu haben, in denen Kernreaktionen studiert werden konnten.[231] Damit waren die Grundlagen geschaffen und die Gruppe um Scherrer endgültig im Kosmos der Kernphysik angekommen. Diese erste Kernumwandlungsanlage des Instituts erfuhr bald einmal eine Umgestaltung. Ernst Baldinger, Paul Huber und Hans Staub konstruierten das Beschleunigungsrohr vollständig neu und verbesserten es damit wesentlich. Der austretende Ionenstrahl konnte nun mittels eines selbst gebauten Ablenkmagneten in seine Komponenten Atom- und Molekülionen zerlegt werden. Diese Massnahme gestattete eine quantitative Bestimmung von sogenannten Reaktionsausbeuten und damit die Messung von Wirkungsquerschnitten für Kernprozesse. Die begrenzte Ionenenergie beschränkte den Anwendungsbereich der Anlage allerdings auf Kernprozesse mit niedriger Schwellenenergie. Immerhin erlaubte dies, Deuteronen auf Deuteronen zu schiessen, wodurch ein He-3-Kern und ein freies Neutron im Bereich 2,4 bis 2,9 MeV entstand. Mit dem Neutronengenerator bestimmten Baldinger, Huber und Staub, später Jean Rossel und andere die Massen zahlreicher, insbesondere instabiler Isotope, deren Wert sich auf andere Weise nur schwer oder gar nicht ermitteln liess. Die Physiker trugen so zur besseren Instrumentierung des Laboratoriums bei. Die Apparatur bildete die Grundlage für zahlreiche Diplom- und Doktorarbeiten und lieferte Beiträge zur Systematik der Isotopenmassen.[232]

Nicht immer erkannten die Physikerinnen und Physiker, was sie experimentell nachwiesen – ein klassisches Phänomen der Forschung. Scherrers Gruppe jedenfalls begann also, Mitte der 1930er-Jahre mit den neuen Kernteilchen zu experimentieren. Dabei beschossen sie Atomkerne des Thoriums mit Neutronen und konnten als Reaktionsprodukte Teilchen beobachten: die erwarteten Alphateilchen, ferner Teilchen von hoher Energie unbekannter Herkunft. Arnold Braun, Peter Preiswerk und Paul Scherrer machten ihre Beobachtung 1937 mit einem «Letter» in der renommierten britischen Fachzeitschrift «Nature» bekannt und kündigten eine detaillierte Publikation darüber an, die aber nie erschien: «Preliminary measurements have shown that these alpha-particles possess an energy greater than 9 million electronvolts.»[233] Was sie tatsächlich gesehen hatten, war die Spaltung von Thoriumkernen durch schnelle Neutronen, das heisst, sie hätten die Kernspaltung entdeckt – hätten sie sie denn erkannt! Es gelang ihnen nicht, das Spaltprodukt richtig zu identifizieren, wie dies drei Jahre zuvor bereits Enrico Fermi passiert war.[234] Geglückt ist dies dann hingegen, wie erwähnt, dem Gespann Otto Hahn, Fritz Strassmann, Lise Meitner und Otto Frisch.

Diese erste Anlage, die Scherrer und seinen Doktoranden zur Verfügung stand, blieb über zehn Jahre (bis 1947) mit nur kurzen Unterbrechungen im Einsatz, erwies sich aber bald einmal als zu beschränkt. Nun galt es, die Anschaffung von Apparaturen ins Auge zu fassen, die höhere Energiebereiche abdecken konnten.

Big Science

Scherrer erkannte immer deutlicher, dass Experimentalphysik nur als «Big Science» zu realisieren war. Einige Jahre nach dem Erscheinen der Arbeit von Alexopoulos leitete er deshalb den nächsten Schritt in der apparativen Entwicklung des Instituts ein. Die Instrumente der kernphysikalischen Forschung der Stunde waren Teilchenbeschleuniger, die mittels der Herstellung starker elektrischer Felder geladene Teilchen zu beschleunigen vermochten. Für Scherrer war klar, dass er solche Apparaturen brauchte, wollte er in der Kernphysik weiter vorne mit dabei sein. Allerdings waren diese nur unter grossen finanziellen Aufwendungen zu verwirklichen. Das Institut war zu dieser Zeit jedoch noch verhältnismässig klein, mit wenigen und bescheidenen Apparaturen und nur wenigen Räumlichkeiten ausgestattet – von einem Institutskredit, wie man dies heute kennt, ganz zu schweigen. Kam hinzu, dass 1939, mit Beginn des Zweiten Weltkriegs, die wissenschaftliche Kommunikation in der internationalen Physikforschungsgemeinschaft fast vollständig zusammenbrach, Wissenschaft wurde (erneut) zur nationalen Angelegenheit. Die Zürcher Gruppe arbeitete während dieser Jahre im Gefühl der Isolation, der Gedankenaustausch mit Physikern und Physikerinnen im Ausland fehlte fast ganz, wenn er auch teilweise substituiert wurde durch den Aufenthalt von Kolleginnen und Kollegen, denen es nicht mehr möglich war, aus der Schweiz auszureisen, und die gegen geringe Entlöhnung am Institut beschäftigt wurden. Konferenzen fanden keine mehr statt, Gelegenheiten zur Veröffentlichung der eigenen Arbeiten waren so gut wie unterbunden; insbesondere in deutschen Publikationsorganen wurden Beiträge von Schweizer Wissenschaftlern und Wissenschaftlerinnen nicht mehr akzeptiert.

Dennoch gelang es Scherrer, während der Kriegsjahre drei Projekte in die Wege zu leiten, die in der Realisierung solcher Grossapparate bestanden, welche von da an der Forschung zur Verfügung stehen sollten.

Anlässlich eines Besuchs in Heidelberg im Jahr 1937 hatte Scherrer Gelegenheit, am dortigen Kaiser-Wilhelm-Institut einen von Walther Bothe und Wolfgang Gentner gebauten elektrostatischen Bandgenerator zu besichtigen. Diese moderne Version der altbekannten Elektrisiermaschine ging auf eine von Robert Jemison van de Graaff (USA) bereits 1933 vorgeschlagene Konstruktion zurück. Scherrer zeigte sich beeindruckt von den Ergebnissen der Heidelberger Physiker. Am Institut soll er wiederholt betont haben, wie einfach doch im Grunde genommen so ein Bandgenerator zu bauen wäre und welch interessante Arbeitsmöglichkeiten sich daraus ergeben würden. Zunächst erntete er damit bestenfalls höflichen Beifall. Wie sich Scherrers damaliger Hilfsassistent Hermann Wäffler erinnert, wollte «keiner seiner Jünger [...] sich im Hinblick auf die prekären äusseren Umstände dem Wagnis eines mehrjährigen Engagements mit unbestimmtem Ziel aussetzen».[235] Schliesslich gelang es Scherrer, zwei seiner Assistierenden für das Vorhaben zu gewinnen. Er hatte versprochen, sowohl zusätzliche Geldmittel für die Assistenzstellen als auch für eine Mechanikerstelle zu generieren, um den Bau einer «Kernumwandlungsanlage», also eines Generators, zu ermöglichen. Arthur Rohn, zu jenem Zeitpunkt Schulratspräsident, zeigte sich dem geplanten Vorhaben ebenfalls gewogen, sodass das Institut innert kürzester Zeit einen einmaligen, für damalige Verhältnisse stattlichen Kredit von 20000 Franken erhielt und die Einstellung eines Mechanikers genehmigt wurde. Die Anlage wurde schliesslich im Physikgebäude auf zwei Stockwerke verteilt gebaut.

1940 konnte der Van-de-Graaff-Bandgenerator, so der Name der Anlage, in Betrieb genommen werden – er lieferte eine Beschleunigungsenergie von 850 keV. Damit eröffnete sich der Kernphysik an Scherrers Institut ein neues Arbeitsgebiet. Während des nun folgenden Jahrzehnts diente die Anlage hauptsächlich der Untersuchung des Kernfotoeffekts, das heisst durch Photonen ausgelöster nuklearer Prozesse. Die Ergebnisse der Experimente gaben einen ersten Anstoss zur Revision der sogenannten statistischen Theorie der Kernreaktionen. Diese ging auf ein von Niels Bohr 1935 vorgeschlagenes Modell für Kernprozesse in mittelschweren und schweren Kernen zurück, für die Victor Weisskopf und Mitarbeitende dann 1940 eine detaillierte Theorie vorlegten. Hermann Wäffler gelang es, dank des Van-de-Graaff-Generators den experimentellen Beweis für das Bohr-Weisskopf-Modell zu erbringen.[236]

Neben diesen Arbeiten begann Scherrer mit der Entwicklung eines neuen Konzepts für einen Hochspannungsgenerator. Dafür kam es erstmals zur Kooperation seiner Forschungsgruppe mit der Privatindustrie: Die Firma Micafil (heute ein Unternehmen der ABB) baute basierend auf den Plänen Scherrers einen grossen rotierenden Hochspannungsgleichrichter, das dazu gehörende Beschleunigungsrohr wurde am Institut selbst angefertigt. 1939 präsentierte die Forschungsgruppe diese neuartige Hochspannungsapparatur, Tensator genannt, publikumswirksam an der schweizerischen Landesausstellung in Zürich.

Damit erreichten die Kooperierenden dreierlei: Die Firma Micafil konnte vor grossem Publikum ihre Kompetenz in der Entwicklung von Nadelgleichrichtern demonstrieren. Gleichzeitig erhielt eine interessierte Öffentlichkeit erstmals die Möglichkeit, sich ein Bild von dieser neuen Form der Energieerzeugung zu machen. Und Scherrer verfügte nun über einen besseren Beschleuniger, denn der Tensator ging

Abb. 36: Micafil-Tensator im Zyklotrongebäude des alten Physikgebäudes der ETH, von 1939 bis 1970 in Betrieb, undatiert.

Abb. 37: Werner Zünti (1913–1993) arbeitet am Tensator, Anfang der 1940er-Jahre.

nach der Landesausstellung als Geschenk an sein Institut über.[237] Seine hier geknüpften Beziehungen zur Industrie würden ihn später noch zu weit mehr beflügeln.

Ursprünglich war die Anlage für eine maximale Energie von 3 MeV geplant. Um diese zu erreichen, sollte die ganze Apparatur in einen grossen, mit Öl gefüllten Tank eingebaut werden. Aufgrund der durch den Krieg verursachten personellen und materiellen Schwierigkeiten, die die Fertigstellung der Montage im Institut um Jahre verzögerten, konnte diese Ausbaustufe allerdings nie realisiert werden. Schliesslich gelang es Werner Zünti, die Apparatur fertigzustellen, jedoch ohne die Verwendung von Öl als Isolationsmittel. Zum Bedauern der Gruppe erreichte ihr Betrieb allerdings lediglich einen Bruchteil der geplanten Spannung: zwischen 600 und 700 keV anstelle der 3 MeV. Schliesslich wurde die Apparatur als Neutronengenerator verwendet, indem die in der Maschine beschleunigten Deuteronen auf Lithium-7 geschossen wurden, wodurch 14-MeV-Neutronen hoher Rate produziert wurden. Dies erlaubte immerhin Untersuchungen im Bereich der Zerfallsenergie von leichten Kernen sowie Messungen der Neutronenstreuung an Protonen und Deuteronen. Ernst Bleuler und Werner Zünti gelang es schliesslich, daraus eine Methode zur Bestimmung der Maximalenergie von Betaspektren durch Messung ihrer Absorptionskurven zu entwickeln.[238]

Wegen der nie erreichten maximalen Spannung genügte der Generator bald einmal nicht mehr – und Scherrer verlangte mehr. Er wusste um die Überlegungen zu einer neuen Generation von Beschleunigern, die seit den 1930er-Jahren von Kollegen und Kolleginnen angestellt worden waren. Nun begann er sich verstärkt dafür zu interessieren, und ihm war bald einmal klar, dass er ebenfalls einen solchen Beschleuniger, genannt Zyklotron, wollte.

Die technischen und finanziellen Anforderungen für den Bau einer solchen Apparatur überstiegen allerdings die Möglichkeiten des Instituts an der Gloriastrasse bei weitem. Zwar waren die Anstellungsbedingungen an der ETH mittlerweile verbessert worden. Kam hinzu, dass der Krieg wissenschaftliche Karrieren im Ausland auf unbestimmte Zeit verunmöglichte, sodass junge Physiker und Physikerinnen eher bereit waren, sich auf längere Zeit am Institut zu engagieren. Doch die Hauptkomponenten des Beschleunigers, ein grosser Elektromagnet und ein starker Hochfrequenzsender, waren teuer. Zudem erforderte ihre Herstellung hohe Professionalität auch in der Projektierung und im Bau, was einen Alleingang ausschloss. Scherrer hatte dies früh begriffen. Längst hatte er ein Netzwerk in die Privatwirtschaft hinein aufgebaut, das ihm im Laufe der kommenden Jahrzehnte erlauben würde, finanzielle Mittel im grossen Stil zu akquirieren, um diese Forschungseinrichtungen für sein Institut zu beschaffen.[239] Eine gezielte Forschungsförderung bestand damals noch kaum. Zwar wurden während des Kriegs im Rahmen der Arbeitsbeschaffung Gelder gesprochen, diese erstreckten sich jedoch nicht auf teure Apparaturen. Auch die private Forschungsförderung war etwas, das zu diesem Zeitpunkt noch kaum jemand kannte. Überdies ging mit dem Ausbruch des Zweiten Weltkriegs eine fast vollständige Isolation in der Wissenschaft einher, auch wenn man in der Schweiz und an Scherrers Institut von vielem verschont blieb.

Abermals schlug Scherrer ein neues Kapitel auf. Er machte sich auf die Suche nach Geldern und katapultierte sich damit in eine Rolle, die er nach 1945 immer stärker einnehmen sollte: Er wurde als Impresario von Forschungsprojekten und Forschungsgeldern Teil einer sich neu konstituierenden forschungspolitischen Landschaft in der Schweiz.

Scherrer baut ein Zyklotron

Bereits Ende der 1930er-Jahre startete Scherrer mit der Akquise von Geldern, um seine Projekte in die Gänge zu bringen. Um einen möglichst grossen Kreis von Persönlichkeiten aus Industrie und Finanz für sein Vorhaben zu interessieren, begann er, Vorträge zu halten. Immerhin war dies sein Vermögen: in gut verständlichen Ausführungen physikalische Zusammenhänge zu erläutern. Auf Podien, in Radio und Fernsehen, vor Verbänden und Vereinigungen legte er in den folgenden Wochen und Monaten den Stand der Kernphysik dar.[240] Seine Beredsamkeit zeitigte Erfolg, wie Scherrer selbst festhielt: «Einer systematischen, von grossem Optimismus getragenen Aktion, die durch unzählige aufklärende Vorträge unterstützt wurde, gelang es 1937, die nötigen Mittel für den Bau von Beschleunigungsmaschinen zu sammeln. Dem sogenannten ‹Cyclotronfonds› wurden aus allen Kreisen der Industrie und der Wirtschaft und von Privaten namhafte freiwillige Beiträge überwiesen; in den Jahren 1935–1940 konnten dann drei Beschleuniger, darunter das ETH-Zyklotron, ohne staatliche Hilfe gebaut werden.»[241] Das Institut hatte also bald einmal namhafte Zuwendungen von verschiedenen Seiten erhalten, die den «Zyklotron-Fonds» äufneten. Die Leistung war eine doppelte: Zum einen kam es hier zu einem Wissenstransfer von der Wissenschaft in die Gesellschaft in einer Zeit, als noch kaum jemand verstand, worum es eigentlich ging. Andererseits hatte Scherrer innert kürzester Zeit über 200 000 Franken eingeworben, was sogar die ETH-Leitung mit Erstaunen zur Kenntnis nahm. Auf diese Weise Forschungsgelder zu beschaffen, war zu jener Zeit alles andere als üblich, die neu geschaffene Allianz zwischen Forschung und Industrie war auch für die ETH ein Gewinn. Regelmässig flossen nun Forschungsgelder vonseiten Dritter in die Institutskasse, die die Kredite aus dem Schulfonds ergänzten.[242]

Und schliesslich trug auch der Bund seinen Teil bei: Das Eidgenössische Finanzdepartement steuerte auf Antrag der Schulleitung 100 000 der benötigten 180 000 Franken an den Bau und die Installationen der Grossanlage bei, nachdem es zuvor mit dem Argument dagegengehalten hatte, das Institut sei seit den 1920er-Jahren gut ausstaffiert worden.[243] Die Schulleitung war ihrerseits bereit, Fehlbeträge auszutarieren, da sie die Wichtigkeit des Vorhabens anerkannte.[244]

So entstand an der ETH ab 1940 das erste Zyklotron – es war erst das zweite auf dem gesamten europäischen Kontinent, wenn auch nicht für sehr lange: Institute in Paris, Heidelberg und München bauten ebenfalls noch während des Zweiten Weltkriegs ihre eigenen Zyklotrone. Die Grundlage dafür schuf der norwegische Ingenieur Rolf Wideröe, der notabene nach 1946 von der Brown, Boveri & Cie. in Baden engagiert wurde und 1928 das Beschleunigungssystem des linearen Beschleunigers konzipiert hatte. Die Kernphysik war damit in ein neues Stadium getreten. Von einer bislang stark theoretisch basierten Methodologie läutete man nun, dank der Grossapparaturen, die Phase des Experimentierens ein. Und Scherrers Institut hatte einen wichtigen Anteil daran.[245]

Das Grossprojekt wurde schliesslich mithilfe der Maschinenfabrik Oerlikon und der BBC umgesetzt. Die BBC war ein 1891 gegründeter Schweizer Elektrotechnikkonzern mit Sitz in Baden, der zu einem international führenden Unternehmen aufgestiegen war und auf die Herstellung von elektrischen Maschinen, Turbinen und die elektrische Ausrüstung von Lokomotiven spezialisiert war. Walter E. Boveri, ab 1938 Verwaltungsratspräsident der BBC, hatte sich schon früh für die Möglichkeiten der Kernphysik interessiert und dies wiederholt in Reden und Vorträgen thematisiert.[246] Er galt neben den Gebrüdern Sulzer sowie Emil Bührle in den Jahren während und nach dem Zweiten Weltkrieg jahrelang als der tonangebende Industrielle. Seine Reputation blieb, wie die Bührles, trotz belegter antisemitischer Aussagen und einer engen Zusammenarbeit von BBC Mannheim mit den nationalsozialistischen Behörden, lange Zeit unangetastet.[247]

Boveri sah sowohl im militärischen wie auch im zivilen Bereich grossen Nutzen der Technologie für die Schweiz. In diesem Zusammenhang entstand sein frühes Interesse an Scherrers Arbeiten. Für die BBC war die Kernenergie allerdings nichts anderes als eine neue Energiequelle, an die die Turbinen des bestehenden Fabrikationsprogramms angeschlossen werden konnten. Das bisherige Tätigkeitsgebiet des Unternehmens war damit nicht infrage gestellt. Die Fortschritte in der Kerntechnologie beobachtete es zwar genau, die Entwicklung eines eigenen Reaktortyps stand aber nicht zur Diskussion. Dies mag angesichts von Walter Boveris Zusammenarbeit mit Paul Scherrer und seines späteren Engagements für ein privatwirtschaftliches Reaktorforschungsinstitut erstaunen. Boveri stand aber gleichzeitig in engem Kontakt mit der Firmenleitung von General Electric und wusste genau, welchen Aufwand ein Reaktorbau bedeutet hätte.[248]

Die BBC übernahm schliesslich den Bau des Hochfrequenzsenders, die Maschinenfabrik Oerlikon führte Konstruktion und Bau des vierzig Tonnen schweren Elektromagneten durch. Die meisten übrigen Komponenten konnten am Physikalischen

Abb. 38: Zyklotron in Funktion am Physikalischen Institut der ETH Zürich, 1955 (Foto: Photographisches Institut der ETH Zürich).

Institut selbst entworfen und angefertigt werden. Federführend waren die Doktoranden Piet Gugelot, Peter Preiswerk und Pierre Marmier.[249] Vor allem aber etablierte die hier erprobte Kooperation Scherrers mit Boveri eine Arbeitsgemeinschaft, die in den Folgejahren weit über das Interesse am Zyklotron hinausgehen sollte.

Um das Grossprojekt in Angriff zu nehmen, bedurfte es zunächst neuer Bauten, denn die Anlage konnte nicht einfach in bestehende Räume eingebaut werden. Das Gebäude hatte störungsfrei zu sein, zudem von Staub und Lärm und vor allem von Eisen jeglicher Art, auch von Tramleitungen, abgeschirmt. Die ETH finanzierte schliesslich einen Raum, der des Strahlenschutzes wegen drei Meter tief in den Boden eingelassen und durch einen unterirdischen Gang mit dem Institutsgebäude verbunden wurde.[250]

1944 war die Anlage so weit fertiggestellt, dass sie in Betrieb genommen werden konnte. Doch während Monaten, erinnert sich Jean-Pierre Blaser, soll das Zyklotron

Abb. 39: Maschinenraum im Zyklotrongebäude des alten Physikgebäudes der ETH, undatiert.

jegliche Beschleunigung des Strahls verweigert haben. Eine intensive Fehlersuche setzte ein, bis schliesslich erkannt wurde, dass die Anlage zwar Teilchen beschleunigte, aber in umgekehrter Drehrichtung als erwartet. Während Tagen arbeitete die Gruppe mit der Korkenzieherregel sowie einem Kompass, um den Fehler zu lokalisieren. Schliesslich wurde klar, dass negativ geladene Wasserstoffionen beschleunigt worden waren. Die Maschine schien asymmetrisch zu sein und nur in einer Richtung zu funktionieren. Die Umpolung des Magnetfeldes führte denn auch zum erwarteten Protonstrahl in umgekehrter Drehrichtung. Die Beteiligten konnten sich diese Asymmetrie allerdings nie richtig erklären. Sie stellten zwar Ungenauigkeiten im Magnetfeld und eine kleine Asymmetrie in der elektrischen Feldstärkeverteilung fest, erkannten aber nicht, welche technischen Möglichkeiten solche negativ gelade-

Abb. 40: Paul Scherrer führt Walter Boveri den am Physikalischen Institut installierten Tensator vor, 1954 (Foto: Comet Photo AG).

nen Ionen bieten konnten. Diese sollten erst später in der Beschleunigertechnik zur Anwendung kommen.[251] Die Anekdote jedenfalls fand den Weg in ein Telegramm des Office of Strategic Services, des Nachrichtendiensts des Kriegsministeriums der USA.[252] Das Zyklotron versah seinen Dienst bis 1964.

Abb. 41: Mitarbeiter der Zyklotrongruppe, von links: Heinrich Medicus, Otto Huber, Kees Gugelot, zweite Hälfte der 1940er-Jahre.

Die Zusammenarbeit Boveris mit Scherrer ging weit über diesen einmaligen Anlass hinaus. Ab 1946 stellte er der ETH einen Ingenieur und einen Mechaniker zur Verfügung, deren Aufgabe es war, den Betrieb des Zyklotrons zu überwachen und die Forschungsgruppe bei ihren Studien zu unterstützen.[253] Zu den drei Mitgliedern dieser Gruppe gehörte Werner Zünti, der soeben bei Scherrer seine Promotion eingereicht hatte, aber bereits seit 1945 bei Boveri angestellt war, um sich mit Fragen der Kernenergie zu beschäftigen. Er sollte später den Posten als Chefphysiker bei der 1955 gegründeten Reaktor AG erhalten und ab 1960 beim Eidgenössischen Institut für Reaktorforschung als wissenschaftlicher Direktor fungieren.[254] Teil der Forschungsgruppe war auch Fritz Alder, der sich zunächst in Basel mit Messungen von Kerndaten beschäftigte und Berechnungsmodelle für die Dimensionierung von «Atomöfen» vorlegte. Seine Tätigkeit verlagerte sich schliesslich auf die Betreuung von Forschungsreaktoren, die Problematik des Strahlenschutzes und der Anlagensicherheit. Dritter im Bunde war Walter Hälg, der sich an der Entwicklung eines Schwerwasserreaktors in Würenlingen beteiligte und später als Professor für Reaktortechnologie an die ETH wechselte. Die Gruppe arbeitete in den Räumen der ETH, von der auch die Forschungsimpulse kamen. Die BBC verteilte selbst keine Aufträge, regelmässige Sitzungen sicherten jedoch den Wissenstransfer von der

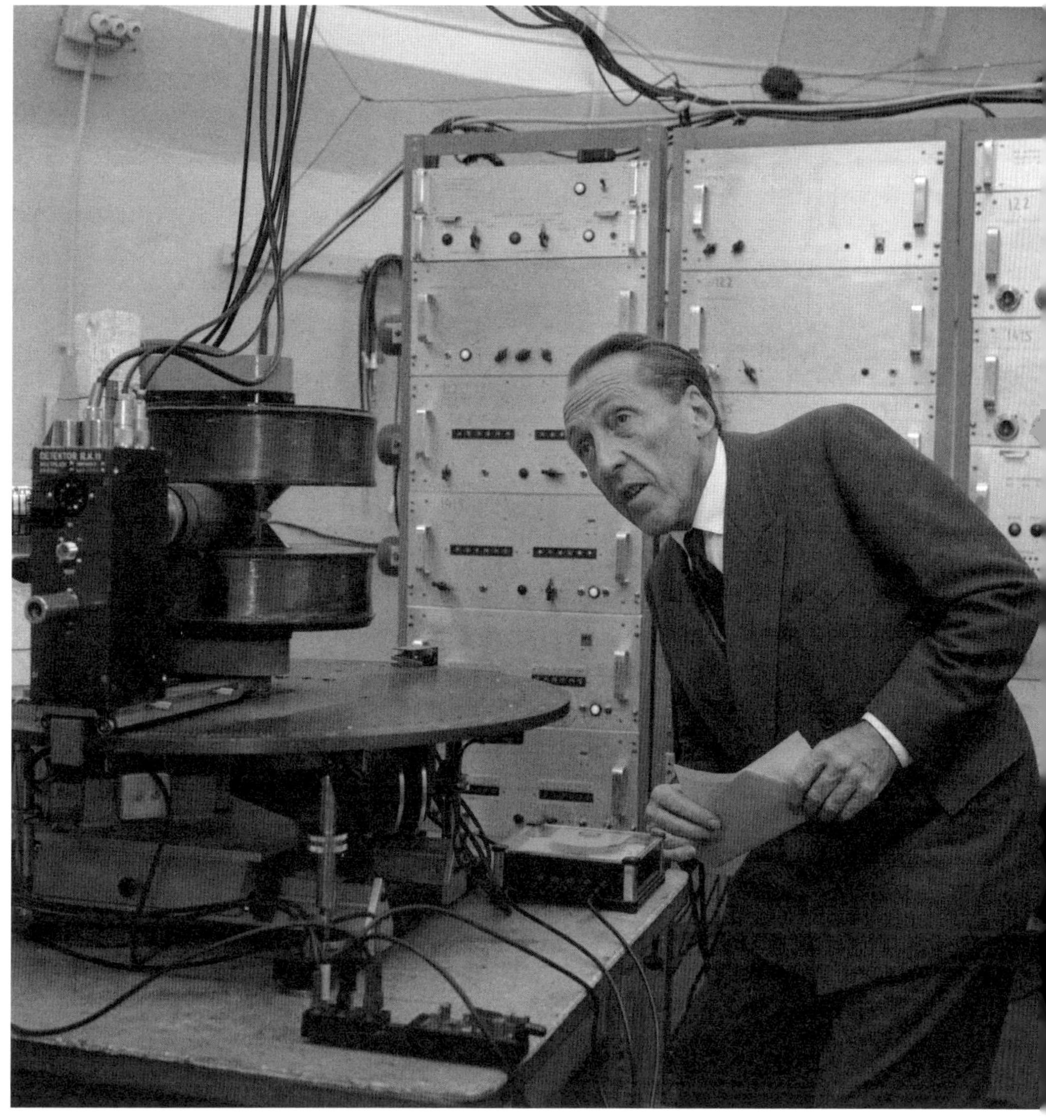

Abb. 42: Paul Scherrer vor einem ein Magnetfeld produzierenden Apparat, mit dem man geladene Teilchen ablenken kann, 1957 (Foto: Hans Gerber).

ETH zur BBC ab, sodass Letztere von den Forschungsergebnissen zumindest indirekt profitierte.[255]

In Scherrers Gruppe setzte nun eine intensive Forschungsperiode ein. In den Jahren unmittelbar nach dem Zweiten Weltkrieg entstanden bedeutende Arbeiten auf den Gebieten Kernspektroskopie und, dank des Van-de-Graaff-Bandgenerators,

Kernfotoeffekt, die massgeblich dazu beitrugen, dass die ETH in diesen Bereichen zur Weltspitze aufschloss.

Die Forschung übernahmen zunehmend Scherrers Doktorierende und Assistierende, Scherrer mischte sich kaum mehr in deren Arbeit ein.[256] Er installierte dafür die «Zyklotrongruppe», die aus Helmut Bradt und Piet Gugelot, des Weiteren aus Otto Huber, Heinrich Medicus und Peter Preiswerk bestand und in späteren Jahren erweitert wurde. Erste kernphysikalische Arbeiten betrafen das Studium des radioaktiven Zerfalls von Kupfer; Gugelot etwa legte eine Arbeit zur Positronenemissionsmessung vor. Das Resultat soll «glänzend mit der Theorie des Betazerfalls von Fermi»[257] übereingestimmt haben. Das Zyklotron erlaubte es gemäss Scherrer, Protonen bis zu 7 MeV zu beschleunigen, sodass es innert kürzester Zeit gelang, damit Radioisotope verschiedenster Atome «in grosser Stärke»[258] – gemeint waren Radioisotope mit hoher Strahlungsaktivität – herzustellen.

Wenig Beachtung schenkte Scherrer dem Strahlenschutz; Überlegungen zu dieser Problematik interessierten ihn nicht. Einmal soll er, als ihn jüngere Forschende darauf aufmerksam machten, entgegnet haben: «Diese Vorschriften über Strahlenschutz, die sind nur da für alte, bleichsüchtige Krankenschwestern, nicht für junge gesunde Physiker. Sehen Sie, ich habe mein Leben lang mit Röntgenstrahlen gearbeitet und ich habe noch alle meine Haare.»[259] Auf Bundesebene dagegen war man sich der Problematik früh bewusst und reglementierte sie im «Bundesgesetz über die friedliche Verwendung der Atomenergie und den Strahlenschutz» von 1957. Und auch die von Scherrer präsidierte Studienkommission für Atomenergie beschäftigte sich früh mit dem Thema.

Die Gruppe legte also auf verschiedenen Gebieten der Kernphysik Forschungsergebnisse vor, ausserdem gelang es ihr, die Mess- und Experimentiertechnik weiterzuentwickeln und Geräte wie Beschleuniger und Spektrometer zu verbessern.[260] Es half, dass ab 1950 wieder vermehrt Gäste aus dem Ausland ans Institut kamen und ihr Wissen teilten. Victor Weisskopf etwa hielt 1950 im Rahmen einer Gastprofessur Vorlesungen über Kernphysik, basierend auf seiner Forschung in den USA.[261]

In der zweiten Hälfte der 1950er-Jahre erschöpften sich die Nutzungsmöglichkeiten des ersten ETH-Zyklotrons langsam, und es galt, sich über eine leistungsfähigere kernphysikalische Anlage Gedanken zu machen. Zu diesem Zweck gründete Scherrer zusammen mit den physikalischen Instituten der Universitäten Basel und Zürich eine Zyklotronplanungsgruppe, der neben Scherrer Pierre Marmier, der aus den USA zurückgekehrt war, Peter Preiswerk, der zu diesem Zeitpunkt am CERN arbeitete, und Hans Staub von der Universität Zürich angehörten. Die Zusammenarbeit kam auch deshalb zustande, weil die Kosten für Bau und Betrieb verglichen mit denen für das bestehende ETH-Zyklotron eine neue Grössenordnung darstellten. Der Gruppe stand ein Budget von zehn Millionen Franken zur Verfügung, kein Vergleich zu den ersten Projekten am Physikalischen Institut.[262] Die Zyklotronplanungsgruppe wurde von Peter Stähelin geleitet. Der ehemalige Schüler Scherrers – er amtete später als Forschungsdirektor am Deutschen Elektronensynchrotron (DESY) – hatte bei seiner Rückkehr aus den USA das Projekt eines Zyklotrons für schwere Ionen mitgebracht. Vom Schulrat war denn auch eine Fortsetzung der dynamischen Entwicklung der Physik mit ihrer internationalen Ausstrahlung auch nach der Emeritierung Scherrers ausdrücklich erwünscht.[263]

Für Scherrer war evident, dass die Weiterentwicklung der Kernphysik künftig nur in grösserem Rahmen zu betreiben war, in einem nationalen Zentrum, das allen Hochschulen zugänglich sein sollte. Scherrer dachte hier zukunftsgerichtet. Mit der Reaktor AG (1955 gegründet), dem späteren Eidgenössischen Institut für Reaktorforschung sowie dem Schweizerischen Institut für Nuklearforschung waren auf nationaler und mit dem CERN auf internationaler Ebene neue Wege der Kooperation eingeleitet worden. Von hier galt es weiterzudenken. Konkretes Ziel war der Bau eines leistungsstärkeren Zyklotrons auf nationaler Ebene. 1958 erhielt Scherrer seitens der ETH-Schulleitung dafür den Zuschlag. Was ihn nicht interessierte, war, die Forschung in ganz neue Bahnen zu lenken. Sein Interesse galt ausschliesslich der Entwicklung der Kernenergie, zumal er in dieser Zeit, wie unten ausgeführt wird, im Rahmen der Reaktor AG mit dem Bau eines Kernreaktors beschäftigt war.

Als die Emeritierung Scherrers bevorstand, musste auch jemand für die Übernahme der Planung des Zyklotrons gefunden werden. Rasch entschied sich die ETH-Leitung für Jean-Pierre Blaser, der als Assistent Scherrers massgeblich am Bau des ersten ETH-Zyklotrons beteiligt und im Jahr von Scherrers Emeritierung zum Physikprofessor an der ETH ernannt worden war. Blaser strebte nun Grösseres an und lenkte die Zyklotrongruppe in eine neue Richtung. Unter dem Eindruck der weltweiten Entwicklungen steuerte er, gemeinsam mit seinem Kollegen Markus Fierz, anstelle des propagierten Zyklotrons eine Anlage an, die den Einstieg in die Hochenergiephysik ermöglichen würde, «eine neue Orientierung, der wir uns nicht zum vornherein verschliessen dürfen» und die über Scherrers «klassische Kernphysik kleiner Energien» hinausging, wie der Schulrat festhielt.[264] Die Hochenergiephysik ist ein Teilgebiet der Physik, das sich aus der Kernphysik zu einer eigenen Disziplin entwickelte. Sie untersucht den Aufbau der kleinen und kleinsten Teilchen und Elementarteilchen sowie deren Reaktionen miteinander. Dazu bedurfte es einer neuen Generation von Zyklotronen. Dem Schulrat schlug man die Gründung einer Kommission anstelle der Planungsgruppe vor mit Fierz als Präsidenten, Blaser als Schriftführer, mit drei Physikern des CERN – John Bertram Adams, Carlo Bernardini und Peter Preiswerk –, zudem Res Jost und Pierre Marmier von der ETH, Hans Staub von der Universität Zürich sowie Rolf Wideröe von der BBC, jedoch ohne Scherrer, mit der Begründung, dass dieser gleich nach seiner Emeritierung in die USA abreisen würde. Zur Neuausrichtung befragt, gingen die Meinungen unter den Physikern, wenig erstaunlich, auseinander; man sprach sich aber grundsätzlich dafür aus, enger mit dem CERN zusammenarbeiten zu wollen. Blaser gelang es schliesslich, die Schulleitung von der Wichtigkeit einer Neuausrichtung zu überzeugen. Das laufende Forschungsprojekt wurde ihm Anfang April 1960 übertragen.[265]

Im Sinne der Stärkung der Hochenergiephysik schwebte Jean-Pierre Blaser, wie zuvor schon Scherrer, ebenfalls der Bau eines nationalen Zentrums vor, an dem alle Universitäten ihre unterrichtsorientierte Forschung würden betreiben können. Dass die dazu benötigten Mittel grösstenteils vom Bund kommen mussten, war für alle Beteiligten klar. Daher stellte Blaser zur Diskussion, ein nationales Forschungslabor, das spätere Schweizerische Institut für Nuklearforschung (SIN), von der ETH aufbauen und betreiben zu lassen, es aber allen Universitäten zur Verfügung zu stellen, analog dem US-Kernforschungsinstitut in Los Alamos.[266] Schliesslich ging Blaser noch weiter und schlug vor, das Vorhaben zur Mesonenfabrik zu erweitern, indem ein 500-MeV-Beschleuniger gebaut werden würde. 1966 bewilligte das Parlament das Vorhaben, und die Idee konnte zwei Jahre später realisiert werden, als im aargauischen Villigen der Grundstein für das SIN gelegt wurde, direkt gegenüber vom Eidgenössischen Institut für Reaktorforschung (EIR). Letzteres war 1960 aus der Reaktor AG hervorgegangen, von der noch die Rede sein wird. Das SIN konnte unter Blaser als erstem Direktor eine Reihe neuer Messinstrumente erwerben, das Know-how dazu mussten die Doktorierenden und Postdocs fast ausnahmslos im Ausland gewinnen. Nicht zuletzt deshalb und trotz zunehmender Proteste gegen die Technologie nach 1970 erlebte die Physik in den folgenden Jahren erneut eine innovative Phase, unter anderem mit einer Ausweitung der Experimente und Messungen sowie mit dem Ausbau der Strahlentherapie. 1988 schlossen sich die beiden Einrichtungen SIN und EIR zu einem neuen Institut zusammen, das in Anerkennung eines seiner Pioniere seither unter dem Namen Paul Scherrer Institut (PSI) firmiert.[267]

Exkurs

Zyklotrone

Teilchenbeschleuniger stellen ein wichtiges Instrument für die kernphysikalische Forschung dar. Die damit durchgeführten Experimente folgen alle einem ähnlichen Ablauf: Mit schnellen Teilchen, etwa Deuteronen oder Protonen, werden Atomkerne (Targets) beschossen. Beschleunigt werden diese schnellen Teilchen mittels eines starken elektrischen Feldes. Damit die Kollision eine Reaktion auslösen kann, müssen die Projektile auf eine genügend hohe Energie beschleunigt werden. Projektile mit einer stärkeren Energie bringen Kernreaktionen mit einer höheren Komplexität hervor und liefern entsprechend mehr Informationen zur Auswertung.

Mit dem Ziel, noch stärkere Energien zu erzeugen, bauten Ernest O. Lawrence und sein Doktorand Milton Stanley Livingston 1930 an der Universität Berkeley, Kalifornien, das erste Zyklotron auf der Grundlage der 1928 veröffentlichten Arbeit des Ingenieurs Rolf Wideröe. Dieser hatte erkannt, dass in einem homogenen Magnetfeld die Umlauffrequenz der Teilchen unabhängig von ihrer Geschwindigkeit ist. Das hat zur Folge, dass mit konstanter Frequenz der Hochspannung alle Teilchen kontinuierlich beschleunigt werden können, die gleichzeitig die Beschleunigungsstrecke passieren – unabhängig von der radialen Position der Teilchen. Der kontinuierliche Strahl, der dabei entsteht, führt zu einer grösseren Intensität als bei einem gepulsten Strahl. Lawrence und Livingston machten sich dies zunutze und realisierten einen ersten Kreisbeschleuniger, mit dem sie Teilchen auf 80 keV beschleunigten. Durch eine kontinuierliche Weiterentwicklung, vor allem mithilfe einer sukzessiven Vergrösserung des Radius, gelang es ihnen 1939, Deuteronen auf 20 MeV, Heliumkerne sogar auf 40 MeV zu beschleunigen. Dass gleichzeitig Jean Thibaud in Paris dasselbe Verfahren entwickelte, ist eine klassische Anekdote der Wissenschaftsgeschichte.

Beim klassischen Zyklotron nach Lawrence wird das Magnetfeld durch einen grossen Elektromagneten hergestellt, zwischen dessen Polen eine Vakuumkammer liegt. Innerhalb dieser Kammer wiederum hängen zwei hohle Metallkammern, die beide die Form eines Halbkreises haben. Zwischen diesen Metallkammern befindet sich der Beschleunigungsspalt, der Bereich, in dem die Teilchen an Geschwindigkeit gewinnen. Das elektrische Feld in diesem Spalt, das durch eine Wechselspannung mit hoher Frequenz erzeugt wird, führt zur Beschleunigung der Teilchen. Am äusseren Rand der einen Metallkammer ist schliesslich ein sogenannter Ablenkkondensator angebracht, mit dem das beschleunigte Teilchen aus dem Zyklotron herausgeführt wird.

Die Teilchenbeschleunigung wird erreicht, indem Ionen in die Kammer injiziert und aufgrund des Magnetfeldes auf eine kreisförmige Bahn gelenkt werden. Jedes Mal, wenn die Ionen den Spalt durchqueren, werden sie beschleunigt, ihr Bahnradius nimmt zu. Die Teilchen bewegen sich demnach in einer spiralförmigen Bahn von innen nach aussen. Pro Umlauf passieren die Teilchen den Spalt also jeweils zweimal. Die mehrfache Nutzung der Beschleunigungsstrecke führt zu einer höheren Effizienz.

Mit dem Einsatz des Zyklotrons erfuhr das Feld der Kernphysik eine enorme Erweiterung. Mit seiner Hilfe konnten viele davor unbekannte radioaktive Isotope sowie unbekannte Elemente hergestellt werden. Die ganze Welt interessierte sich nun für dieses neue Teilchenbeschleunigerprinzip. Ende der 1930er-Jahre begann man entsprechend in verschiedenen Instituten in Europa und in den USA, weitere Zyklotrone zu bauen. Auch Firmen wie die deutsche Philips oder die amerikanische General Electric zeigten grosses Interesse am Bau der Zyklotrone. Dies hatte zur Folge, dass 1945 bereits mindestens fünfzehn Zyklotrone in den USA und zehn weitere Anlagen in der restlichen Welt existierten. Inzwischen wird das Zyklotron nicht nur zur Auslösung von Kernreaktionen genutzt, sondern auch medizinisch eingesetzt. Hier dient es der Erzeugung von Radionukliden für diagnostische Zwecke.[268]

Ausnahmezustand Zweiter Weltkrieg

Von «Atomenergie-Maschinen» und «subatomarer Energie»

Am 28. November 1945 erschien in der Mittagsausgabe der «Neuen Zürcher Zeitung» ein Artikel mit dem Titel «Atomenergie – Die physikalischen und technischen Grundlagen».[269] Die Abhandlung enthielt ebenso neue wie brisante Informationen, die weit über alles hinauswiesen, was bis anhin zum Thema erschienen war. Nach dem Abwurf der beiden Atombomben auf die japanischen Städte Hiroshima und Nagasaki durch die US-Amerikaner im August 1945 spekulierte die halbe Welt – und mit ihr die Schweiz – darüber, was passiert war. Der Genfer Physiker Ernst Stückelberg sprach von einer Überraschung «für uns Schweizer Physiker» und veranschaulichte die Kettenreaktion von Kernspaltungen, ohne jedoch auszuführen, unter welchen Voraussetzungen eine solche Kettenreaktion zustande kommt. Das übernahmen Otto Huber und Peter Preiswerk, beide zu jenem Zeitpunkt an der ETH tätig, die darlegten, dass ohne Trennung von Uranisotopen und der damit verbundenen Urananreicherung eine Kettenreaktion nicht möglich sei. Sie schlossen daraus, dass den Amerikanern eine Isotopentrennung in grossem Massstab gelungen war, und mutmassten, dass dazu riesige Massenspektrometer eingesetzt worden waren. Damit bildeten sie 1945 den Wissensstand von 1939 ab, als unter Physikern und Physikerinnen diskutiert wurde, dass Uran und Thorium spaltbar sind, Spaltprodukte eine hohe kinetische Energie produzieren und Kettenreaktionen möglich sein können.[270] Während des Kriegs war dazu kaum mehr etwas publiziert worden.

Der nun vorgelegte Artikel, dessen Urheber niemand anders als Scherrer war, machte deutlich, dass der so vermittelte Kenntnisstand weit über die Grundlagen hinausging, die vor dem Krieg bekannt waren. Scherrer versprach in seinem Artikel, «in allgemeinverständlicher Form» über die wichtigsten Eigenschaften und Probleme der «Atomenergie-Maschine» zu informieren. In der Tat: In klaren Worten und eingängigen Vergleichen erklärte er darin die Beschaffenheit einer neuen Energieform, die in den kommenden Jahrzehnten die energiepolitischen Diskussionen bestimmen würde. Er beschrieb den Aufbau von Atom und Atomkern, von Atomkernreaktionen (in seinen Worten «Atomumwandlung»), von Uranspaltung und Kettenreaktionen mit Uran. Auch die Entstehung von Plutonium sowie von radioaktiven Spaltprodukten legte er dar und erwähnte weiter die ersten Atomanlagen in den USA, schilderte den Aufbau eines Reaktors, die Wirkungsweise von Moderatoren sowie die Steuerung mithilfe verzögerter Neutronen. Und er skizzierte, nach welchen Prinzipien eine Atombombe funktionierte und was man von einer Was-

Neue Zürcher Zeitung — TECHNIK — Mittwoch, 28. November 1945 Blatt 4 — Mittagausgabe Nr. 1794 (47)

ATOMENERGIE

Dank dem Entgegenkommen der beiden Professoren Dr. Paul Scherrer und Dr. Bruno Bauer von der Eidgenössischen Technischen Hochschule Zürich ist die „Neue Zürcher Zeitung" in der Lage, hier in zusammenhängender Weise und allgemein verständlicher Form über die wichtigen Probleme der Atomenergie-Maschine sachkundigen Aufschluß zu geben.

Die physikalischen und technischen Grundlagen

Von Professor Paul Scherrer (Zürich)

Atomenergie

Seit Jahren wissen die Physiker, daß in den Atomen enorme Energiebeträge schlummern, die die Technik bis vor kurzem noch nicht nutzbar zu machen verstand. Es handelt sich um die riesigen Energien, welche bei den Prozessen der künstlichen Atomumwandlung frei werden.

Ein alter Traum der Menschheit ist in Erfüllung gegangen, als es der Physik gelang, Atome ineinander umzuwandeln und zugleich unzählige neue, bisher unbekannte Atomarten künstlich zu erzeugen. Leider konnte man bisher nur kleinste, minutiöse Stoffmengen im Laboratorium umsetzen. Die dabei frei werdenden Energien wurden mit feinsten Apparaturen nur beim einzelnen Atomprozeß gemessen.

Jetzt ist es aber infolge der raschen Fortschritte, welche die neuen Erkenntnisse der Kernphysik gebracht haben, gelungen, diese Energien im Großen technisch zugänglich zu machen, und es scheint, als ob ein neues Zeitalter der Energiegewinnung anbrechen wolle, das „Zeitalter der subatomaren Energie": Bereits laufen in Pasco im Staate Washington die Hanford-Atomenergie-Werke mit mindestens 600 000 kW Wärmeleistung. (Diese Leistung entspricht etwa der Hälfte derjenigen aller schweizerischen Kraftwerke). — Es sei gleich hier erwähnt, daß die Atomenergie-Maschine vorläufig nur Wärme erzeugt, und daß die Physik heute gar keinen Weg sieht, die Energie direkt in Form von elektrischer Energie zu gewinnen.

Die atomare Energie wurde leider unter dem Druck des Krieges, der schrecklich auf Amerika lastete, zum ersten Male in Form der Atombombe sichtbar; sie läßt sich aber auch gesteuert und regulierbar in stetigem Strome auslösen. Es bereitet — im Gegensatz zu der früheren Auffassung der Physiker — sehr viel weniger Mühe, die atomare Energie in technisch brauchbarer Form zu gewinnen, als sie in detonativer Explosion zu entfesseln.

Energiebeträge

Die Energiebeträge, welche bei den Atomumwandlungen auftreten, sind millionenmal größer als diejenigen, welche bei chemischen Prozessen, wie z. B. der Verbrennung von Kohle, frei werden. So liefert beispielsweise 1 kg Kohle bei der Verbrennung zu Kohlensäure etwa 9 kWh in Form von Wärme. Ein Kilogramm Uran^{235} aber gibt bei der sogenannten Uranspaltung 25 000 000 kWh in Form von Wärme ab. Noch größer sind die Energietönungen bei andern Kernumwandlungen: 1 kg Lithium liefert mit Wasserstoff in Helium umgewandelt 60 000 000 kWh. Die Vereinigung von vier Wasserstoffatomen zu einem Heliumatom — eine Kernreaktion, die in komplizierter Weise in der Sonne abläuft — erreicht eine Wärmetönung von 180 000 000 kWh pro kg umgesetzten Wasserstoff. — Um den Energiebetrag von etwa 10 Milliarden kWh, welche die schweizerischen Kraftwerke pro Jahr herstellen, durch Atomprozesse zu gewinnen, würden z. B. nur 400 kg Uran, 180 kg Lithium oder 60 kg Wasserstoff nötig sein. Dagegen müßte man etwa 1,25 Milliarden kg Kohle verbrennen, um diese Energie (in Form von Wärme) zu erzeugen.

Frage: Bei dieser Sachlage muß man sich fragen, warum nicht überall Atomenergie-Kraftwerke aus dem Boden schießen, in denen diese ungeheuren subatomaren Energievorräte ausgeschöpft und der energiehungrigen Technik zugeführt werden? Warum werden nicht überall Atomenergie-Maschinen aufgestellt, in denen Li und H zur Reaktion gebracht und zu Helium „verbrannt" werden? Warum führen wir nicht in Großkraftanlagen die bis in jedes Detail bekannte, in der Sonne dauernd ablaufende Kernreaktion, den sog. Kohlenstoff-Wasserstoffzyklus aus? Natürlich hat die verzögerte technische Verwendung ihren Grund:

Antwort: Man kann leicht zeigen, daß diese Kernreaktionen nur von selbst ablaufen, wenn die Temperaturen in den Anlagen extrem hoch sind, in der Größenordnung von 10 bis 20 Millionen Grad C. Wenn man Lithium und Wasserstoff bei gewöhnlicher Temperatur zusammenbringt, so reagieren sie nicht miteinander. Bei höherer Temperatur entsteht eine chemische Verbindung, der Lithiumwasserstoff mit etwa 31,3 kWh Energietönung/kg. Dies ist aber keine Kernreaktion, sondern eine gewöhnliche chemische Umsetzung. Erst wenn wir den Lithiumwasserstoff an einer Stelle auf 10 000 000 ° C bringen würden, würde diese subatomare Reaktion einsetzen. Einmal an einer Stelle gezündet, würde der Vorgang soviel Wärme erzeugen, daß die Reaktion sich von selbst weiter fortpflanzen würde. Dabei träte dann eben pro kg Substanz die oben erwähnte enorme Energietönung von 60 000 000 kWh zutage. Wir besitzen aber keine Materialien, die diese außerordentlich hohen Temperaturen aushalten würden, denn alle Stoffe, die wir kennen, verdampfen bei einer Temperatur von wenigen tausend Grad, und ohne einen Behälter oder Ofen könnten wir die Reaktion nicht technisch nutzbar ablaufen lassen. Bei der Sonne, in deren innerem Teil eine Temperatur von etwa 20 000 000 ° herrscht, fällt die Frage nach einer feuerbeständigen Hülle dahin, denn die Gravitationskräfte, die gegenseitige Anziehung der Massen, halten den glühenden Gasball zusammen und bilden die beständige Wand dieses infolge der Kernenergie schier unerschöpflich glühenden Energiespenders.

Uran-Kettenreaktion

Nur bei einer bestimmten Kernreaktion, nämlich derjenigen, welche sich bei der Gewinnung der Atomenergie aus Uran abspielt, liegt die Sache ganz anders. Hier verlaufen die Atomkernvorgänge aus einem bestimmten Grund als Kettenreaktion auch bei tiefer Temperatur von selbst, die Schwierigkeit der feuerbeständigen Wände fällt dann weg. Die Frage, ob es noch andere solche „kaltablaufende Kernprozesse" gibt, ist heute noch nicht geklärt. Doch ist es fast sicher, daß sich solche Prozesse finden lassen.

Das Atom

Um die Auslösung dieser subatomaren Energien zu verstehen, muß man zunächst einiges über den Aufbau des Atoms wissen. Glücklicherweise ist der Bau des Atoms außerordentlich einfach, und auch der Laie kann die wesentlichen Tatsachen und Vorgänge in großen Zügen leicht verstehen.

Die Experimentalphysiker arbeiten heute mit dem Einzelatom wie mit einem sichtbaren makroskopischen Körper, und dank der raffinierten Experimentiertechnik ist dieses winzig kleine Gebilde in seine Bestandteile zerlegt und kreuz und quer vermessen worden. Diese Leistungen der Physik sind erstaunlich, wenn man sich überlegt, mit was für äußerst kleinen Dingen man es bei den Atomen zu tun hat. Die Zahl der Atome in einem Gramm Wasserstoff zu zählen, ist heute ein einfacher Praktikumsversuch. Wenn man diese Zählung durchführt, so findet man die erstaunliche Tatsache, daß ein Gramm Wasserstoff 600 000 000 000 000 000 000 000 Atome enthält. Das Einzelatom muß also schrecklich klein sein, wenn eine so geringe Substanzmenge, wie sie eben durch ein Gramm dargestellt wird, so ungeheuer viele Atome enthalten kann.

Weil uns für so große Zahlen aus dem täglichen Leben jede Anschauung fehlt, kann man sich von ihnen nur schwer eine Vorstellung machen, ohne Bilder zu benützen: Belegt man etwa die ganze Erdoberfläche mit Millimeterpapier und versucht man 1 g Wasserstoff in der Weise unterzubringen, daß in jedes mm²-Häuschen ein Atom zu liegen kommt, so sieht man, daß die Fläche der Erdkugel bei weitem nicht ausreicht. Es sind 1200 Erdkugeln nötig, um die 6.10^{23} Atome in der beschriebenen Weise unterzubringen. Denkt man sich die Atome eines Grammes Wasserstoff zu einer Perlenkette aufgereiht, so daß ein Atom dicht neben das andere zu liegen kommt, so entsteht trotz der Kleinheit der Einzelperle eine sehr lange Kette, die man 1 500 000mal um den Aequator der Erde schlingen könnte. Natürlich ist die Kette äußerst fein, der dünnste Spinnfaden ist ein dickes Kabel gegen sie. Daher hat die ganze Kette, trotzdem sie so lang ist, schön zusammengefaltet, auch in 15 cm³ Platz.

Kernatom

Das Atom selbst ist, wie Lord Rutherford, der genialste Experimentator unseres Jahrhunderts, durch wunderbar ausgedachte Versuche bewiesen hat, ein Kernatom. Es besteht aus einem winzigen Atomkern, der von einer sehr feinen Hülle umgeben ist. Wie ein kleines „Schrotkügelchen" liegt der Atomkern in dem „Wattebäuschchen der Elektronenhülle" eingebettet.

Kern und Hülle sind in allem gegensätzlich. Der Atomkern ist elektrisch positiv geladen, die Hülle besteht aus negativen Elektronen, aus diesen Uratomen der Elektrizität. Der Kern enthält praktisch die ganze Masse des Atoms, die Hülle ist stets viele tausendmal leichter als der Kern. Auch ist der Kern sehr klein, sein Durchmesser ist nur etwa ein Zehntausendstel desjenigen der Elektronenhülle. Trotzdem ist es gerade dieser winzige Kern, für den die Physiker sich heute brennend interessieren, mit dem sie experimentieren und aus dem die großen Energiebeträge stammen, von denen hier die Rede ist.

Die Erkenntnisse über die Elektronenhülle sind sehr vollständig, so daß man ihren Aufbau und ihre Wirkungen heute völlig versteht. An fast allen atomaren Erscheinungen des täglichen Lebens ist nur die Hülle beteiligt. Die Elektronenhülle bewirkt z. B. die chemische Bindung zwischen den Atomen, die Farbe des Stoffes, die Lichtemission der Atome, die Festigkeitseigenschaften der Substanzen usf.

Kernbau

Die Atomkerne bestehen, so klein sie sind, wieder aus noch kleineren Teilchen, den positiv geladenen Protonen und den ungeladenen (neutralen) Neutronen. Man kennt heute die Struktur aller in der Natur vorkommenden und eine sehr große Zahl künstlich hergestellter Atomkerne. Die Zahl der Protonen im Atomkern variiert vom leichtesten Element Wasserstoff bis zum schwersten Element Uran zwischen 1 und 92. Sie hat für jedes chemische Element einen ganz festen Wert. Die Zahl der Neutronen ist im allgemeinen etwas größer als die Zahl der Protonen; sie ist für ein bestimmtes chemisches Element (also bei fester Protonenzahl) nicht immer gleich groß. Wegen dieser Unbestimmtheit der Neutronenzahl enthält ein Element oft verschieden schwere Atomsorten, es ist ein Gemisch aus verschiedenen sich durch die Neutronenzahl unterscheidenden „Isotopen".

Der gewöhnliche Wasserstoffkern ist einfach ein Proton; der normale Heliumkern enthält zwei Protonen und zwei Neutronen, der Sauerstoffkern z. B. acht Protonen und acht Neutronen, der Natriumkern elf Protonen und zwölf Neutronen. Wasserstoff und Sauerstoff sind aber Mischelemente. Ihre Kerne kommen in zwei oder mehreren verschiedenen „Ausführungen" oder Isotopen vor. So gibt es z. B. neben dem leichten Wasserstoff, dessen Kern einfach ein Proton ist, noch den schweren Wasserstoff, dessen Kern aus einem Proton und einem Neutron besteht. Auch beim schwersten Kern, dem Urankern, gibt es mehrere Isotopen, nämlich den Urankern mit 238 Teilchen U^{238} (92 Protonen und 146 Neutronen) und den Urankern mit 235 Teilchen U^{235} (92 Protonen und 143 Neutronen) und in sehr geringer Menge U^{234} (92 Protonen und 142 Neutronen).

Atomumwandlung

Um künstliche Atomumwandlungen hervorzurufen, muß man zwei Atomkerne zur Berührung bringen. Die Kerne reagieren dann miteinander. Es bilden sich neue Gruppierungen ihrer Bestandteile (Protonen und Neutronen) und damit neue Atomsorten. Es ist aber sehr schwierig, die Kerne bis zur Berührung zu nähern, denn einerseits sind dieselben durch die Wattebäuschchen der sie umgebenden Elektronenhüllen sehr gut geschützt, anderseits stoßen sie sich wegen ihrer positiven Ladung sehr stark ab. Obwohl die Einzelkerne so klein sind, liegt diese Abstoßungskraft in der Größenordnung von 50 kg-Gewicht.

Atomumwandlungen werden heute dadurch hervorgerufen, daß man Atomkerne auf sehr hohe Geschwindigkeiten bringt und dann mit diesen rasch fliegenden Teilchen andere Atomkerne beschießt. Infolge der hohen kinetischen Energie der fliegenden Kerne sind sie imstande, die Elektronenhüllen zu durchdringen und sich den ruhenden Atomkernen trotz der Coulomb-Abstoßung bis zur Berührung zu nähern.

Allerdings müssen die Atomkerne auf die sehr hohe Geschwindigkeit von etwa 1/10 Lichtgeschwindigkeit gebracht werden, was mit den modernen Beschleunigungsmaschinen, wie Cyclotron, Tensator oder Betatron geschieht.

Lord Rutherford in Cambridge führte die erste Kernumwandlung durch, indem er Stickstoffkerne mit He-Kernen beschoß und dadurch ihre Umwandlung in Sauerstoff und Wasserstoff bewirkte. Heute sind viele Tausende von solchen Kernumwandlungen bekannt. Man kann jedes Element auf viele Arten in andere Elemente umwandeln, z. B. läßt sich Magnesium in Aluminium, Silicium, Natrium, Neon und noch andere Atomsorten überführen.

Bei diesen Atomkern-Reaktionen treten enorme Energietönungen auf, die die Physiker mit ihren Verstärkerapparaturen im Einzelprozeß exakt messen können. Bis vor dem Kriege ist es allerdings nur gelungen, außergewöhnlich geringe Substanzmengen umzusetzen. Denn bei dieser Beschießungsmethode, bei der man mit einer Kernsorte auf eine andere schießt, ist die Treffwahrscheinlichkeit wegen der außerordentlichen Kleinheit der Kerne sehr gering; die Geschosse laufen sich meist in den Elektronenhüllen der Atome tot, ohne einen Kerntreffer erzielt zu haben. Im allgemeinen hat man auf tausend Schüsse nur einen Kerntreffer zu erwarten.

Uranspaltung

Eine besonders interessante Kernreaktion ist die Uranspaltung. Hahn und Straßmann haben gefunden, daß der Uranatomkern bei Beschießung mit langsamen Neutronen direkt in zwei Teile zerspaltet: meist entstehen bei dieser Spaltung die Elemente Strontium und Xenon. Das Interessanteste ist aber, daß bei diesem Prozeß, der durch ein Neutron eingeleitet wird, wieder zwei bis drei neue Neutronen entstehen, die ihrerseits wieder in Atomkerne eindringen und diese spalten können. So besteht die Möglichkeit einer Kettenreaktion, die, einmal eingeleitet, fortschreitet, bis das ganze Uran verbraucht ist. Da bei dieser Reaktion die Energietönung sehr groß ist, hat man hier die Möglichkeit, diese enormen Kernenergien frei zu machen. Die ersten Versuche von Fermi und Joliot, einen Uranblock mit Neutronen zu „zünden" und zur Kettenreaktion zu bringen, zeigten kein positives Resultat. Auch größere Uranmengen gaben, mit Neutronen beschossen, kein Fortschreiten der Reaktion. Nier und Dunning fanden sofort den Grund für dieses scheinbare Versagen unserer Ueberlegungen: Das natürliche Uran besteht zur Hauptsache aus zwei Atomsorten, nämlich aus dem Uran^{238}, dessen Kern aus 92 Protonen und 146 Neutronen aufgebaut ist, und dem Uran^{235}, dessen Kern aus 92 Protonen und 143 Neutronen besteht. Diese beiden Uran-Isotope U^{238} und U^{235} kommen im natürlichen Uran im Verhältnis 99,3 % zu 0,7 % vor. Wenn man diese beiden Uransorten mit dem Massenspektrographen trennt und einzeln untersucht, wie dies Nier und Dunning getan haben, so sieht man, daß nur das eine Uran, nämlich das U^{235}, bei Beschießung mit langsamen Neutronen zerfällt. Das U^{238}, das in weit größerer Menge vorhanden ist als das U^{235}, verschluckt zwar auch Neutronen, doch reagiert es mit diesen in ganz anderer Weise: Es sendet beim Einfang derselben zunächst nur ein hartes Lichtquant aus und geht in ein schwereres Uran-Isotop, das U^{239} über. Dieses Uran-Isotop ist radioaktiv; es wandelt sich mit 23 Minuten Halbwertszeit in das Element Neptunium um, und dieses geht mit 2,3 Tagen Halbwertszeit in das Element Plutonium über. Die beiden Elemente Neptunium und Plutonium kommen in der Natur nicht vor, sie sind sog. Transurane und können nur aus Uran^{238} durch Beschießung mit Neutronen künstlich hergestellt werden. Das Plutonium selbst ist auch ein radioaktiver Körper, aber es ist sehr langlebig und zerfällt mit 50 Jahren Halbwertszeit und Aussendung von Heliumkernen in Uran^{235}. Der Plutoniumkern hat ähnliche Eigenschaften wie der U^{235}-Kern, er zerfällt beim Beschießen mit Neutronen wie das U^{235} und eignet sich daher sehr gut zur Kettenreaktion, namentlich zur detonativen Energieproduktion in der Bombe.

Ursprünglich glaubte man nach den ersten gescheiterten Versuchen mit Uran, es wäre nötig, das Uran-Isotop U^{235} von U^{238} abzutrennen, um die Kettenreaktion technisch durchzuführen. Denn das in großer Konzentration vorhandene U^{238} wirkt ja auf den Ablauf der Kettenreaktion hemmend; es frißt die für die Kette so nötigen Neutronen weg, ohne selbst neue Neutronen zu produzieren. Die in den Vereinigten Staaten von Amerika mit enormen geistigen und materiellen Mitteln durchgeführten Untersuchungen haben aber gezeigt, daß sich ein Weg finden läßt, die Kettenreaktion direkt mit dem in der Natur vorkommenden Uran-Isotopengemisch durchzuführen.

Uran^{235} und Plutonium. Nur für die Uranbombe muß das Uran-Isotop U^{235} vom U^{238} abgetrennt werden. Diese Abtrennung von U^{235} ist aber außerordentlich schwierig, und nur der Physiker kann verstehen, was für eine ungeheure geistige und technisch-experimentelle Leistung in den Forschungs-Laboratorien von Los Alamos und in den Trennanlagen von Oakridge vollbracht worden ist, wo das U^{235} hergestellt wird.

Heute wird auch Plutonium in großen Mengen künstlich erzeugt; es entsteht sogar als Nebenprodukt in der Uran-Atomenergie-Maschine. Es ist daher leider so, daß mit der Erzeugung der Energie durch U^{235}-Spaltung die Erzeugung von Plutonium gekoppelt ist: d. h. wer die Maschine hat, hat auch das Material zur Atombombe. Diese Verknüpfung von Maschine und Bombe ist sehr bedauerlich, aber sie läßt sich im Augenblick nicht ändern, und sie ist auch der Grund dafür, daß die angelsächsischen Regierungen so sehr zögern, die Atommaschine der ganzen Welt zugänglich zu machen.

Atommaschine

Um die Wirkungsweise der Atommaschine zu verstehen, muß man wissen, daß die Spaltung des Uran^{235} nur mit langsamen Neutronen wirkungsvoll vor sich geht. Mittelschnelle und schnelle Neutronen sind fast unwirksam. Das Uran^{238} dagegen fängt gerade mittelschnelle Neutronen ein, absorbiert sie, um sich dann in Plutonium zu verwandeln. Von langsamen Neutronen will das U^{238} nichts wissen, es reflektiert sie einfach elastisch.

Für die Durchführung der Kettenreaktion ist das verschiedene Verhalten der beiden Uran-Isotopen von allergrößter Wichtigkeit: Die Neutronen, welche von U^{235} beim Zerfall ausgesandt werden und welche die Reaktion weiter fortpflanzen sollen, sind schnelle Neutronen. Sie können also, weil U^{235} nur mit langsamen Neutronen reagiert, nicht direkt von andern U^{235}-Kernen eingefangen werden und deren Spaltung veranlassen, sondern sie müssen erst verlangsamt werden. Diese Verlangsamung geschieht im Uran durch Zusammenstöße mit Urankernen, die beim Stoß etwas Geschwindigkeit bekommen und daher dem stoßenden Neutron Energie wegnehmen.

Macht man diese Verlangsamung aber im Uran, so werden diese Neutronen immer einmal gerade diejenige mittlere Geschwindigkeit bekommen und durchlaufen, welche die günstigste ist, um von U^{238} eingefangen zu werden. D. h. fast alle schnellen Neutronen werden von U^{238} weggeschluckt, bevor sie verlangsamt sind und weitere Spaltung des nur in geringer Konzentration vorhandenen U^{235} bewirken können. Die Kettenreaktion muß wegen des Fehlens langsamer Neutronen, auch wenn sie einmal eingeleitet ist, bald wieder erlöschen.

Moderator

Die amerikanischen Physiker hatten nun die in ihrer Einfachheit geniale Idee, die Verlangsamung der bei Spaltung des U^{235} entstehenden schnellen Neutronen nicht im Uran, sondern außerhalb desselben in einem sog. Moderator vorzunehmen. Als Moderator kann man irgendein Element verwenden, dessen Kerne keine Neutronen verschlucken. Man kann zeigen, daß hierfür besonders schwerer Wasserstoff, Helium, Beryllium, Kohlenstoff oder Sauerstoff in Frage kommen.

Man hat die Atomenergiemaschine daher aufgebaut aus ganz reinem Graphit, in welchem in berechneten Abständen Uranblöcke oder Uranstangen bestimmter Dimension eingelagert werden.

Beim Aufbau einer solchen Maschine findet man, daß die Kettenreaktion von selbst zündet, wenn eine bestimmte Größe derselben erreicht ist: Die in der kosmischen Strahlung vorhandenen Neutronen genügen nämlich, um die Reaktion einzuleiten. Die Neutronenzahl in der Maschine wächst dann rasch an und damit die Energieproduktion, welche durch Zerfall des U^{235} entsteht. Die Atomenergie entsteht in Form von Wärme, und die Temperatur der Uranstäbe steigt schnell. Wenn man die Reaktion nicht steuern würde und die Neutronenzahl nicht regeln könnte, würde die Maschine bald auf sehr hohe Temperatur erhitzt, die Uranstäbe würden schmelzen und verdampfen und die Maschine würde zerstört.

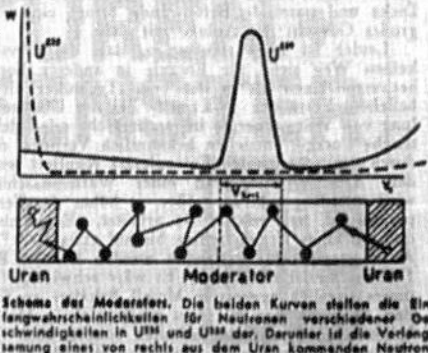

Schema des Moderators. Die beiden Kurven stellen die Einfangwahrscheinlichkeiten für Neutronen verschiedener Geschwindigkeiten in U^{238} und U^{235} dar. Darunter ist die Verlangsamung eines von rechts aus dem Uran kommenden Neutrons im Graphit und der Einfangprozeß des verlangsamten Neutrons in einem zweiten Uranblock links dargestellt.

Nun läßt sich aber die Neutronenzahl leicht auf einem konstanten gewünschten Niveau halten dadurch, daß in vorgesehene Hohlräume im Graphit Stäbe aus einer stark borhaltigen Legierung eingetaucht werden. Bor ist nämlich ein Element, das langsame und mittelschnelle Neutronen sehr stark schluckt; dabei zerfällt der Borkern in Lithium und Helium, und diese Neutronen sind für die Kettenreaktion verloren. Diese Steuerung der Kettenreaktion erwies sich als sehr viel leichter als ursprünglich vermutet wurde. Die Steuerung braucht auch gar nicht sehr rasch vor sich zu gehen, denn die Zunahme der Wärmeproduktion bei zu geringer Steuerwirkung durch die Borstäbe geht langsam vor sich. Dies hat seinen Grund in einer Erscheinung, die man früher nicht genügend beachtet hatte. Die Neutronen, welche bei der Zerspaltung des U^{235} entstehen, werden zum Teil beim Spaltungsprozeß momentan ausgesandt; zu einem gewissen Prozentsatz handelt es sich aber um verzögerte Neutronen, die später, nach Sekunden noch, von den Spaltprodukten ausgesandt werden. Infolge dieses verzögerten Ablaufes der serstoffbombe zu erwarten hätte, die damals noch gar nicht entwickelt war. Dies machte ihn allerdings nicht, wie in einer Zeitung später behauptet wurde,[271] zum am geheim gehaltenen Forschungsprojekt «Matterhorn» Beteiligten. Letzteres war der nach 1950 initiierten thermonuklearen Forschung als Grundlage der Entwicklung von Wasserstoffbomben gewidmet.

Scherrer zeigte aber nicht nur auf, was es mit der Kernspaltung auf sich hatte, sondern zugleich, wie sich diese zum Nutzen der Menschen einsetzen liesse. Aus einem einzigen Kilogramm Uran, so Scherrer, sei mehr Energie zu gewinnen als mit dem Verbrennen von 10 Millionen Kilogramm Kohle. Mit lediglich 400 Kilogramm Uran, rechnete er vor, liesse sich der gesamte schweizerische Jahresverbrauch an Strom decken. Nutze man diese gewaltige Energie, könnte die Schweiz ihre Abhängigkeit von Kohle- und Ölimporten, die sich im Krieg als eine der grössten Belastungen erwiesen hatte, markant reduzieren: «Aber es ist sicher, dass wir diese ungeheuren Energievorräte, die in den Kernen schlummern, nun in stetigem Strom gezügelt, auszulösen vermögen und dass für die Energiewirtschaft ein neues Zeitalter anbricht, indem wir von der Kohle loskommen können. Die Kohle kann dann zur Erzeugung von Kunststoffen, synthetischem Gummi, Benzin und all den vielen interessanten Hochpolymeren verarbeitet werden, nach denen die materialhungrige Technik verlangt. Jedes Land wird später einmal wenige Grossenergieanlagen bauen [und] deren Wärme in elektrische Energie umwandeln, welche über die bestehenden elektrischen Verteilungsnetze den Konsumenten zugeführt wird. Auch sind grosse Fernheizwerke denkbar, die ganze Städte mit Wärme versorgen.»[272] Letzteres zielte darauf ab, dass die «Atomenergie-Maschine» zur Wärmeproduktion eingesetzt werden könnte und damit die Kohle als thermischen Energieträger ablösen würde. Diese Option gleich nach dem Krieg, als es zu einer Kohleknappheit gekommen war, war so vielversprechend wie neu. Auf der anderen Seite kam Erdöl, welches die Kohle nur kurze Zeit später fast vollständig ablösen würde (zumal in der Schweiz), in Scherrers Überlegungen nicht vor. Jahre zuvor, 1936, hatte er einmal in einer Vorlesung ausgerufen: «Es ist doch dumm, den wertvollen organischen Rohstoff Öl einfach zu verbrennen.»[273] Dabei ging es wiederum um das Wärmepotenzial der Kernenergie zur Substitution von Kohle. «Es sei gleich hier erwähnt, dass die Atomenergie-Maschine vorläufig nur Wärme erzeugt und dass die Physik heute gar keinen Weg sieht, die Energie direkt in Form von elektrischer Energie zu gewinnen.»[274]

Hier nun sind zwei Dinge bemerkenswert: Erstens war der Informationsstand, über den Scherrer verfügte, eindrücklich. Scherrer gab in seinem Artikel der «Neuen Zürcher Zeitung» Wissen preis, über das nur wenige verfügten. Zwar war

Abb. 43: Scherrers richtungweisender Beitrag zur Atomenergie von 1945 in der «Neuen Zürcher Zeitung», 28. November 1945.

jedem Kernphysiker, jeder Kernphysikerin bereits im Sommer 1939 bekannt, dass eine Kettenreaktion mit ungeheurer Energieausbeute prinzipiell möglich war. In Berlin hatte der Physiker Siegfried Flügge im Juni desselben Jahres einen Artikel publiziert, in welchem er auf die technische Realisierbarkeit von Kernreaktoren und Kernwaffen hinwies, indem er die bei einer Kernspaltung frei werdende Energie veranschaulichte. Damit hatte er eine Reaktortheorie vorgelegt, die auch in Zürich zur Kenntnis genommen wurde.[275] Leo Szilard wiederum hatte bereits 1939 den amerikanischen Präsidenten Franklin D. Roosevelt vor «Bomben neuen Typs» gewarnt, noch bevor sich die USA daran machten, eine solche zu bauen.[276] Kernphysikalische Forschung wurde jedoch strikt geheimgehalten, denn man wusste, dass darin kriegsentscheidende Potenziale steckten. Während des ganzen Kriegs wurde kaum etwas veröffentlicht, sodass auch die im Rahmen des Manhattan-Projekts von Enrico Fermi erzielte erste Kettenreaktion in einem Reaktor unter der Tribüne eines Chicagoer Footballstadions Ende 1942, die letztlich den Bau der ersten Atombomben ermöglichte, unbekannt blieb.

So lüftete Scherrer zweitens eines der bestgehüteten Geheimnisse der amerikanischen Kriegsindustrie. Er kannte die wesentlichen Aspekte der Spaltung, aber auch der Fusion von Atomen. Insbesondere seine Kenntnisse der Entstehung von Plutonium und von radioaktiven Spaltprodukten waren bedeutend. Er schrieb vom Plutoniumkern, der ähnliche Eigenschaften wie der ^{235}U-Kern besitze, beim Beschiessen mit Neutronen zerfalle und sich deshalb gut für Kettenreaktionen eigne, die sich namentlich zur Energieproduktion in Bomben einsetzen liessen. Scherrer wusste auch um den Zusammenhang der Kernspaltung von Uran mit der Entstehung von Plutonium: «Es ist daher leider so, dass mit der Erzeugung der Energie durch ^{235}U-Spaltung die Erzeugung von Plutonium gekoppelt ist: d. h. wer die Maschine hat, hat auch das Material zur Atombombe.»[277] Diese «Verknüpfung von Maschine und Bombe», so Scherrer weiter, sei sehr bedauerlich, lasse sich aber «im Augenblick nicht ändern» und sei auch der Grund, wieso «angelsächsische Regierungen so sehr zögern, die Atommaschine der ganzen Welt zugänglich zu machen». Aber auch seine Kenntnisse der Überwindung der Resonanzabsorption durch die räumliche Trennung von Spaltstoffen und Moderator, der Entdeckung der für die Regelung wichtigen verzögerten Neutronen und schliesslich sein Wissen von der Trennung von Uranisotopen im industriellen Massstab waren für die Zeit neu.[278] Und sie waren brisant, wenn man die strikte Geheimhaltung neuer Erkenntnisse der Kernphysik während des Krieges bedenkt.

Scherrers weitere Ausführungen, die er in den folgenden Monaten oft wiederholte, betrafen Details zu Uranisotopen, zu verschiedenen Moderatoren, zu Brutreaktoren, sie enthielten aber auch Überlegungen zu den Chancen und Risiken dieser neuen Technologie und zur Virulenz atomarer Abfälle: «Sehr unangenehm ist die Tatsache, dass beim Zerfall des ^{235}U Spaltprodukte entstehen, welche sehr stark radioaktiv sind. […] Man sieht, dass die Vernichtung dieser Stoffe direkt ein Problem ist»,[279] stellte er fest und sprach damit die Problematik der Entsorgung an, ohne sich über deren Umfang im Klaren zu sein.[280] Er tangierte also Themen, die heute so virulent sind, wie sie damals neu und in ihrer Grössenordnung unbekannt waren. Noch war er überzeugt, dass alle Begrenzungen bestehender Energieversorgungssysteme fallen würden, kurzum ein «alter Traum der Menschheit in Erfüllung gegangen» war.[281] Die neuesten Erkenntnisse der Kerntechnologie versprachen den Anbruch eines neuen Zeitalters.

Scherrer in den USA

Wie aber kam Scherrer zu diesem neuen Wissen? Woher hatte er all diese Informationen zu einem Zeitpunkt, als diese nur sehr wenigen bekannt waren? Im Sommer 1945 – der Krieg war in Europa, nicht jedoch im Pazifik beendet – hielt er sich während dreier Monate in den USA auf, es war jener Aufenthalt, bei dem er auch Pauli hätte treffen sollen, diesen jedoch verpasste.[282] Dieser Aufenthalt erlaubte ihm einen fachlichen Austausch mit einigen wichtigen Figuren des amerikanischen Kernwaffenprogramms. Er traf sich zudem mit ehemaligen Studenten, von denen «acht meiner ehemaligen Schüler allein im Atomforschungszentrum von Oak Ridge»[283] und damit am Manhattan-Projekt beteiligt gewesen waren.

Scherrer besass also beste Beziehungen, aber auch grösstes Vertrauen seitens der Amerikaner. So soll er Gelegenheit bekommen haben, den amerikanischen General und ehemaligen Leiter des Manhattan-Projekts Leslie R. Groves zu treffen. Dieser habe ihm unter anderem die damals hoch geheimen Plutoniumreaktoren von Hanford gezeigt. Ob dies die Geheimhaltungsvorschriften tatsächlich erlaubten? Das ist eher unwahrscheinlich und die Geschichte wohl nichts als eine schöne Anekdote.[284]

Vor allem aber traf er sich mehrmals mit dem Physiker und ehemaligen Doktoranden Chauncey Guy Suits. Der Amerikaner hatte bis 1927 an der University of Wisconsin-Madison studiert und war anschliessend an die ETH Zürich gekommen, wo er 1929 mit einer Arbeit über Ventilvoltmeter bei Scherrer promoviert wurde. Nach seiner Rückkehr in die Vereinigten Staaten 1930 stieg er bei der General Electric Company in Schenectady ein, zunächst als Forschungsassistent, ab 1945 als Vizepräsident und Forschungsdirektor. 1965 wurde er dort pensioniert. Suits sass damit an einer wichtigen Stelle.[285] Scherrer und er waren während all der Jahre in Kontakt geblieben, und nun war Scherrer gekommen, um das Neueste zu erfahren. Während des Zweiten Weltkriegs war Suits für das Office of Scientific Research and Development an Projekten der Radarforschung und Radarabwehr beteiligt gewesen.[286] Gut möglich, dass er Scherrer einiges davon preisgab.

Scherrer scheint alles in sich aufgesogen zu haben. Sein Interesse galt den neuesten wissenschaftlichen Erkenntnissen, politisch äusserte er sich nicht zur Situation, zumindest nicht in offiziellen Schreiben. Nach Zürich berichtete er dem ETH-Schulratspräsidenten Rohn einigermassen arglos: «Sehr geehrter Herr Präsident! Nun bin ich auf der Rückreise wieder hier in Washington. Ich habe Amerika wirklich im denkbar interessantesten Zeitpunkt besucht; es ist alles passiert[,] was kommen musste: Atombombe und V. Day. In den sechs Wochen habe ich ungeheuer viel Interessantes gesehen. Army und Navy waren sehr zuvorkommend, und ich konnte die Kaiser-Schiffswerft in San Franzisko, die Versuchsanlagen für Düsenvortrieb in Los Angeles, die Chrysler Kriegswagenfabrikation in Detroit und sämtliche Laboratorien der Gen[eral] Electric in Schenectady sehen – alles noch in vollem Kriegsbetriebe. Jetzt ist die ganze Kriegsproduktion völlig gestoppt. Mit einer für europäische Verhältnisse unvorstellbaren Rücksichtslosigkeit werden alle Kriegsaufträge annulliert und mit unheimlicher Energie wird auf Frieden umgestellt. Schon 12 Stunden nach der Übergabe Japans waren Benzinrationierung, Stahl-, Kupfer- und Aluminium-Sperre aufgehoben. Sehr lehrreich waren auch die Einblicke, die ich in die Organisation der reinen Physik tun konnte, USA will alles tun, um an der Spitze zu bleiben.»[287]

Als Scherrer Mitte September in die Schweiz zurückkehrte, hatte er neben dem ihm persönlich vermittelten Wissen und seinen Eindrücken auch den sogenannten Smyth-Bericht im Gepäck. Dieser war im August 1945, im Anschluss an die Atombombenabwürfe, als offizieller Bericht der US-amerikanischen Regierung veröffentlicht worden. Der 300 Seiten umfassende Bericht hatte primär zum Ziel, die amerikanische Öffentlichkeit zu informieren und festzulegen, worüber zu sprechen erlaubt war; er bildete einen rein qualitativen, aber doch erstaunlich tief gehenden Stand des Wissens ab. Sein Autor, Henry Smyth von der Universität Princeton, beleuchtete in Form eines Forschungstagebuchs die Rolle einzelner Personen, Institute und Unternehmen im Manhattan-Projekt. Der Bericht umfasste sämtliches zu jenem Zeitpunkt frei verfügbare Wissen über Atombombe und Kernenergie. Da der Grossteil der Informationen weiterhin der Geheimhaltung unterstand, konzentrierte sich der Bericht auf eine Beschreibung der Projektorganisation und der neu aufgebauten Institute und Fabrikationsanlagen. Die Organisationsform des Manhattan-Projekts erlangte so weltweite Bekanntheit und diente in zahlreichen Ländern als Vorbild für die Entwicklung grosstechnischer Systeme.[288] Scherrer bezog neben den ihm mündlich vermittelten Kenntnissen zahlreiche Informationen aus diesem Bericht.

Zurück in Zürich, machte sich Scherrer mit seinen Mitarbeitenden daran, fehlende Informationen zu beschaffen und ihren Wissensstand aufzudatieren. Und es war ihm ein Anliegen, die Öffentlichkeit darüber zu informieren, was er erfahren hatte. Der Bevölkerung war die Potenz dieser neuen Technologie mit den

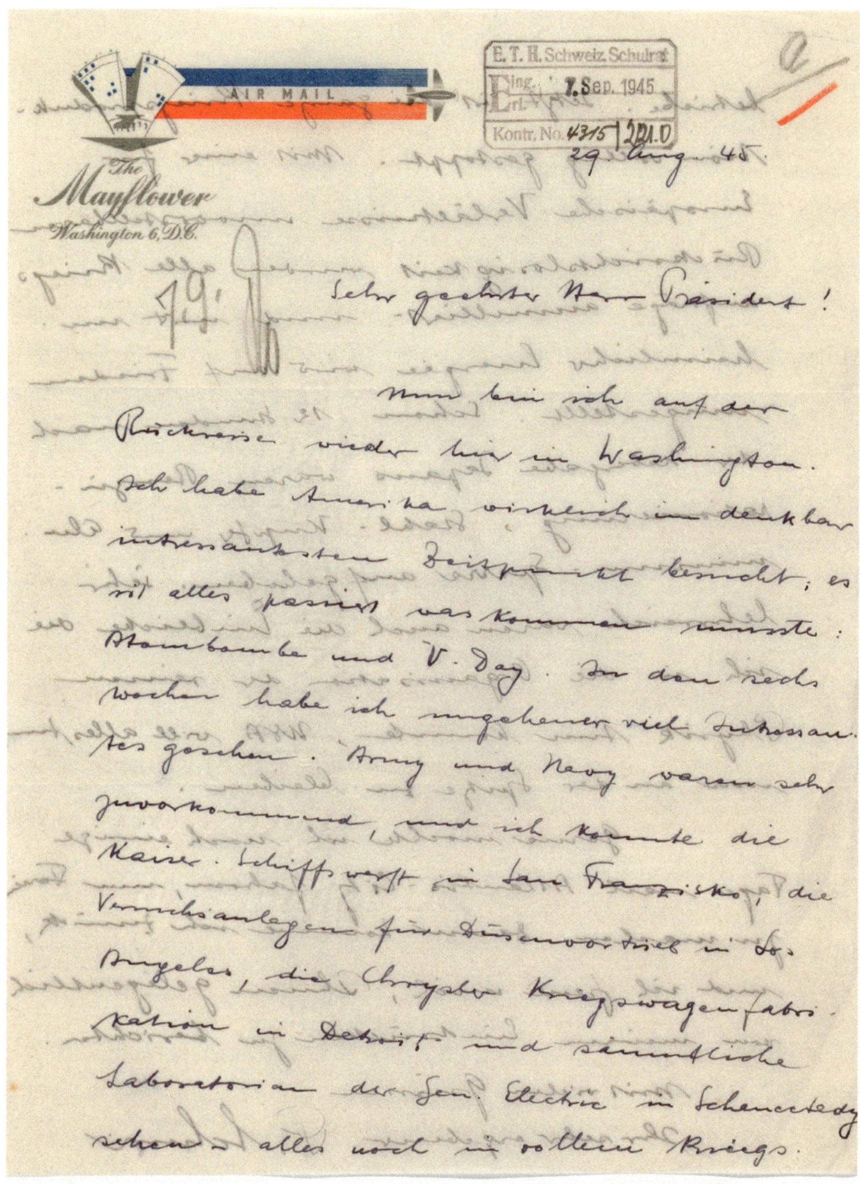

AIR MAIL

The Mayflower
Washington 6, D.C.

E.T.H. Schweiz. Schulrat
Eing. 7. Sep. 1945
Kontr. No. 4315

29. Aug. 45.

Sehr geehrter Herr Präsident!

Nun bin ich auf der Rückreise wieder hier in Washington. Ich habe Amerika wirklich im denkbar interessantesten Zeitpunkt besucht; es ist alles passiert was kommen musste: Atombombe und V-Day. In den sechs Wochen habe ich ungeheuer viel Interessantes gesehen. Army und Navy waren sehr zuvorkommend und ich konnte die Kaiser-Schiffswerft in San Franzisko, die Versuchsanlagen für Düsenvortrieb in Los Angeles, die Chrysler Kriegswagenfabrikation in Detroit und sämtliche Laboratorien der Gen. Electric in Schenectady sehen – alles noch in vollem Kriegs-

Abb. 44: Paul Scherrers Schreiben an Arthur Rohn, verfasst während der Rückfahrt aus den USA, 29. August 1945.

beiden Bombenabwürfen auf die japanischen Städte Hiroshima und Nagasaki im August 1945 schonungslos vor Augen geführt worden, das Interesse am Thema war geweckt. Auch deshalb wollte Scherrer über das Thema orientieren. Wie später auch in seinen Vorträgen betonte er, dass ein Reaktor dem Prinzip nach nichts anderes als ein Ofen sei, der nur in grossen Dimensionen effizient arbeite: «Es kann nicht genügend darauf hingewiesen werden, dass die Uranmaschine vorläufig nur als Grossmaschine von etwa 1000 kW an aufwärts in Frage kommt. Das Märchen von der Uranpastille, die[,] in den Motor gebracht, ein Jahr lang ein Auto treiben soll, ist in das Reich der Fabel zu weisen. Die Physik sieht noch gar keine Möglichkeit für eine Kleinmaschine dieser Art.»[289] Um jedoch die Kernspaltung in der schweizerischen Stromversorgung sinnvoll einsetzen zu können, müsse man möglichst bald «die Forschung auf dem Gebiete der Kernphysik energisch fördern». Gleichzeitig versuchte Scherrer, die Euphorie von Enthusiasten und Enthusiastinnen zu dämpfen, die in der neuen Energiequelle das Ende sämtlicher Energieprobleme sahen.

Zehn Jahre später sah es anders aus: Im Rahmen eines Vortrags zur Frage «Was heisst Atomenergie?» 1956 an der ETH äusserte sich Scherrer optimistisch über die neue Energieform: «Nun hat man eine wunderbare Energiequelle.»[290] Im Kern unterstützte er das Paradigma des quantitativen Wachstums, wonach sämtliche wirtschaftlichen Probleme vor allem mit Wachstum zu lösen seien, was wiederum an die Nachfrage nach sehr viel Energie gebunden war: «Ob es möglich ist, diesen hohen Lebensstandard mit der immer wachsenden Produktion aufrecht zu erhalten, hängt entscheidend davon ab, ob wir der kargen Natur genügende Mengen von Energie abgewinnen können. Man kann sich heute kaum mehr vorstellen, wie das Leben aussehen würde, wenn wir nur unsere Muskelkraft und die Energie von Holz zur Verfügung hätten.»[291] Da die ständig wachsenden Energieimporte nicht zu unterschätzen seien und die Wasserkraft bald einmal ausgeschöpft sein werde, brauche es Alternativen: «Dann wird es nötig, dass wir uns nach anderen Energiequellen umsehen. Es ist wohl sicher, dass hier nur die Atomenergie in Frage kommt.» Dass auch das Uran eingeführt werden musste, war ihm bewusst, auch wenn man zu diesem Zeitpunkt noch zuversichtlich war, dieses bald im Schweizer Untergrund zu finden.

Scherrers USA-Aufenthalt liess ihn aber auch erkennen, dass die Schweiz gegenüber den USA in der physikalischen Forschung in erheblichen Rückstand geraten war. Verschiedentlich plädierte er deshalb für eine intensiv betriebene Forschung, um nicht «unweigerlich in ein Hintertreffen»[292] zu gelangen. Voraussetzung dafür seien die entsprechend ausgebildeten Fachleute: «Auch müssen wir unbedingt einen Stab von jungen Kernphysikern heranbilden, der unserer Industrie für die einsetzende Entwicklung zur Verfügung steht, damit wir hier nicht völlig in Abhängigkeit vom Ausland bleiben.»[293] Auch wenn er Jahre später einmal sagen sollte, dass es «bei der Forschung nicht allein auf die Geldmittel an[kommt], sondern in erster Linie auf die neuen Ideen»,[294] war die Vermittlung dieses Wissens nicht nur selbstlose Tätigkeit, sondern zielte explizit auch darauf ab, dem Institut Gelder von Dritten zu erschliessen, um die eigene Forschung vorantreiben zu können.

«Friend of the Allies»

Dass sich Scherrer des Themas mit der ihm eigenen Verve annahm, ist wenig erstaunlich. Wie aber kam es, dass die Amerikaner ihm so sehr vertrauten, dass er 1945 noch während des Kriegs ins Land reisen und zentrale Akteure der amerikanischen Atomindustrie treffen konnte?

Scherrer war ein Freund der US-Amerikaner, seit er 1930 im Osten der USA einen längeren Aufenthalt genossen hatte. Jetzt, während des Kriegs, war der wissenschaftliche Austausch fast gänzlich zum Erliegen gekommen. Zudem hatten die Amerikaner im Verlauf des Kriegs ein immer gewichtigeres Problem: Sie gingen davon aus, dass Deutschland im Wettlauf um die Nutzung der Kernenergie weiterhin ein Konkurrent war. Begründet wurde dies damit, dass die Kernspaltung in Deutschland entdeckt worden war und dass trotz der nationalsozialistischen Gewaltherrschaft einige fähige Wissenschaftlerinnen und Wissenschaftler in Deutschland verblieben waren. Ihr Wissen stellte eine unmittelbare Gefahr dar.

Tatsächlich hatte sich das nationalsozialistische Regime diese Vorteile zu eigen gemacht. Im Frühling 1939 erhielt eine Gruppe deutscher Kernphysiker die Order, die technische Realisierbarkeit der Kernenergie zu untersuchen und zu beantworten. Es sollte um die Erschliessung neuer Energiequellen gehen, bestenfalls aber auch um militärische Nutzung. Wenigstens sollten die Physiker zeigen können, ob der Einsatz der Kerntechnologie zu Waffen führen konnte, was 1939 noch alles andere als klar war. Falls nicht, verfügte auch «der Feind» nicht darüber. Ziel war also, einen Demonstrationsreaktor zu entwickeln und die Möglichkeiten des Baus einer Kernwaffe zu prüfen. Die administrative Leitung vertraute man Kurt Diebner an, zum engeren Mitarbeiterkreis zählten bald einmal Carl Friedrich von Weizsäcker in Berlin und Werner Heisenberg in Leipzig. Dieser hatte im November 1939 und im Februar 1940 zwei Aufsätze publiziert, die die Grundlagen für die deutsche Reaktorforschung während des gesamten Kriegs schufen. Das deutsche Uranprojekt, auch als Uranverein bezeichnet, war geboren.[295]

Dies alles war nicht unbemerkt geblieben. Im Oktober 1939 gelangten Albert Einstein und sein Kollege Leo Szilard an den US-Präsidenten und schilderten ihm die Vorteile der Kernforschung und die Schäden, die von potenziell möglichen Kernwaffen ausgehen konnten. Franklin D. Roosevelt reagierte unmittelbar und rief den «Beratenden Ausschuss für Uran» ins Leben. Es sollte noch zwei Jahre dauern, bis die Amerikaner 1941 realisierten, dass die Deutschen ernsthaft erwogen, Kernwaffen zu bauen. Deutlich wurde die Absicht mit einem Besuch Heisenbergs bei seinem Kollegen Niels Bohr in Kopenhagen. Was die beiden besprachen, kann nicht mehr rekonstruiert werden; sie machten später unterschiedliche Angaben dazu. Fest steht, dass Heisenberg Bohr gegenüber andeutete, dass Deutschland an einer Bombe interessiert sei.[296] Bohr leitete dies unverzüglich an die Amerikaner weiter.

Die Alliierten waren also gewarnt. Roosevelt erteilte kurz darauf den Befehl, alles zu unternehmen, um Waffen, basierend auf der Kernspaltung, zu entwickeln. 1942 genehmigte er die notwendige Unterstützung und unterstellte das Unterfangen der Armee; das Manhattan-Projekt war geboren. Die militärische Oberaufsicht übertrug man Leslie R. Groves, die wissenschaftliche Leitung übernahm Robert Oppenheimer, ein amerikanischer Physiker deutsch-jüdischer Herkunft. Ein Projekt von einmaliger Grösse und ausgestattet mit schier unbeschränkten Ressourcen nahm seinen Anfang.

Das war nicht selbstverständlich. In den 1930er-Jahren war die US-amerikanische Kernphysikforschung im internationalen Vergleich nur von marginaler Bedeutung. Der Erfolg des amerikanischen Atombombenprojekts hing massgeblich von der Möglichkeit und Fähigkeit ab, bestehende transnationale Verbindungen für nationale Ziele nutzbar zu machen. Dass dies im Manhattan-Projekt gelang, beruhte auf der Attraktivität der USA für europäische Flüchtlinge, auf der ökonomischen Stärke des Landes und der Bereitschaft, in die militärische Kernforschung zu investieren. Hinzu kamen die verordnete Geheimhaltung und die Abschottung, die dem Projekt zum Erreichen seiner wissenschaftlichen, politischen und militärischen Ziele verhalfen.[297]

Gleichzeitig mussten die Amerikaner wissen, auf welchem Stand der Entwicklung das deutsche Kernwaffenprogramm war, und sie setzten in den kommenden Jahren alles daran, dies in Erfahrung zu bringen. Dafür brauchten sie Informanten, die sowohl Kenntnisse in der Kerntechnologieentwicklung als auch Einsicht in die deutsche Physikergemeinschaft hatten. Diese rekrutierten sie in den USA und Europa. Folgerichtig wurden sie auch auf Scherrer aufmerksam. Von C. Guy Suits, dem ehemaligen Schüler und mittlerweile Freund Scherrers, hatten sie erfahren, dass dieser seit langem Kernphysik betrieb. Zudem war Scherrer Bürger eines neutralen Landes. Und er stand in Kontakt mit deutschen Physikern, mit Wolfgang Gentner und Carl Friedrich von Weizsäcker, vor allem aber mit Werner Heisenberg.

Werner Heisenberg stand von Beginn weg im Zentrum des Interesses der Alliierten, er galt als «the greatest living German physicist»,[298] als einer der bedeutendsten Physiker seiner Zeit. Er hatte bei Arnold Sommerfeld in München Physik studiert und war 1923 ebenda promoviert worden. Ein Jahr später – Scherrer war zu diesem Zeitpunkt bereits nach Zürich übersiedelt – kam er als Assistent von Max Born nach Göttingen, wo er sich habilitierte. Wiederholt erhielt er ferner die Gelegenheit, mit Niels Bohr in Kopenhagen zu arbeiten. Heisenberg spielte eine entscheidende Rolle in der Begründung der Quantenmechanik. 1932, mittlerweile Professor an der Universität Leipzig, wo er gemeinsam mit dem Physiker Friedrich Hund ein Zentrum für theoretische Physik, insbesondere für Kernphysik, aufbaute, wurde ihm für seine Beiträge zur Quantenmechanik der Nobelpreis für Physik verliehen. Vonseiten amerikanischer Universitäten erhielt er daraufhin verschiedene Rufe, die er alle ablehnte. Auch noch 1939, als er auf einer Reise durch die USA zahlreiche seiner emigrierten deutschen Kollegen traf, lehnte er deren Angebot, in den USA zu bleiben, ab. Seine Loyalität gegenüber der Physik war gross, diejenige gegenüber Deutschland grösser. Seine Arbeit beim Uranprojekt hielt er für spannende Wissenschaft, den Auftrag für theoretisch machbar.

Zeit seines Lebens trat er politisch ambivalent auf. Den Nationalsozialisten war Heisenberg suspekt. Die Quantenphysik wurde ebenso wie die Relativitätstheorie als «jüdisch unterwandert» bezeichnet, davon hatte sich die «deutsche Physik» fernzuhalten. Heisenberg war auch nie in die Partei eingetreten. Vor allem aber war er wiederholt öffentlich für jüdische Kollegen eingestanden. So stützte er 1935 die jüdischen Physiker Albert Einstein, der bereits in Princeton war, und Niels Bohr in Kopenhagen und wurde prompt als «weisser Jude»[299] abgekanzelt, später aber von den Nationalsozialisten «rehabilitiert». Die Nachfolge auf den Lehrstuhl seines Lehrers Sommerfeld 1935 blieb ihm verwehrt.[300] Andererseits fehlte es ihm an Loyalität, als Max Born 1933 als Jude von der Universität Göttingen zwangsbeurlaubt und drei Jahre später staatenlos gemacht wurde und schliesslich ins Exil ging. Stattdessen bewarb sich Heisenberg, allerdings vergeblich, um dessen Stelle.[301] Dennoch galt Heisenberg als *der* Kernphysiker Deutschlands. Dass er früher oder später von den Nationalsozialisten für ihre Zwecke eingespannt werden würde, dürfte ihm klar gewesen sein.

Bis Kriegsende gelang es den Deutschen trotz einiger Erfolge nicht, eine selbst erhaltende nukleare Kettenreaktion in einem Reaktor herzustellen. Dies war nicht so sehr Heisenbergs Unvermögen geschuldet als der Tatsache, dass das Uranprojekt nie die notwendige Flughöhe erlangte. Während das Manhattan-Projekt seinen «Erfolg» 1945 unter Beweis zu stellen vermochte, schafften es die Deutschen nicht, auch nur in die Nähe einer Kernwaffe zu gelangen. Retrospektiv ist es einigermassen unerklärlich, dass die Amerikaner genau das geglaubt hatten. Die Entwicklung von Nuklearwaffen war in den USA eine Anstrengung mehrerer Gruppen aus Physik- und Chemiefachleuten; bis zum Ende des Kriegs sollen bis zu 150 000 Wissenschaftlerinnen und Wissenschaftler daran beteiligt gewesen sein, darunter einige der besten Europas. Diesen standen materiell alle Mittel zur Verfügung, zudem ausreichend Rohstoffe, die als Basis für den Reaktor- und Bombenbau dienten, etwa Uran und schweres Wasser. Davon war Deutschland weit entfernt. Zwar waren die dortigen Forschungsanstrengungen vor allem in den ersten Kriegsjahren gross, und dank Uranvorkommen in der besetzten Tschechoslowakei waren die Voraussetzungen vorhanden. Der Wissenschaftshistoriker Dieter Hoffmann geht sogar so weit, anzunehmen, dass bis zum Frühjahr 1942 der Wissensstand in den USA und in Deutschland einigermassen ausgeglichen gewesen sein muss. Im selben Jahr aber, da die Amerikaner die grosstechnische Produktion in Gestalt des Manhattan-Projekts lancierten, zügelte Deutschland seine Anstrengungen und die Investitionen in die Kerntechnologie, um die ohnehin knappen deutschen Kriegsressourcen zu schonen.[302] Die Lesart also, die deutsche Kernwaffenentwicklung sei aufgrund der Unkenntnis von elementarsten Voraussetzungen der Kernphysik nicht zustande gekommen, stimmt ebenso wenig wie die Behauptung, die Forschenden – an erster Stelle Heisenberg, dem bereits 1941 klar war, dass die Forschungen an Reaktoren zu einer Atombombe führen könnten – hätten ihre Forschung gezielt verzögert oder sabotiert, um den Nationalsozialisten keine Kernwaffen in die Hände zu geben.[303] Das Problem lag vielmehr darin, dass es nie gelang, Kernphysiker und Ingenieure beziehungsweise Forschung und Industrie zu einer einzigen Forschungsgruppe zusammenzubringen. Es waren die Strukturen der deutschen Wissenschaft wie generell die des NS-Regimes, die – glücklicherweise – ein Gelingen verhinderten. Den deutschen Wissenschaftlern und Wissenschaftlerinnen standen nicht dieselben Ressourcen zur Verfügung, wie sie im Rahmen des amerikanischen Manhattan-Projekts mobilisiert werden konnten. Zwar war das deutsche Projekt vor allem anfangs gut ausgestattet und gefördert, allerdings in vergleichsweise kleinem Massstab. Auch wurde zu keiner Zeit in gleichem Masse wie in das Peenemünder Raketenprojekt investiert. Die beteiligten Wissenschaftlerinnen und Wissenschaftler wiederum forderten keine solche Förderung. Erst im Frühjahr 1945, unmittelbar vor dem Einmarsch der Alliierten, schien die unter der Leitung Heisenbergs arbeitende Gruppe, die im schwäbischen Haigerloch in einem ehemaligen Weinkeller einen Schwerwasserreaktor zu errichten versuchte, so weit zu sein, den Reaktor in Betrieb zu setzen. Auch dieser Versuch scheiterte letztlich nicht aufgrund mangelnden Wissens, sondern wegen fehlender Rohmaterialien, die herauszugeben die konkurrierende Gruppe in Hamburg nicht bereit war.[304] Hinzu kam, dass die deutsche Kernforschung Anfang 1942, zu der Zeit, als sie in den USA der Armee unterstellt wurde, der Zuständigkeit des Heereswaffenamtes entzogen, dem Reichsforschungsrat übertragen und also praktisch sich selbst überlassen wurde. Der Grund dafür war, dass in Zeiten knapper werdender Ressourcen nur noch jene Rüstungsprojekte in grossem Massstab gefördert wurden, die in absehbarer Zeit einsatzbereite Waffen hervorbringen würden.[305] Das war beim Uranprojekt nicht der Fall.

Dies alles war den Amerikanern nicht bekannt, für Einblicke brauchten sie Informanten. Zu diesen zählte ab Ende 1943 Paul Scherrer. Aus seinem Abscheu gegenüber dem Nationalsozialismus hatte er nie ein Hehl gemacht. Wann genau der Mitte 1942 gegründete US-Nachrichtendienst des Kriegsministeriums, das Office of Strategic Services (OSS), ein Vorläufer der CIA, auf Scherrer aufmerksam wurde, ist nicht bekannt. Das OSS hatte offensichtlich verschiedene Schweizer in Betracht gezogen und einige auch rekrutiert.

Einer von ihnen war Peter Preiswerk, Codename Cello. Preiswerk war 1936 als wissenschaftlicher Mitarbeiter zu Scherrer ans Institut gekommen und hatte dort beim Bau des ersten Zyklotrons mitgearbeitet. Der Geheimdienst kontaktierte ihn noch vor Scherrer, er konnte diesem aber bedeutend weniger Informationen liefern, als dies Scherrer möglich war.[306] Auch Walter Boveri soll dem US-Geheimdienst Informationen zugetragen haben. Unter dem Namen «Walter Bovari», Codename 490, taucht in den Akten von Februar 1943 ein deutscher (!) Industrieller auf, der von seiner Fabrik in Deutschland berichtete, die «kleine Maschinenteile» herstelle, welche für die Produktion von Geheimwaffen bestimmt seien. Gemeint waren damit die unter der Bezeichnung V1 und V2 zum Einsatz gelangten Flugkörper, was Boveri (so er es denn war) nicht verstanden haben soll, da er über keinerlei technisches Wissen verfügte. Den Amerikanern soll er mindestens zweimal Auskunft gegeben haben.[307] Die Geschichte ist einigermassen fragwürdig, denn die Angaben sind allesamt unpräzise beziehungsweise falsch. Allerdings treten in den überlieferten Telegrammen des OSS wiederholt Ungenauigkeiten und Fehler auf, sodass nicht absolut ausgeschlossen werden kann, dass Boveri tatsächlich für den amerikanischen Geheimdienst gearbeitet hat, obwohl von ihm auch nazifreundliche Aussagen überliefert sind. Nicht zuletzt lancierten die Deutschen selbst wiederholt Fehlinformationen, die per Hörensagen weitertransportiert wurden, was zuweilen in abwegigen Zuspitzungen gipfelte.

Scherrer wiederum war dem US-Geheimdienst spätestens im November 1943 bekannt, rekrutiert vom OSS-Offizier Frederick Read Loofbourow. Das notwendige Vertrauen war schnell aufgebaut, bald schon ging Loofbourow regelmässig bei den Scherrers an der Rislingstrasse ein und aus. Scherrer galt als «Friend of the Allies»[308] und war ganz offensichtlich mehr als willig, Informationen zu sammeln und an die entsprechenden amerikanischen Stellen weiterzuleiten: «The greater part of the above was provided by Flute [Scherrer], to whom I have an excellent line. It seems to me that he would agree to help as much as he can in the field, and [...] I imagine this will be of interest to you.»[309] «Flute» war von Interesse für das OSS, weil er im Zentrum der kernphysikalischen Forschung stand und auch während des Kriegs so gut als möglich mit seinen deutschen Physikerkollegen und -kolleginnen Kontakt hielt. Seine Berichte rapportierte er über seinen Vertrauensmann nach Bern an Allen W. Dulles, den späteren CIA-Chef, der während des Kriegs in der Schweiz offiziell ein Repräsentant Roosevelts war, inoffiziell und in erster Linie jedoch den US-Geheimdienst vertrat. Dulles' Hauptaufgabe war es, die Pläne und Aktivitäten der deutschen, teilweise auch der italienischen Physiker und Chemiker zu ermitteln, ferner vermittelte und unterstützte er Widerstandskämpfer in Deutschland.[310]

Erstmals im Dezember 1943 lieferte «Flute» also Auskünfte an Dulles.[311] Dabei handelte es sich hauptsächlich um Informationen zu potenziellen Aufenthaltsorten sowie um Tätigkeiten der deutschen Physikerinnen und Physiker, manchmal ergänzt um die Einschätzung von deren Nazifreundlichkeit. Gelegentlich hatte Scherrer auch neue Erkenntnisse der deutschen Kernforschung für die Geheimdienstvertreter in Bern zu beurteilen. Häufiges Thema waren mögliche Optionen der Deutschen, Zugang zu Rohstoffen zu erhalten. Spätestens Ende 1944 war bekannt, dass sie einerseits dank ihres Zugriffs auf Minen in der Stadt Joachimsthal in der Tschechoslowakei über ausreichend Uran verfügten, weiter besassen sie Uranvorräte, die sie sich 1940 in Belgien angeeignet hatten. Desgleichen interessierte der Stand der Forschung zu schwerem Wasser. Dieses war zwingend notwendig, um atomare Kettenreaktionen gezielt kontrollieren zu können. Doch dessen Herstellung und Beschaffung scheint den Deutschen einige Schwierigkeiten bereitet zu haben. Scherrer liess sich hier auf Experimente ein. So testete er im Juni 1944 den Kauf von Deuterium, einem Bestandteil für die Herstellung von schwerem Wasser. Mit Erfolg: Das deutsche Unternehmen I. G. Farben verkaufte ihm 30 Gramm davon; sie entstammten einem 1940 okkupierten norwegischen Betrieb. Das bedeute, folgerte Scherrer, dass die Deutschen über ausreichend Nachschub verfügten.[312] Spätere Versuche, direkt schweres Wasser zu erhalten, gelangen allerdings nicht mehr.[313] Was das OSS, nicht aber Scherrer wusste: Mit der Besetzung Norwegens 1940 hatten die Deutschen zwar direkten Zugang zum bis dahin einzigen Betrieb, der schweres Wasser herzustellen vermochte. Norwegische Widerstandskämpfer und -kämpferinnen sabotierten jedoch diese Ressource zusammen mit den Alliierten ab 1941, sodass es Deutschland nie gelang, an grosse Mengen schweren Wassers zu gelangen.

Das Thema schweres Wasser war also weiterhin virulent. In diesem Zusammenhang geriet auch Werner Kuhn, ein Kollege Scherrers, der ab 1939 in Basel eine Professur für physikalische Chemie innehatte, in den Fokus des Geheimdienstes. Kuhn arbeitete an Verfahren zur Herstellung von schwerem Wasser, was ihn für deutsche Physiker potenziell interessant machte. Scherrer konnte das OSS aber beruhigen: Kuhn sei unauffällig, «politisch verlässlich», ein begnadeter Physiker, ohne Kontakte zu deutschen Wissenschaftlern und Wissenschaftlerinnen, die – und das interessierte das OSS besonders – auch nie in seinem Labor aufgetaucht waren.[314]

Scherrer war eine wichtige und verlässliche Quelle für Informationen über Deutschland, «our most reliable source»,[315] er kooperierte als überzeugter Verfechter der Alliierten, verlangte kein Geld für seine Informationen, erhielt aber die Spesen zurückerstattet. Zudem spekulierte er auf eine Professur in den USA.

Wie kam Scherrer an seine Informationen? Mittlerweile durften nur noch sehr wenige ausländische Physikerinnen und Physiker in die Schweiz einreisen, sodass Scherrer insgesamt nur wenig in Erfahrung bringen konnte. 1943 reiste Klaus Clusius als einer der letzten ein; er hatte in München eine Professur inne und arbeitete am Problem der Isotopentrennung. Clusius war zwar bisher in Deutschland geblieben, galt aber nicht als Nationalsozialist.[316] Wohl deshalb waren seine Auskünfte freigebig: Er berichtete von gescheiterten Experimenten beim Versuch der Trennung von Isotopenanteilen.[317] Nach dem Krieg berief man ihn an die Universität Zürich.

Auch der Physiker Wolfgang Gentner reiste wiederholt in die Schweiz und traf sich mit Scherrer zum Gespräch – die beiden kannten sich wohl seit 1937, als Scherrer ihn und Walter Bothe an deren Institut in Heidelberg besucht hatte. Bei Kriegsausbruch wurde Gentner dem Uranprojekt zugeteilt und nach der Eroberung Frankreichs nach Paris entsandt, um dort unter anderem die Arbeiten Frédéric Joliot-Curies zu kontrollieren. Nach einer Denunziation aus Paris abberufen, leitete Gentner den Weiterbau des Heidelberger Zyklotrons, das Mitte 1944 fertiggestellt werden konnte.

Gentner war in seinen Gesprächen mit Scherrer stets bereit, diesen einiges wissen zu lassen. Im April 1944 beispielsweise erfuhr Scherrer von ihm, dass die von den Alliierten zerstörten Laboratorien an anderen Orten bereits wieder aufgebaut worden waren. Gentner wusste auch vom Bau eines Zyklotrons in Bisingen, dem grössten in Deutschland überhaupt. Scherrer rapportierte dies auf direktem Weg nach Bern. Wahrscheinlich hätte er von Gentner sogar noch mehr erfahren können, er misstraute diesem allerdings, bezeichnete ihn einmal als «noch Nazi-freundlicher» als früher.[318] Ein Irrtum: Gentner war ein vehementer Gegner der Nationalsozialisten. Vor allem in Frankreich gelang es ihm, zahlreiche jüdische Wissenschaftler und Wissenschaftlerinnen zu schützen, Joliot-Curie und andere konnte er aus dem Gefängnis befreien. Nach dem Krieg erhielt er Rufe an die deutschen Universitäten Freiburg und Heidelberg und leitete ab 1955 die Abteilung des Synchrozyklotrons, des ersten Beschleunigers, der am CERN in Betrieb ging.

Noch in einem anderen täuschte sich Scherrer – und nicht nur er: in Frédéric Joliot-Curie. Wiederholt verlangten die Geheimdienste, über den Stand von dessen Arbeiten in Paris informiert zu werden. Joliot-Curie arbeitete an einem Zyklotron, er hatte dafür im April 1944 grosse Fördermittel von den Deutschen erhalten (die sich ebenfalls in ihm täuschten).[319] Wenig erstaunlich, interessierten sich die Amerikaner für den Franzosen. Joliot-Curie, der zeit seines Lebens mit seiner Frau Irène Curie, Tochter von Marie Skłodowska-Curie und Pierre Curie, zusammengearbeitet und gemeinsam mit ihr 1935 den Nobelpreis für die Entdeckung der künstlichen Radioaktivität erhalten hatte, war Kommunist und ab 1940 in der Résistance aktiv. Gedeckt wurde er wie erwähnt von Wolfgang Gentner, der zwischen 1940 und 1944 die Aufsicht über dessen Pariser Labor hatte. Mitte 1944, als sich die Niederlage der Achsenmächte abzuzeichnen begann, tauchte Joliot-Curie unter, und Irène Curie floh in die Schweiz; der Gerätepark mit dem Zyklotron ging an die Deutschen über.[320] Nun war bekannt, dass Joliot-Curie Kommunist war. Auch Heisenberg wusste davon. Er äusserte nach dem Kriegsende die Vermutung, dass die Alliierten befürchteten, das Ehepaar Joliot-Curie würde «zu den Russen überlaufen».[321] Frédéric und Irène Joliot-Curie blieben jedoch in Frankreich. Frédéric Joliot-Curie übernahm die Direktion des Centre national de la recherche scientifique und später des Hochkommissariats für Atomenergie. Im Jahr 1948 betraute ihn die französische Regierung mit der Errichtung des ersten französischen Atommeilers. Beide Joliots blieben ihr Leben lang Verfechter und Verfechterin der Kerntechnologie (nicht der Atomwaffen), was nicht untypisch war für jene Zeit: Noch war man der Kernenergie gegenüber fast ausnahmslos positiv eingestellt, die Euphorie kippte erst in den 1960er-Jahren, als sich zunehmend auch jene Gehör zu verschaffen vermochten, die der Atomkraft gegenüber kritisch eingestellt waren.

Verschiedentlich arbeitete Scherrer mit Dritten zusammen, die ihm Hinweise zutrugen. Peter Preiswerk gehörte dazu, vor allem aber der in Deutschland lebende Schweizer Ingenieur Walter Dällenbach. Dieser hatte an der ETH bei Albert Einstein studiert und ab 1920 bei BBC als Entwicklungsingenieur gearbeitet. 1925 hatte er eine Studiengesellschaft für technische Physik gegründet, mit der er mässig erfolgreich war. Er und Scherrer kannten sich seit den 1920er-Jahren. 1931 wanderte Dällenbach nach Berlin aus und arbeitete hier jahrelang in Angestelltenverhältnissen für deutsche Unternehmen. Die Machtübernahme der Nationalsozialisten 1933 stellte für ihn keinen Grund dar, seine Tätigkeit aufzugeben und in die Schweiz zurückzukehren, ein Privileg, das er im Gegensatz zu den deutschen Jüdinnen und Juden während der gesamten Zeit der nationalsozialistischen Herrschaft genoss. Dällenbach hatte keinerlei Bedenken, seine Fähigkeiten in den Dienst Nazideutschlands zu stellen, da ihm dies erlaubte, Mittel zur Realisierung seiner technischen Ideen in Anspruch zu nehmen. Gleichzeitig weigerte er sich, die deutsche Staatsangehörigkeit, die ihm 1939 angetragen wurde, anzunehmen. Ab 1943 baute er für die Kaiser-Wilhelm-Gesellschaft eine Forschungsstelle für Hochspannungskaskadenforschung auf. Diese fungierte bis Kriegsende als «Forschungsstelle D[ällenbach]» und beschäftigte knapp ein Dutzend Personen. Die Gruppe setzte sich mit der Entwicklung von Geräten für Kernprozesse auseinander. Angesiedelt war sie in Bisingen, in unmittelbarer Nähe von Haigerloch, wo Werner Heisenberg mit seinem Team arbeitete. Nach eigenen Aussagen hielt sich Dällenbach von Arbeiten im Bereich Waffenentwicklung sowie Rüstung und Kriegsproduktion fern.[322] Blieben seine Arbeiten auch insgesamt unbedeutend, so war er für Scherrer dennoch äusserst wichtig und dabei verlässlich: Dällenbach stand mit den wichtigsten Physikern und Physikerinnen Deutschlands in regelmässigem Kontakt, etwa mit Heisenberg und von Laue. Und er wusste recht gut Bescheid über deren Aufenthaltsorte, in den letzten Kriegsmonaten dann vor allem auch über die Fortschritte der Arbeiten am grössten Zyklotron Deutschlands. An diesem Wissen liess er Scherrer während seiner Schweizaufenthalte zumindest partiell teilhaben.[323]

Nach dem Ende des Kriegs im Sommer 1945 liess Dällenbach Scherrer ein längeres Schreiben zukommen. Einer Rechtfertigung gleich erklärte er die Gründe seines Verbleibs in Deutschland und versuchte, seine Arbeit im kriegsnahen Forschungsfeld begreiflich zu machen.[324] Die Entgegnung Scherrers ist nicht bekannt. Dass ihn das Schreiben überzeugte, ist zu bezweifeln.

Insgesamt überwiegt aufgrund der Akten der Eindruck, dass der Geheimdienst Ende 1944 noch wenig darüber wusste, wer für die deutsche Atomforschung zuständig beziehungsweise daran beteiligt war. Erstaunlich sind die vielen Missverständnisse oder Fehlinterpretationen, die wiederholt durchscheinen. Dennoch sollen die Informationen aufschlussreich genug gewesen sein, um den Amerikanern, namentlich dem Leiter des Manhattan-Projekts Leslie R. Groves, den zutreffenden Eindruck zu vermitteln, dass Deutschland nicht an einer Atombombe baute.[325]

Heisenberg in Zürich

Die wichtigste Informationsquelle für den US-Geheimdienst aber war Werner Heisenberg, mit dem Scherrer seit langem in Kontakt stand. Heisenberg weilte regelmässig in Zürich. Er kannte hier neben Scherrer auch Wolfgang Pauli, beide hatten sie ihre Doktoratszeit in München bei Sommerfeld verbracht und waren nach Paulis Umzug nach Zürich in Kontakt geblieben. Heisenberg nahm auch während des Kriegs Einladungen nach Zürich so weit als möglich an.

Wie muss es Scherrer ergangen sein, einen Kollegen einzuladen mit dem Ansinnen, ihm den grösstmöglichen Einblick in dessen Arbeit zu entlocken, um all das später weiterzuleiten? Scherrer sprach nie über seine Erfahrungen während der Kriegsjahre, sodass seine persönlichen Eindrücke im Dunkeln bleiben. Dagegen gelang es dem Journalisten Thomas Powers, Ende der 1980er-Jahre mit einigen ehemaligen Kollegen Scherrers zu sprechen – mit Res Jost, Markus Fierz, Konrad Bleuler und Piet Gugelot –, sodass einige Begebenheiten im Zusammenhang mit der Scherrer-Heisenberg-Beziehung während des Kriegs heute bekannt sind.[326] Jedenfalls konnte sich Scherrer nie ein eindeutiges Bild von Heisenberg machen. Einmal bezeichnete er ihn dem Geheimdienst gegenüber als «nazifreundlich»,[327] dann auch wieder als den grössten deutschen Physiker und Antinazi, mit dem er, Scherrer, sehr offen über den Stand der deutschen Kernphysik sprechen könne. Wenig erstaunlich äusserte sich Heisenberg selbst nur sehr selten politisch, und wenn, dann nur im engsten Kreis.[328] Zu Scherrer hatte er immerhin Vertrauen genug, um diesem in einem der Gespräche in Zürich die Standorte von am Uranprojekt tätigen Physikern zu nennen – auch den Ort, an dem sich Heisenbergs Frau und Kinder aufhielten. Auch erfuhr Scherrer, dass Wissenschaftlerinnen und Wissenschaftler, die politisch als unzuverlässig galten, von den Behörden streng überwacht würden – nicht jedoch Heisenberg, da er mittlerweile als vertrauenswürdig gelte.[329] Heisenberg selbst informierte sich seinerseits über Scherrer: «Ich hatte einen Spezialisten, der mir ganz erstaunliche Informationen aus der Schweiz sandte. [...] Natürlich habe ich die ganze Korrespondenz verbrannt, und ich habe seinen Namen vergessen. [...] Damals wusste ich immer genau, was in

Scherrers Institut gerade über Uran diskutiert wurde. [...] Es war nichts sehr Aufregendes»,[330] liess er unmittelbar nach dem Krieg verlauten.

Den Alliierten reichte es vorerst, Heisenberg gelegentlich ausfragen zu lassen. Anders sahen dies ehemalige Kollegen Heisenbergs in den USA, hauptsächlich jüdische Emigranten aus Deutschland. Sie waren sich einig, dass Deutschland, vor allem dessen fähigster Kernphysiker Werner Heisenberg, an einer Atombombe arbeitete. Dies wollten sie unter allen Umständen verhindern. So kam es, dass Victor Weisskopf, ehemaliger Assistent Paulis und zu diesem Zeitpunkt Mitarbeiter im Manhattan-Projekt, im Oktober 1942 gemeinsam mit seinem Kollegen Hans Bethe ein Schreiben an die amerikanischen Behörden aufsetzte mit dem Vorschlag, Heisenberg in Zürich entführen zu lassen. Pauli hatte sie kurz zuvor darüber unterrichtet, dass Heisenberg sich Ende Jahr in Zürich aufhalten werde. Weisskopf bot sogar an, selbst in die Schweiz zu reisen, um Heisenberg für die Geheimdienstler zu identifizieren. Die amerikanischen Behörden lehnten den Vorschlag umgehend ab.[331]

Ende 1944 waren die Verhältnisse anders. Nun war es längst bekannt, dass die Alliierten wissen wollten, wie weit Deutschland mit der Entwicklung von Kernwaffen war. Es war auch bekannt, dass Heisenberg in Hechingen arbeitete, und der Geheimdienst ging davon aus, dass hier eine Uranseparationsanlage in Betrieb war, was sich schliesslich als richtig herausstellte.

Die erneute Idee, Heisenberg entführen zu lassen, ging konsequenterweise von offizieller Stelle aus, die Vorbereitungen zogen sich allerdings in die Länge. Zwar waren die Amerikaner durchaus geübt darin, während des Kriegs Persönlichkeiten ohne deren vorgängiges Wissen über die Grenzen zu bringen – so geschehen im Fall von Niels Bohr, der 1943 von den Amerikanern zu seiner eigenen Sicherheit von Kopenhagen über Schweden nach England und anschliessend in die USA gebracht worden war. Dennoch war es nicht etwas, worüber man leichtfertig entschied. Hinzu kam, dass eine Entführung nicht mehr das einzige Mittel der Wahl war. Vielmehr befand man sich in diesen Monaten an einem Punkt, an dem auch eine Tötung Heisenbergs nicht mehr ausgeschlossen wurde.[332]

Die eigentliche Mission übernahm Moe Berg.[333] Berg, einst ein gefeierter Profibaseballspieler und mittlerweile ausgebildeter Jurist, arbeitete seit Mitte 1943 für das OSS und war ab Mai 1944 in Europa tätig; er galt als sehr erfolgreich. Sein Auftrag war es, in die Schweiz zu reisen, um zu erkunden, ob Heisenberg, der im Dezember für einen Vortrag in Zürich erwartet wurde, an einer Atombombe arbeite. Je nach Ergebnis hatte man für ihn «entsprechende» Konsequenzen vorgesehen – und das hiess mittlerweile, ihn zu erschiessen.

Im November 1944 unterrichtete man Berg über Scherrer, auch über dessen Funktion für das OSS. Berg begann sofort seinen Besuch in Zürich vorzubereiten. Auf seiner Reise sollte ihn der Funktionär Leo Martinuzzi begleiten.[334]

Heisenbergs Vortrag war für den Nachmittag des 18. Dezember 1944 angesetzt. Im Hörsaal waren neben Scherrer und Berg mehrere Physikerkollegen zugegen, etwa Markus Fierz und Gregor Wentzel, Letzterer ein enger Kollege Heisenbergs in Friedenszeiten, der dem Kollegen während der Kriegsjahre jedoch kritisch gegenüberstand.[335] Scherrer hatte auch Carl Friedrich von Weizsäcker an die ETH eingeladen, der gerne Folge leistete, denn seine Frau war Schweizerin – eine Tochter des Schweizer Generals Ulrich Wille –, sodass von Weizsäcker die Gelegenheit ergriff, seine Familie in die Schweiz zu bringen.[336]

Der Auftrag Bergs lautete, dass er, falls er zum Schluss kommen sollte, dass sich die deutsche Bombe nicht mehr verhindern liesse, Heisenberg direkt im Hörsaal zu erschiessen hätte. Das klingt bizarr, und verschiedene Personen aus dem Umfeld Scherrers bestritten dies später auch. Dennoch gilt als gesichert, dass Berg bewaffnet im Hörsaal sass. Er selbst hat es so überliefert, und laut Militärhistoriker Jürg Stüssi-Lauterburg lag ein solcher Auftrag angesichts des Kriegs durchaus im Rahmen des Möglichen.[337]

Unklar ist Scherrers potenzielle Mitwisserschaft. Sicherlich hatte er den Aufenthalt Heisenbergs initiiert, um ihn auszuhorchen. Dass er über den Auftrag Bergs informiert gewesen war, ist dagegen nicht anzunehmen. Was er aber wusste: Die Amerikaner beobachteten Heisenberg aufs Genaueste.

Heisenberg referierte schliesslich zur Theorie der Streumatrix, einem Gegenstand der Quantenphysik, der ihn seit langem beschäftigte, der jedoch nichts mit dem Bau von Kernwaffen oder Ähnlichem zu tun hatte. Scherrer jedenfalls soll etwas verzweifelt gewirkt haben, weil er die Mathematik nicht verstand.[338] Hatten die Amerikaner, hatte Berg tatsächlich geglaubt, dass Heisenberg sich zum Stand des Atomwaffenbaus äussern würde? Hätte er Deutschland dann überhaupt verlassen dürfen? Das ist zu bezweifeln. Berg jedenfalls verhielt sich passiv.

Später in derselben Woche lud Scherrer einige der am Vortrag Anwesenden in sein Haus zum Nachtessen ein und bat Heisenberg dazu. Dieser reagierte zunächst zurückhaltend und knüpfte sein Kommen schliesslich an die Bedingung, dass die Gespräche lediglich um wissenschaftliche, nicht aber um politische Themen kreisten. Ein schwieriges Unterfangen in Zeiten des Krieges. An diesem Abend anwesend waren neben den Scherrers auch Moe Berg, dazu Piet Gugelot, Otto Huber, Peter Preiswerk, Gregor Wentzel und Werner Zünti. Letzterer eröffnete das Gespräch mit der Frage, woran Heisenberg arbeite. Der gab zur Antwort, dass er sich mit theoretischen Problemen der Ballistik beschäftige, was die Anwesenden nur schwer glauben konnten. Es war dann Ina Scherrer, die den Damm brach und Heisenberg mit der vorwurfsvollen Frage bedachte, wie er in einem Land leben könne, das gegenüber Jüdinnen und Juden solch entsetzliche Gewalt ausübe. Gugelot, dank dem die Ereignisse dieses Abends überliefert sind, doppelte nach und wollte von Heisenberg wissen, wieso er Hitlers Regierung unterstütze. Heisenberg reagierte so, wie er es

in solchen Situationen wiederholt tat: Er betonte, dass er kein Nationalsozialist sei, wohl aber Deutscher. Wentzel schliesslich rang ihm die Bestätigung ab, dass die Deutschen den Krieg bereits verloren hätten. Für diese Aussage musste sich Heisenberg nach seiner Rückkehr dann vor der eigenen Behörde rechtfertigen.[339]

Vonseiten der Alliierten bestand nach diesen Begebenheiten jedenfalls keine Intention mehr, Heisenberg zu töten, sondern ihn allenfalls in die USA zu bringen.[340] Auch dieses Vorhaben wurde schliesslich fallengelassen. Nach dem Kriegsende, im Juni 1945, verhaftete der US-Geheimdienst Heisenberg gemeinsam mit neun weiteren am deutschen Uranprojekt beteiligten Kernphysikern und brachte sie zunächst nach Frankreich, schliesslich auf den englischen Landsitz Farm Hall, wo sie heimlich abgehört wurden. Man wollte zum Stand der Entwicklungen Genaueres erfahren, vor allem aber verhindern, dass ihr Wissen der Sowjetunion in die Hände fiel. Als die Physiker im Radio vom Abwurf einer US-Atombombe vernahmen, reagierten sie empört, aufgewühlt und erstaunt. Nicht nur waren sie bis dahin überzeugt gewesen, dass sie es waren, die die Kernspaltung und ihre Nutzung am besten verstanden hätten – auch hatten sie nie damit gerechnet, dass die Amerikaner das ebenso schwierige wie aufwendige Problem der Entwicklung einer Atombombe lösen und eine solche noch während des Krieges zum Einsatz bringen könnten. Das Thema beherrschte die Diskussionen der folgenden Tage, in denen

Abb. 45: Paul Scherrer und Moe Berg teilten nicht nur Geschäftliches, sondern auch Freizeitvergnügen, hier auf einer Fahrradtour, 1944 oder 1945.

Abb. 46: Hier beim Skifahren, 1944 oder 1945.

die Physiker theoretisch nachzuvollziehen suchten, welche Prozesse einer Atombombe zugrunde liegen und welches Material in welchen Mengen dafür notwendig gewesen sein musste. Es war Heisenberg, der seinen Kollegen eine Woche später in einem Vortrag darlegte, wie es dazu gekommen sein musste.[341]

Wie stark diese Jahre des Misstrauens der Verbindung Scherrers mit Heisenberg geschadet hat, ist schwer zu beurteilen. Als Kollegen blieben sie freundschaftlich verbunden, auch über Scherrers Emeritierung hinaus; sie besuchten sich gegenseitig oder luden einander zu Vorträgen ein. 1945 erwähnte Scherrer in einem Schreiben an Lise Meitner kurz die zwei Besuche Heisenbergs während der Kriegsjahre und kommentierte einigermassen arglos: «H[eisenberg] war ganz reizend.»[342]

1953 motivierte Scherrer Heisenberg, an einem Projekt mitzuarbeiten: «Es wäre sehr schön, wenn Sie versuchen könnten, diesem Problem theoretisch beizukommen.»[343] Heisenberg liess Scherrer wissen, dass er mit seiner Gruppe bereits an der Fragestellung arbeite.[344] Ein gemeinsames Projekt kam nicht zustande.[345] Als Scherrer 1969 starb, war es neben anderen auch Heisenberg, der einige sehr persönliche Worte an die Trauergemeinde richtete.[346]

Für Berg waren die Tage im Dezember 1944 in Zürich der Beginn einer Freundschaft mit den Scherrers. Als Türöffner hatte der Amerikaner seinem Gastgeber ein Schreiben von C. Guy Suits mitgebracht – dieser hatte ein gutes Jahr zuvor den US-Geheimdienst auf Scherrer aufmerksam gemacht – und als Geschenk ein Fläschchen mit schwerem Wasser; angesichts von Scherrers Forschung wohlbedacht. Scherrer jedenfalls fasste rasch Vertrauen zum Amerikaner und berichtete vom Gespräch, das er mit Heisenberg geführt hatte. Berg konnte in die USA rapportieren, dass Scherrer überzeugt sei, dass Heisenberg kein Nationalsozialist sei und zum Thema Strahlenforschung arbeite.[347]

Scherrer gab die Identität Bergs später nie bekannt, auch nicht nach dem Kriegsende. Die beiden unternahmen während der Zeit, die Berg in Zürich verbringen musste, viel gemeinsam; es half, dass Berg Amerikaner war. Ines Jucker-Scherrer, die Tochter Scherrers, die bei den Ausflügen mit Berg regelmässig dabei war, soll erst 1992 von der wahren Identität Bergs erfahren haben. Bis zuletzt verneinte sie, dass es dessen Intention gewesen war, Heisenberg gegebenenfalls zu töten.[348] Aber auch Heisenberg selbst soll erst Jahre später, als Berg seine Memoiren herausbrachte, realisiert haben, welchem Auftrag der junge Mann, der ihm durchaus freundlich erschienen war und mit dem er auf dem Heimweg einige Worte gewechselt hatte, im Dezember 1944 verpflichtet gewesen war.[349]

Scherrer selbst hatte sich von seiner Informantentätigkeit eine Position in den USA versprochen. Als er im Februar 1945 von Fritz Zwicky eine Einladung erhielt, für ein Jahr bei der amerikanischen Aerojet Company in Kalifornien Forschung zu betreiben, wollte er sofort zusagen. Indes, der US-Geheimdienst, der bestens darüber informiert war, hielt ihn zurück – er wollte ihn während der Dauer des Krieges lieber in Zürich wissen («wishes flute to continue his valuable assistance»).[350] Schliesslich einigte man sich darauf, dass Scherrer das Angebot nach dem Kriegsende annehmen solle.[351]

Und tatsächlich: Direkt nach dem Kriegsende in Europa leitete das OSS den USA-Aufenthalt Scherrers in die Wege. Es wurde vereinbart, dass Scherrer zwischen Juli und Oktober in Begleitung von Moe Berg verschiedene Einrichtungen und Laboratorien besuchen könne, darunter die Aerojet Company und General Electric in Schenectady.[352] Mitte Juli reiste er ab. Die Reise sollte ihm erlauben, so viel neues Wissen zu gewinnen, dass er danach nicht nur die Physikerszene, sondern via die «Neue Zürcher Zeitung» die gesamte Schweiz in Erstaunen versetzte.

Exkurs

Energie aus Kernspaltung

Bei der Kernspaltung handelt es sich um die Zerlegung eines Atomkerns in zwei oder mehr Teile. Diese Spaltung wird durch den Stoss eines Teilchens angeregt, welches den Kern trifft. Als Geschoss für die Spaltung von Kernen werden meist Neutronen benutzt, doch können auch sehr energiereiche Alphateilchen und Deuteronen sowie Photonen zu einer Spaltung führen. Im Tröpfchenmodell lässt sich eine solche Spaltung durch Schwingung und anschliessendes Zerreissen des Kerns erklären: Das Neutron (oder ein anderes Geschoss) trifft auf den Kern, der sich in die Länge dehnt und in der Mitte einschnürt. Die gegenseitige Abstossung der Protonen der beiden Teile ist dann stärker als die anziehende Kernkraft – die Enden werden deshalb noch stärker auseinandergetrieben und der Kern zerfällt. Dabei werden erhebliche Energiemengen freigesetzt.

Zusätzlich werden mehrere Neutronen abgestrahlt, beim Uran etwa zweieinhalb freie Neutronen pro Spaltvorgang. Diese können durch andere spaltbare Kerne absorbiert werden, Spaltungen auslösen und weitere Neutronen freisetzen. Dadurch wird prinzipiell eine Kettenreaktion möglich – eine Reaktion, die sich von selbst fortsetzt.

In Kernreaktoren lässt man solche Spaltungskettenreaktionen gezielt ablaufen. Der zentrale Bestandteil eines Reaktors ist dabei eine Spaltzone mit spaltbarem Kernbrennstoff, meist angereichertes Uran. Zwei Typen von Reaktoren werden unterschieden: thermische und schnelle. Die thermischen zeichnen sich dadurch aus, dass die Kettenreaktion durch thermische Neutronen, also Neutronen, die im thermischen Gleichgewicht mit dem umgebenden Medium stehen, aufrechterhalten wird. Bei den schnellen Reaktoren werden hingegen schnelle Neutronen genutzt, die eine höhere kinetische Energie haben. Die in Reaktoren bei der Kernspaltung freigesetzte Wärmeenergie wird einem Wasser-Dampf-Kreislauf zugeführt und mittels Turbine und Generator in elektrische Energie umgewandelt.

Des Weiteren gibt es Kernreaktoren, die statt mit angereichertem Uran mit Natururan arbeiten. Im Natururan liegt der Anteil des leicht spaltbaren Uranisotops ^{235}U bei etwa 0,72 Prozent, für Leichtwasserreaktoren wird es auf 4 Prozent angereichert, für Kernwaffen auf bis zu 93 Prozent. Obwohl Uran, das auf über 20 Prozent angereichert ist, in der Lage ist, die Kettenreaktion aufrechtzuerhalten, die zur Energieerzeugung in einer Kernwaffe verwendet wird, wird in der Praxis für den militärischen Gebrauch meist Uran mit einem Anreicherungsgrad von mindestens 80 Prozent eingesetzt.

Gelegentlich kam es in der Vergangenheit zum Bau von Dual-Purpose-Reaktoren. Sie dienen zum einen der Energieerzeugung, zum anderen entstehen dabei nützliche spaltbare Materialien: ^{233}U sowie Plutonium. Diese Materialien werden für kommerzielle Zwecke wie auch für die Waffenproduktion genutzt.

1942 wurde der erste Reaktor unter der Leitung von Enrico Fermi in Betrieb genommen. Die bei der Kernspaltung frei werdende Energie wird seit den 1960er-Jahren in grösserem Umfang für die Stromproduktion genutzt.

Zwischen Forschung und Politik

Neue Wege und Mittel

Scherrer war dank guter Beziehungen und eines hohen Wissensstands also bestens vorbereitet für das, was nun kommen sollte. Der Zweite Weltkrieg war vorbei, in Europa im Mai 1945, weltweit im August 1945. Er endete mit grössten Verwüstungen. In Japan liessen die US-Amerikaner kurz hintereinander zwei Atombomben über den Städten Hiroshima und Nagasaki detonieren mit dem – mittlerweile stark angezweifelten – Argument, dem Zweiten Weltkrieg nur auf diese Weise ein Ende setzen zu können. Diese Kernwaffenabwürfe lösten Schock und Entsetzen aus, obwohl bis zu jenem Zeitpunkt die Zerstörung ganzer Städte durch konventionelle Flächenbombardierungen fast protestlos hingenommen worden war. Dass die Bomben im Wissen um das unvorstellbare Leid, das diese Tat nach sich ziehen würde, auf die Städte fallen gelassen wurden, wurde scharf kritisiert. Und doch passierte in den kommenden Jahren etwas Unerwartetes: Kernkraft als gleichermassen zerstörerische wie hochpotente Energieform wurde ins Positive gewendet, ihre Nutzung für die zivile Anwendung breit diskutiert und rasch akzeptiert. Das ist umso erstaunlicher, als die Verheissungen einer zukünftigen Welt des Überflusses atomarer Energie in den Jahren des Kalten Kriegs durch die real drohende atomare Konfrontation zwischen Ost und West kontrastiert wurden. Schon in den ersten Nachkriegsmonaten gelangten die wildesten Utopien eines potenziellen Einsatzes dieser neuen Technik in Umlauf. Im kommenden Zeitalter, so die Visionen, würden alle Limitationen bestehender Energieversorgungssysteme wegfallen. Man träumte von atomgetriebenen Autos, Schiffen und Flugzeugen, von lokalen Reaktoren zu Heiz- und anderen Zwecken, von entsalzten Meeren und begrünten Wüsten. Der britische Biologe Julian Huxley wollte wie der russische Ölingenieur Petr Borisow mit Atombomben die Polkappen abschmelzen, um ein angenehmeres Weltklima zu schaffen; Manager amerikanischer Ölfirmen schlugen vor, mithilfe atomarer Technologie Öl aus kanadischen Teersanden zu lösen.[353] Schweizer Politikerinnen und Politiker wiederum sahen in der «Atomenergie-Maschine» eine «völlige Umwälzung der Energieerzeugung».[354]

Auch in der Schweiz diskutierte man die Meldungen über die schweren Verwüstungen der beiden japanischen Städte intensiv. Die Zerstörungskraft der beiden Bomben überstieg jegliche Vorstellungskraft, auch weil man noch nicht begriff, wie diese neue Technologie funktionierte. Entsprechend begann das Fabulieren und Spekulieren. Die Basler «Arbeiterzeitung» vom 8. August 1945 berichtete, dass man «in massgebenden industriellen Kreisen [glaube], dass das der Atombombe zugrundeliegende Prinzip die heutigen Methoden der Industrie von Grund auf umwälzen und insbesondere eine Revolution auf dem Gebiete der Luft-, See- und Landtransporte zur Folge haben»[355] werde. Die neue Kraft werde in sehr starkem Masse Kohle, Benzin und Wasser als Kraftquellen verdrängen. Ein Automobil solle mit einigen Litern des neuen Kraftstoffes Tausende von Kilometern zurücklegen können. Also auch hier: Verwüstung und Leid auf der einen Seite, auf der anderen die Hoffnung, dass sich die Energieknappheit, wie sie während des Weltkriegs manifest wurde, nicht wiederholen würde.

Der Impetus dieser Umdeutung ging von den USA aus. Bereits in den ersten Pressemitteilungen zu den Bombenabwürfen 1945 hatte US-Präsident Harry S. Truman darauf hingewiesen, dass die neue Technologie in Zukunft nicht nur zu destruktiven, sondern auch zu konstruktiven Zwecken genutzt werden könnte.[356] 1953 – West und Ost standen sich nunmehr im Kalten Krieg gegenüber – festigte der Nachfolger Trumans, Dwight D. Eisenhower, in einer Rede vor der UNO dieses Bekenntnis: «The United States knows that peaceful power from atomic energy is no dream of the future.»[357] Seinen Vortrag stellte er unter das Diktum «Atoms for Peace» («Atome für den Frieden») und entwickelte darin eine Strategie der Offenlegung der Arbeiten im kernphysikalischen Feld. Die bis dahin praktizierte strikte Geheimhaltung sollte aufgebrochen und die nationalen Grenzen für Informationsflüsse sollten durchlässiger werden, allerdings weiterhin streng kontrolliert durch die USA. Damit leiteten diese, acht Jahre nach der Zerstörung der japanischen Städte, einen Kurswechsel ein: Von jetzt an galt es, zwischen militärischer und ziviler Nutzung der Kerntechnologie zu unterscheiden. Das war kein Zufall, und ebenso wenig war es uneigennützig. Vielmehr hatte die sowjetische Aufholjagd im Rüstungswettlauf dazu geführt, dass sich Eisenhower zunehmend unter Druck fühlte. Wenige Monate nach den Atombombenabwürfen von 1945 hatten die Vereinigten Staaten die Zusammenarbeit mit den ehemaligen Kriegsverbündeten Grossbritannien und Frankreich auf dem Gebiet der Kerntechnologie beendet. Der 1946 vom amerikanischen Kongress verabschiedete «Atomic Energy Act» legte fest, dass erst nach der Einführung internationaler Atomkontrollen wieder Wissen mit anderen Ländern ausgetauscht werden dürfe. Es waren in erster Linie militärische Interessen, die zum Aufbau der Wissensbarrieren geführt hatten, die Unterbindung des Informationsflusses hatte jedoch auch den zivilen Bereich der Kernenergienutzung tangiert. Die Barrieren sollten nun mit der «Atoms for Peace»-Strategie aufgebrochen werden. Es war ein aussenpolitisches Entspannungssignal, das allerdings mit dem Sputnik-Schock – den Sowjets war es gelungen, einen kleinen Satelliten mit dem Namen Sputnik in den Weltraum zu befördern – schon vier Jahre später wieder erlosch.[358]

Denn als nicht intendierte Folge der Abschottungspolitik hatten verschiedene Staaten begonnen, Parallelentwicklungen in Angriff zu nehmen. Frankreich und Grossbritannien riefen nach 1946 umfangreiche Reaktorprogramme ins Leben, die weder auf nordamerikanischem Wissen noch auf dem monopolisierten angereicherten Uranbrennstoff basierten. Die europäischen Reaktortypen verwendeten Schwerwasser oder Grafit zur Moderation und natürliches, nicht angereichertes Uran als Spaltstoff. Die französischen und britischen Natururanreaktoren produzierten bald genügend Plutonium, sodass auch der Planung eigener Kernwaffenarsenale in diesen Ländern nichts mehr im Weg stand. Man vermied zwar einen offenen Krieg, das atomare Wettrüsten jedoch, mit der wechselseitigen Androhung eines Atomkriegs, nahm hier seinen Anfang und steigerte sich bis Ende der 1960er-Jahre zu einem Mehrfachen der Kapazität einer weltweiten Zerstörung.

So berichtete Grossbritannien zu Beginn der 1950er-Jahre über die ersten Erfolge auf dem Weg zur Kernbewaffnung. Vor allem aber zündete 1949 die Sowjetunion ihre erste Atombombe auf dem Testgelände Semipalatinsk in der Kasachischen SSR. Die Bekanntgabe war für die USA ein Schock.[359]

Dies ist umso erstaunlicher, als Scherrer die Richtung der Entwicklung schon früh erkannt hatte. Er war auf Anregung seines Physikerkollegen Fritz Zwicky, der in den USA lehrte und dort auch als Berater für die Armee tätig war, 1946 vom Geheimdienst der US-Marine eingeladen worden, eine Beurteilung darüber abzugeben, wie lange die UdSSR für die Entwicklung von Kernwaffen brauchen würde.[360] Seine Einschätzung, drei Jahre, erwies sich als akkurat.[361]

Den USA kam zunehmend die globale Kontrolle über die Ausbreitung der Kerntechnologie abhanden. Darauf stellte 1953 Eisenhowers eindringliches Plädoyer für eine friedliche Nutzung der Kernenergie ab. Fortan sollte sie der Energieerzeugung in Form von elektrischem Strom oder Wärme dienen und der Medizin für die Bekämpfung von Krankheiten zur Verfügung stehen. Um eine Überwachung der Nutzung des radioaktiven Materials und der dazugehörigen Technologie sicherstellen zu können, schlug Eisenhower die Gründung einer internationalen Atomenergieorganisation vor.[362] In der Folge entstand im Juli 1957 die noch heute tätige Internationale Atomenergieorganisation (IAEA) mit Sitz in Wien. Die Atommächte gaben damit ihr Wissen und ihre Rohstoffe frei für all jene Länder, die im Gegenzug ihre Kernreaktoren der Kontrolle der IAEA unterstellten. Die Schweiz war Gründungsmitglied der neuen Organisation.

Ab der zweiten Hälfte der 1950er-Jahre lieferten sich die USA und Europa ein eigentliches Wettrennen in der Entwicklung und beim Bau von Kernkraftwerken. Die Versprechungen gegenüber Geldgebern und der Bevölkerung lauteten auf beiden Seiten dahingehend, zukünftig von allen Energieproblemen befreit zu sein. Im wirtschaftlichen Aufschwung der Nachkriegszeit begehrte die westliche Welt grosse Energiemengen, deren Verfügbarkeit die Kernenergie sichern zu können schien. Lewis Strauss, führendes republikanische Mitglied der US-Atomenergiebehörde, ging so weit, von einer Energieform zu sprechen, die «too cheap to meter» sei, also so günstig und ubiquitär werde, dass man ihren Verbrauch nicht mehr würde messen müssen. In der Schweiz hoffte man dank der neuen Technologie vom Erdöl und damit von den erdölexportierenden Staaten unabhängiger zu werden. Industrie, Bund und Wissenschaft planten ab den 1960er-Jahren die Entwicklung eigener Reaktoren sowohl zur Stromgewinnung als auch als Exportprodukt. Es ging um die Verfügbarkeit von günstiger Energie und um Schweizer Identität. Daran änderte sich auch nichts, als es ab 1963 zu sogenannten Ostermärschen und damit erstmals zu Antiatomprotesten kam. Noch wandten sich die kritischen Stimmen nicht grundsätzlich gegen die technischen Errungenschaften, vielmehr befürchteten sie schwerwiegende Folgen im Bereich des Gewässerschutzes.

Doch zurück zu Scherrer in die 1940er-Jahre: Mittlerweile Mitte fünfzig, unterrichtete er seit bald dreissig Jahren und hatte an seinem Institut unzählige Studierende, Mitarbeitende, Kolleginnen und Kollegen kommen und gehen sehen. Seine Karriere war an einem Wendepunkt angelangt. Wohl führte er Forschung und Lehre an der ETH weiter und versah weiterhin den Posten als Institutsleiter. Aber das reichte ihm mittlerweile nicht mehr. Nachdem er im September 1945 aus den USA zurückgekehrt war, reiste er im August 1946 und ein weiteres Mal während des Herbstsemesters 1950 dorthin.

Die Möglichkeiten, die Scherrer im Ausland offenstanden, waren Schulratspräsident Arthur Rohn nicht verborgen geblieben. Ihm war aber mehr denn je daran gelegen, Scherrer an der Schule zu halten: «Ich glaube, wir sollten Prof[essor] Scherrer etwas Interesse entgegenbringen, weil die Gefahr seiner Berufung nach den U. S. A. besteht. Ich möchte daher gerne vorschlagen, in einer unserer nächsten Sitzungen zu prüfen, ob eine Geste finanzieller Natur möglich wäre, bevor eine allfällige Berufung erfolgt.»[363] Die weiteren Schulratsmitglieder waren einverstanden, sodass man beim Bundesrat eine ausserordentliche Gehaltserhöhung von 3000 Franken beantragte mit der Begründung, die Lehrtätigkeit Scherrers «als qualifizierter Vertreter der Experimentalphysik» sei für die ETH «von grösster Bedeutung».[364] Dem Antrag wurde stattgegeben: Scherrer erhielt von da an einen Lohn von gut 23 000 Franken jährlich.

Arthur Rohn wurde aber noch aus einem anderen Grund bei seinen Kollegen im Schulrat vorstellig. Paul Scherrer hatte im November 1945 das Angebot erhalten, eine vom Bundesrat neu gegründete Expertenkommission im Bereich der Kerntechnologie zu präsidieren. Darüber hatte er Rohn noch im selben Monat informiert. Mit dieser Aufgabe begann für Scherrer ein neuer Lebensabschnitt. Fortan sollte er neben seiner Tätigkeit an der ETH als eifriger Förderer der Schweizer Reaktorforschung und Kernenergie auftreten. Er engagierte sich nun für den Staat und intensivierte zugleich seine bereits im Rahmen des Zyklotrons aufgenommene Zusammenarbeit mit der Privatindustrie.

DER CHEF
DER AUSBILDUNG
DER ARMEE

LE CHEF
DE L'INSTRUCTION
DE L'ARMÉE

No. 510

PERSOENLICH !

H.Q., 15.8.45.

22

An den
Chef des Eidg.Militärdepartementes,
Herrn Bundesrat Dr. Kobelt,
durch Kurier.

Ihre No. .... vom ....
Votre No. .... du

Betr. Atomzertrümmerung.

Herr Bundesrat !

Die erfolgreichen Bemühungen der Allierten, die dazu geführt haben, eine auf dem Prinzip der Atomzertrümmerung beruhende, höchst wirksame Bombe zu konstruieren, werden zweifellos in ihrer weitern Entwicklung einen weitgehenden Umbruch auf dem Gebiete der allgemeinen Technik, besonders aber der Kriegstechnik zur Folge haben. Schon heute werden Stimmen laut, die gestützt auf diese Erfindung die Nutzlosigkeit unserer Landesverteidigung behaupten, während anderseits von wissenschaftlicher Seite sicher mit Recht darauf hingewiesen wird dass auch gegen dieses neueste Kriegsmittel wiederum Gegenmittel gefunden werden.

Auf alle Fälle ist es von grösster Wichtigkeit, dass wir auch von Seiten unserer Armee uns unverzüglich mit diesen Problemen befassen. Für den Augenblick scheinen sich mir folgende Fragen aufzudrängen :

1.) Wird die schweizerische Wissenschaft und Technik in der Lage sein, das Problem der praktischen Verwendung der Atomzertrümmerung zu Kriegszwecken in absehbarer Zeit zu lösen?

2.) Ist vorauszusehen, dass die Vorbereitungen für derartige Zwecke mit fortschreitender Entwicklung in einem Rahmen gehalten werden können, der unseren personellen, materiellen und finanziellen Mitteln entspricht?

3.) Inwiefern wird die Wirkung von Atombomben durch unsere Geländegestaltung voraussichtlich beeinflusst? (Wirkung von Atombomben, die in Täler abgeworfen werden, in den beiden Talrichtungen und gegen die auf Hängen, Terrassen und Gipfeln der solche Täler begrenzenden Höhen aufgestellten Objekte und Truppen?)

4.) Welche Mittel können entwickelt werden,um dem Angriff mit Atombomben begegnen zu können? (Flab.Artillerie mit Geschossen, die selbst auf dem Prinzip der Atomzertrümmerung aufgebaut sind und die gegnerischen Bomber zerstören, auch wenn die Geschosse nicht in deren unmittelbaren Nähe platzen, oder Zerstörung der Atombomben und ihrer Trägerflugzeuge durch elektrische Strahlen, also eine sogenannte Elektrosperre?)

Ich beehre mich daher, Ihnen zuhanden der Landesverteidigungskommission zu beantragen, es möchte unverzüglich eine Studienkommission gebildet werden, die aus dem Generalstabschef, dem Chef der Kriegstechnischen Abteilung und

./.

Br

17491

Abb. 47: Schreiben Hans Fricks, Ausbildungschef der Armee, betreffend die «Atomzertrümmerung», 15. August 1945.

Vorsteher der Studienkommission für Atomenergie

Die Meldungen aus den USA und anderen Ländern zu den Möglichkeiten der Kernspaltung sowohl für die Energiegewinnung als auch für die Waffentechnik forcierten die Diskussion darüber, was das für das eigene Land bedeute. Nach dem Ende des Kriegs wurde rasch klar, dass die Atomkraft eine Umwälzung auf dem Gebiet der Kriegführung bringen würde und die konventionellen Streitkräfte in einem atomaren Umfeld überdacht werden mussten. Das war auch der Schweiz bewusst.[365]

Für solche Überlegungen musste man mehr über das Funktionieren und die Auswirkung nuklearer Technologien erfahren. Hans Frick, Ausbildungschef der Armee, wandte sich diesbezüglich bereits Mitte August 1945 an Bundesrat Karl Kobelt, den Vorsteher des Eidgenössischen Militärdepartements (EMD). Er forderte diesen auf, eine Kommission zu bilden, die sich mit dem «Umbruch auf dem Gebiete der allgemeinen Technik, besonders aber der Kriegstechnik» hinsichtlich des Prinzips der «Atomzertrümmerung»[366] beschäftigen solle. Die zu bildende Kommission, so Frick weiter, müsste mit dem Generalstabschef, dem Chef der Kriegstechnischen Abteilung und «einigen prominenten Vertretern der Atomphysik» besetzt sein. Dabei war ihm bewusst, dass die Überlegungen zunächst theoretischer Natur sein würden.

Einer der Angesprochenen, René von Wattenwyl, Chef der Kriegstechnischen Abteilung, doppelte mit einem Papier nach, in welchem er über die Funktionsweise von Kernwaffen spekulierte und ebenfalls eine Kommission forderte: «Unsere Informationen über die Eigenschaften, Wirkungen und Produktionsmöglichkeiten der Atombomben müssen erweitert werden. Dafür empfiehlt es sich, eine leitende wissenschaftliche Kommission einzusetzen, welche alle Aspekte des Problems bearbeitet, also nicht nur die Uranbombe als Kriegsmaterial, sondern auch die Möglichkeit der Verwendung von Atomenergie für andere Zwecke.»[367] Anders als Frick sah er also ein rein wissenschaftliches Gremium vor; dieses verfüge über grössere Unabhängigkeit als eine militärische Kommission und könne so leichter in den Besitz bestimmter Informationen gelangen. Als Vorsteher dieser Kommission schlug von Wattenwyl Paul Scherrer vor.

Bundesrat Kobelt reagierte rasch und im Sinne der Initianten. Es schien ihm geboten, dass das Militärdepartement sich mit dem Thema beschäftigte: «Die Gründe waren einmal militärische, dann aber vor allem auch, weil es sich hier um eine Angelegenheit der Arbeitsbeschaffung [die in jenen Jahren dem Militärdepartement unterstellt war] handelt.»[368] Nach Rücksprache mit ausgewählten Sachverständigen in den Monaten September und Oktober lancierte er zur Klärung des «weiteren Vorgehens auf dem Gebiete der Atomkernforschung in unserem Lande» die Einrichtung einer Kommission. Dass zur Prüfung eines neuen Sachverhalts eine ausserparlamentarische Kommission ernannt wurde, war nichts Aussergewöhnliches. Deren Deklaration als

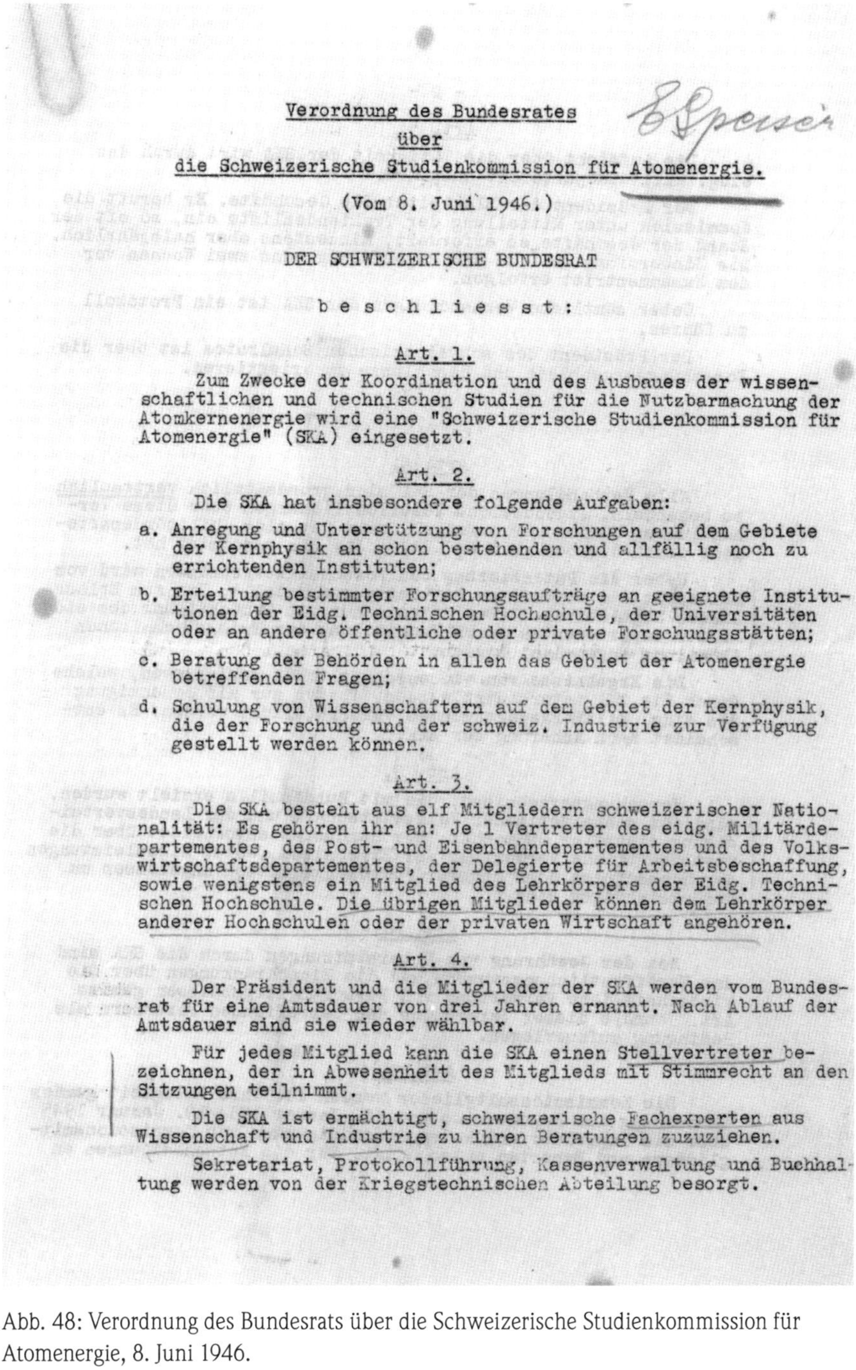

Verordnung des Bundesrates
über
die Schweizerische Studienkommission für Atomenergie.

(Vom 8. Juni 1946.)

DER SCHWEIZERISCHE BUNDESRAT

b e s c h l i e s s t :

Art. 1.

Zum Zwecke der Koordination und des Ausbaues der wissenschaftlichen und technischen Studien für die Nutzbarmachung der Atomkernenergie wird eine "Schweizerische Studienkommission für Atomenergie" (SKA) eingesetzt.

Art. 2.

Die SKA hat insbesondere folgende Aufgaben:

a. Anregung und Unterstützung von Forschungen auf dem Gebiete der Kernphysik an schon bestehenden und allfällig noch zu errichtenden Instituten;

b. Erteilung bestimmter Forschungsaufträge an geeignete Institutionen der Eidg. Technischen Hochschule, der Universitäten oder an andere öffentliche oder private Forschungsstätten;

c. Beratung der Behörden in allen das Gebiet der Atomenergie betreffenden Fragen;

d. Schulung von Wissenschaftern auf dem Gebiet der Kernphysik, die der Forschung und der schweiz. Industrie zur Verfügung gestellt werden können.

Art. 3.

Die SKA besteht aus elf Mitgliedern schweizerischer Nationalität: Es gehören ihr an: Je 1 Vertreter des eidg. Militärdepartementes, des Post- und Eisenbahndepartementes und des Volkswirtschaftsdepartementes, der Delegierte für Arbeitsbeschaffung, sowie wenigstens ein Mitglied des Lehrkörpers der Eidg. Technischen Hochschule. Die übrigen Mitglieder können dem Lehrkörper anderer Hochschulen oder der privaten Wirtschaft angehören.

Art. 4.

Der Präsident und die Mitglieder der SKA werden vom Bundesrat für eine Amtsdauer von drei Jahren ernannt. Nach Ablauf der Amtsdauer sind sie wieder wählbar.

Für jedes Mitglied kann die SKA einen Stellvertreter bezeichnen, der in Abwesenheit des Mitglieds mit Stimmrecht an den Sitzungen teilnimmt.

Die SKA ist ermächtigt, schweizerische Fachexperten aus Wissenschaft und Industrie zu ihren Beratungen zuzuziehen.

Sekretariat, Protokollführung, Kassenverwaltung und Buchhaltung werden von der Kriegstechnischen Abteilung besorgt.

Abb. 48: Verordnung des Bundesrats über die Schweizerische Studienkommission für Atomenergie, 8. Juni 1946.

Expertenkommission erlaubte es dem Bundesrat, diese nach eigenem Gutdünken zusammenzusetzen und zu kontrollieren, ohne Rücksprache mit den Kantonen. Auf den 5. November 1945 kündigte Kobelt ein Treffen an, das der Vorbereitung für die «Aufnahme von Studien über die Verwendung der Atomenergie für zivile und militärische Zwecke» diente.[369] Neben Vertretern verschiedener Behörden waren vor allem Wissenschaftler eingeladen, unter ihnen Paul Scherrer. Dieser orientierte im einleitenden Referat über den Stand der Forschung zur Verwendung der Kerntechnologie, basierend auf den Erkenntnisgewinnen während seiner USA-Reise. Im Wesentlichen entwickelte er die Ausführungen, die er kurze Zeit später in seinem viel beachteten Artikel in der «Neuen Zürcher Zeitung» ausbreitete und die er in den kommenden Monaten wiederholt referieren würde. Er verwies auf die noch junge Forschung und betonte, dass ein neues Zeitalter der «subatomaren Energie» angebrochen sei, das erlaube, «die Energievorräte, die in den Kernen schlummern, nun in stetigem Strome gezügelt auszulösen»,[370] um sie der Energiewirtschaft zur Verfügung zu stellen. Er vergegenwärtigte aber auch die potenziellen Schwierigkeiten, die damit einhergingen und die er hauptsächlich auf der technischen und nicht auf der wissenschaftlichen Seite sah. Des Weiteren betonte er, dass die Entwicklung von Kernreaktoren in der Schweiz grosse finanzielle Mittel und die Koordination aller Forschungen auf diesem Gebiet erfordern würde.

Offensichtlich war man sich schnell einig. Denn noch am selben Tag gab Kobelt die Schaffung der Studienkommission für Atomenergie (SKA) bekannt und informierte die Presse. Ihre offizielle Gründung erfolgte am 8. Juni 1946 durch den Bundesrat, einen Monat später erhielt sie mit einem Bundesbeschluss die notwendige rechtliche Grundlage. Ihr Auftrag war es, «Koordination und Ausbau der wissenschaftlichen und technischen Studien für die Nutzbarmachung der Atomkernenergie»[371] in die Hand zu nehmen. Die SKA bestand bis 1958.

Als Mitglieder fungierten Vertreterinnen und Vertreter aller namhaften universitären Forschungsgruppen, die sich mit Kerntechnologie befassten, namentlich aus den Fachbereichen Physik und Chemie der Universitäten Zürich, Basel, Bern, Neuenburg und Genf. Vonseiten der ETH war neben Scherrer auch Bruno Bauer vertreten, Professor am Institut für elektrische Anlagen und Energiewirtschaft. Dieser hatte sich früh für das Thema interessiert und gemeinsam mit dem Kollegen Franz Tank für das Post- und Eisenbahndepartement einen Expertenbericht vorgelegt. Darin arbeiteten die beiden Physiker den Nutzen der Kernenergie für die schweizerische Energiewirtschaft heraus, wobei sie jener Fraktion angehörten, die von der Kernenergie keine grundsätzlichen Umwälzungen erwartete.[372] Von der Universität Basel wiederum war der bereits mehrfach genannte Experimentalphysiker Paul Huber mit dabei, zudem Alexander von Muralt, Professor für Physiologie an der Universität Bern und späterer Initiant und erster Präsident des Schweizerischen Nationalfonds zur Förderung der wissenschaftlichen Forschung. Wie René von

Wattenwyl gefordert hatte, war die Kommission damit fast ausschliesslich durch Wissenschaftler besetzt. Das EMD war vertreten durch von Wattenwyl selbst sowie, in der Rolle des Kommissionssekretärs, Alfred Krethlow, Chef der Sektion für technische Physik der Kriegstechnischen Abteilung.

Ebenfalls dem Vorschlag von Wattenwyls folgend wurde Scherrer zum Vorsteher der Kommission ernannt. Zwar war sie nicht auf Scherrers Initiative hin gegründet worden, wie gelegentlich zu lesen ist, der Entscheid, ihm die Leitung anzuvertrauen, war jedoch rasch gefällt. Das Militärdepartement überliess das Zepter über eine seiner relevantesten Kommissionen also einem Wissenschaftler.[373]

Einige Wochen nach der Gründung nahm Otto Zipfel, Delegierter des Bundesrats für Arbeitsbeschaffung, Einsitz in der Kommission.[374] Das Amt war 1941 geschaffen und dem Militärdepartement unterstellt worden, 1948 übersiedelte es ins Volkswirtschaftsdepartement. Zipfels Aufgabe war es, Arbeitsbeschaffungsmassnahmen zu koordinieren, um eine Nachkriegsrezession, wie sie nach dem Ersten Weltkrieg aufgetreten war, zu vermeiden. Zipfel hatte sich wie Frick und von Wattenwyl nach den Bombenabwürfen in Japan zur neuen Ausgangslage geäussert: «Dabei wird es sich nicht nur darum handeln, die Erfindung [der Atombombe] restlos aufzuklären, um sie in den Dienst der Landesverteidigung stellen zu können, sondern auch Abwehrmittel zu finden.»[375] Des Weiteren führte er die mittelfristige Möglichkeit einer industriellen «Anwendung des künstlichen Uranzerfalls» ins Feld, stellte sie der Landesverteidigung jedoch hintan. Nun gehörte es zu seinen Aufgaben, die Finanzierung der SKA zu kontrollieren. Zipfel nutzte diesen Auftrag als Karrieresprung, bewarb sich 1955 erfolgreich als Delegierter des Bundesrats für Fragen zur Atomenergie und blieb damit eine wichtige Ansprechperson der SKA während ihres gesamten Bestehens.

Die Aufsicht über die Tätigkeit der SKA übte das EMD aus. Damit gelang ihm eine Monopolisierung des Themas, was zu erheblichen Spannungen mit anderen Departementen führte. Noch vor der ersten Sitzung der SKA meldete sich Bundesrat Enrico Celio als Vorsteher des Post- und Eisenbahndepartements bei Kobelt und verlangte, dass die Studienkommission auch Vertreter der Nutzanwendung der Kernenergie aufnehme, in erster Linie den Direktor des eidgenössischen Amtes für Elektrizitätswirtschaft, Florian Lusser. Dagegen konnte Kobelt offenbar nichts einwenden. Die weiteren Departemente des Bundes dagegen orientierte man lediglich über die sie betreffenden Forschungsresultate und Beschlüsse. Erst später insistierte das Finanzdepartement, dass Mitarbeitende aus weiteren Departementen aufgenommen werden müssten. Das Finanzdepartement erwirkte ferner, dass die Kreditvergabe jährlich durch das Parlament zu genehmigen war.

In der Kommission nicht vertreten war die Privatindustrie, namentlich die Maschinen- und Chemieindustrie, obwohl für diese das Thema von einiger Relevanz war. Immerhin beschäftigten sich zu diesem Zeitpunkt bereits die beiden

Elektrotechnikkonzerne BBC und Sécheron damit, und Scherrer machte in einer der ersten Sitzungen auf seine Zusammenarbeit mit der BBC aufmerksam.[376] Einzelne Industrievertreter hatten nach 1945 allerdings verlauten lassen, dass sie die Verwertung der Kernenergie nicht als Sache des Bundes sähen und sich entsprechend nicht engagieren wollten. Dies sollte sich später ändern.

Als hauptsächlichen Zweck der SKA definierte man die Informationsbeschaffung, also die Aufarbeitung des Wissens rund um die Kerntechnologie. In den 1950er-Jahren verstärkte die Kommission zudem die Beschäftigung mit der angewandten Kernphysik, das heisst mit der Entwicklung von Apparaturen, Maschinen und Instrumenten zur Energiegewinnung aus der Kerntechnologie. Damit intensivierte sich die Zusammenarbeit mit der Industrie, wie Scherrer dies schon früh vorexerziert hatte. Die Möglichkeiten ziviler Nutzung der Kernenergie zu prüfen, stand dabei im Vordergrund.

Scherrers Stimme erhielt damit mehr Gewicht denn je. Dass er zum Vorsteher der SKA ernannt wurde, hatte er seinem Ruf als Wissenschaftler zu verdanken. Nun erweiterte sich seine Einflusssphäre in die Politik hinein. So luden Kommissionen und Parlament ihn wiederholt ein, ihnen den Kenntnisstand auf dem Gebiet der Kerntechnologie zu vermitteln. Das wiederum ermöglichte Scherrer, seine Vorstellungen und Wünsche zu formulieren und vor allem: gehört zu werden. Er hatte aber auch eine direkte Verbindung zum zuständigen Bundesrat, was ihm grösstes Gewicht verlieh.

Auch die Öffentlichkeit informierte er regelmässig, via Zeitungsartikel oder Radio. Seine Worte wurden gehört und gelesen, wenn auch nicht immer verstanden. So soll ihn die «Schweizer Illustrierte» im November 1946 falsch zitiert haben, als sie ihm unterstellte, dass er die Zeit der Wasserkraft für abgelaufen hielt, natürlich zugunsten der Kernkraft. Dagegen wehrte er sich vehement und betonte, dass er, wie auch sein Kollege Bauer, der Überzeugung sei, dass durch Wasserturbinen betriebene Elektrizitätswerke noch auf längere Zeit ihre Berechtigung hätten. Ob er diese allenfalls in der weiteren Zukunft für obsolet hielt, liess er gegenüber der Zeitschrift offen.[377] An anderer Stelle hatte er aber schon früher deutlich gemacht, dass, «wenn ich für zwanzig Jahre Uran erhalten [würde], würde ich in der Schweiz keine [Wasser-]Kraftwerke mehr bauen».[378] Dass dies so schnell nicht eintreten würde, war ihm klar. Für ihn inkludierte die Aufgabe der zukünftigen Forschung deshalb auch, «die Abhängigkeit vom Uran zu brechen, indem wir einen andern Urstoff finden», denn er zeigte sich überzeugt, dass sich «eine ganze Reihe von Stoffen» zur «Energieerzeugung» nutzen liesse.[379]

Nutzbarmachung der Kernenergie

Ein erster Entwurf zur «Verordnung über die Schweizerische Studienkommission für Atomenergie» vom 5. November 1945 hielt fest, dass die Kommission die Koordination und den Ausbau wissenschaftlicher und technischer Studien für die «Nutzbarmachung der Atomenergie sowie die Forschungen auf dem Gebiet der Kernphysik» an bestehenden und an neu zu schaffenden Instituten anzuregen und zu unterstützen habe. Die Forschungsaufträge sollten an Institutionen wie die ETH, die Universitäten sowie an andere geeignete öffentliche oder private Forschungsstätten gehen. Eine weitere Aufgabe bestand in der Beratung der Behörden in allen Fragen, die die Kernenergie betrafen, sowie die Ausbildung von Wissenschaftlerinnen und Wissenschaftlern für Forschung und Wirtschaft in diesem Feld. Für Paul Scherrer und seine Kommissionskollegen war vor allem der Aspekt der Forschungsfinanzierung interessant. Mit Erstaunen sollen die Beamten in der Kommission zur Kenntnis genommen haben, welch hohe Summen die Professoren forderten, damit sich die Schweiz auf dem Gebiet der Kerntechnologie erfolgreich betätigen könne.[380] Dies hatte damit zu tun, dass die kernphysikalische Forschung im Vergleich zur Forschung in anderen Gebieten teuer war. Ausserdem war die Forschungsförderung zu diesem Zeitpunkt begrenzt. Bis in die 1930er-Jahre hatte sich der Bund auf die Grundfinanzierung der ETH Zürich beschränkt. Bundesgelder zur Förderung der wissenschaftlichen Forschung gab es ebenso wenig wie Formen privater Forschungsförderung. Zwar hatten bereits während des Kriegs Stimmen eine zweckgerichtete Forschung zur Bekämpfung der Arbeitslosigkeit gefordert. Entsprechend trafen beim Arbeitsbeschaffungsdelegierten Zipfel ab 1943 Anfragen wegen Forschungsförderung ein, unter anderem von Paul Scherrer wegen Forschungen zur «Erzeugung von Präparaten künstlich radioaktiver Substanzen»,[381] konkret, um den ab 1939 entwickelten Tensator zu testen. Scherrer erhielt damals 100 000 Franken. Um solche und weitere Finanzierungsrunden zu offizialisieren, war 1944 die Kommission zur Förderung der wissenschaftlichen Forschung (KWF) unter Aufsicht des Militärdepartements gegründet worden. Damit schuf die Schweiz, noch bevor sie eine Institution zur Förderung der Grundlagenforschung – der eigentliche Auftrag staatlicher Forschungsförderung – ins Leben rief, eine Einrichtung zur Finanzierung angewandter Forschung. Der Bundesrat betonte in diesem Zusammenhang, dass diese ungleich anderen Massnahmen der Arbeitsbeschaffung nicht konjunkturstimulierend wirke.

Der weitaus grösste Ausgabenanteil in den ersten Jahren der Kommission ging also an die kernphysikalische Forschung. Massgebende Triebfeder war die Sorge, die Schweiz könnte wissenschaftlich, technologisch und industriell in Rückstand geraten. Die Budgets für die Kernforschung erreichten in den 1950er-Jahren schliesslich grössere Summen als diejenigen für die Förderung über den 1952 gegründeten

Schweizerischen Nationalfonds zur Förderung der wissenschaftlichen Forschung (SNF). Im Jahr 1958 etwa sprach der Bund für die Kernforschung 28 Millionen, für den Nationalfonds gerade einmal 4 Millionen. Dies änderte sich erst 1963, als das Budget des SNF massiv erhöht wurde. Die staatliche Förderung der Kernforschung war damit eines der grössten Projekte der Schweizer Technologie- und Industriepolitik des 20. Jahrhunderts.[382]

Die Kernforschung bildete in der Forschungsförderung also früh einen Schwerpunkt. Schon 1940 profitierte die kernphysikalische Forschung an der ETH erstmals über die gängige Unterstützung hinaus, indem der Gesellschaft zur Förderung der Forschung auf dem Gebiet der technischen Physik an der ETH Gelder aus Arbeitsbeschaffungsmitteln zuflossen.[383] Auch die KWF sprach, nachdem ihr der Bundesrat im März 1945 Forschungsgelder aus Arbeitsbeschaffungsmitteln zur Verfügung gestellt hatte, der Kernforschung Unterstützung zu. Und Anfang Dezember 1945 beschloss die SKA für das Jahr 1946 ein Forschungsprogramm, dessen Kredit von 500 000 Franken vollumfänglich aus den Mitteln der Arbeitsbeschaffung via die KWF eingeschossen wurde, ohne dass die übrigen Bundesstellen informiert wurden.[384] Davon gingen 250 000 Franken an Scherrer für die Finanzierung von Mitarbeitenden und Apparaturen an der ETH, 150 000 Franken an Paul Huber und Werner Kuhn für die Herstellung von schwerem Wasser an der Universität Basel, den Rest erhielten die Universitäten Genf, Lausanne und Neuenburg.

Diese einigermassen unbürokratische Finanzierung zu Beginn des Bestehens der SKA war allerdings einmalig. Das von der Kommission ausgearbeitete umfangreiche Programm war nicht im Rahmen der Arbeitsbeschaffungsmassnahmen zu stemmen. Deshalb schaltete sich im Mai 1946 das Eidgenössische Finanzdepartement ein und machte die Kredite des Militärdepartements für die kernphysikalische Forschung von einem Bundesbeschluss abhängig. Paul Scherrer musste in kürzester Zeit einen Entwurf zu einem «Bundesbeschluss über die Förderung der Forschung auf dem Gebiete der Atomenergie» ausarbeiten.[385] Darin legte er ausführlich dar, wie wichtig für die Schweiz kerntechnologische Forschung sei; er verschwieg jedoch, dass im Rahmen der SKA auch Studien für Kernwaffen geplant waren. Der Bundesrat publizierte Scherrers Entwurf am 17. Juli 1946; er bildete die erste offizielle Stellungnahme der Regierung zur Kernenergie. In der Botschaft wurde ein Gesamtkredit von 18 Millionen Franken für die Jahre 1947–1951 beantragt, der jährlich zu bewilligen war.[386] Dies war viel Geld in einer Forschungslandschaft, die noch kaum öffentliche oder private Unterstützung erhielt.

Aber nicht deshalb fiel die Botschaft beim Ständerat in einem ersten Anlauf in der Herbstsession 1946 durch. Die Kerntechnologieförderung an sich, die der Bund anstrebte, kritisierte zwar niemand, wohl aber die Begründung der bundesrätlichen Botschaft, die als zu militärlastig beurteilt wurde. Der Rat forderte eine präzisere Festlegung der Forschungsziele.

Ständerat Friedrich Traugott Wahlen etwa verlangte, dass sich die wissenschaftlichen Arbeiten strikte auf die Grundlagenforschung und die Auswertungen auf wirtschaftlichem Gebiet zu beschränken hatten, zwar unter Einbezug von militärischen Defensivvorkehrungen, aber unter explizitem Verzicht auf die Entwicklung und Herstellung von Atombomben. Bundesrat Kobelt erklärte – entgegen besserem Wissen, wie unten ausgeführt wird –, dass die Nutzung der Kernenergie in erster Linie der Volkswirtschaft und nicht militärischen Zwecken zugutekommen solle, und stellte klar: «Wir haben weder die Absicht noch wären wir in der Lage, Atombomben herzustellen.»[387] Dennoch erhielt der Antrag erst im zweiten Anlauf die notwendige Unterstützung.

Mit der Annahme des Bundesbeschlusses wurden 18 Millionen Franken gesprochen. Das Geld sollte in verschiedene Projekte der kernphysikalischen Forschung fliessen: 8 Millionen Franken waren für eine «Uranversuchsanlage» vorgesehen, also für einen Forschungsreaktor, 3 Millionen für ein zentrales schweizerisches Institut für Reaktorforschung – bereits Ende 1945 als Schweizerisches Zentrallaboratorium für Kernphysik angedacht –[388] inklusive verschiedener «Atomumwandlungsmaschinen», das heisst Beschleuniger. Des Weiteren sollten die Gelder zur Untersuchung der Eignung verschiedener Elemente als Substitute für Uran zur Verfügung stehen. Das Militärdepartement begründete diesen hohen Betrag abermals mit der «ausserordentlich grossen Bedeutung, die der Atomenergie für unsere Landesverteidigung und unsere Wirtschaft»[389] zukomme.

Für Scherrer war damit ein wichtiges Ziel erreicht. Die Gelder für die SKA und damit die kernphysikalische Forschung waren gesprochen, ihre Vergabe konnte beginnen. Sie erfolgte auf Antrag der Institute, wie dies den wissenschaftlichen Gepflogenheiten entsprach. Mindestens einmal jährlich evaluierte die SKA die Kreditbegehren und forderte sie anschliessend beim Finanzdepartement an. Die Kreditempfänger ihrerseits waren zur Eingabe eines Arbeitsprogramms für die vorgesehene Arbeit verpflichtet.

An Scherrers Institut gingen insgesamt gut 2,5 Millionen Franken, um die Arbeiten an Isotopen auf den bestehenden Maschinen fortzuführen beziehungsweise um die Messinstrumente fortlaufend zu verbessern, namentlich die Zyklotronanlage.[390]

Nach Basel gingen knapp 1,7 Millionen Franken. Paul Huber setzte die Gelder für die Anschaffung respektive Weiterentwicklung von Apparaturen zur Kernforschung sowie für die Arbeiten an schwerem Wasser ein. Zusätzlich wurde damit die Suche nach Uran in heimischen Gefilden finanziert.[391]

Weitere Gelder erhielten das Inselspital und die Universität Bern (gut 720 000 Franken), das physikalische Institut der Universität Genf (680 000 Franken), die Universität Neuenburg (knapp 310 000 Franken) sowie weitere Professuren an den Universitäten Zürich, Bern, Genf und Lausanne. In Bern etwa engagierte sich die SKA in den Jahren 1948 und 1949 für die Entwicklung eines Strahlenapparates, eines Betatrons, gebaut von der BBC. Diese erhoffte sich Know-how und Impulse im Bereich der Spitzentechnologie, ähnlich wie bei Scherrers Zyklotron. Die SKA hatte sich damals für die teurere Variante entschieden, einen 60-MeV-Betasynchrotron, auf 100 MeV ausbaubar, für knapp 400000 Franken. Scherrer begründete den Entscheid gegenüber dem Finanzdepartement mit dem Argument, damit die Strahlungsleistung erhöhen und so die geplanten Materialprüfungen durchführen zu können. Die Anlage sollte fortan neben der physikalischen auch der strahlenbiologischen und der medizinischen Forschung zur Verfügung stehen.[392]

Die grössten Beträge gingen also an Mitglieder der Kommission. Das ist aus heutiger Sicht problematisch, aber insofern verständlich, als diese die führenden Vertreter auf dem Gebiet der Kerntechnologie waren. Die Kriegstechnische Abteilung erhielt ebenfalls Geld aus dem Fonds, mit 75000 Franken jedoch vergleichsweise wenig. Selten lehnte die SKA die Gesuche ab, etwa wenn die Arbeitsprogramme, die neben der Forschung auch die Ausbildung zu umfassen hatten, nicht überzeugten.[393]

Ab 1950 unterstützte die SKA zudem vermehrt Projekte der Industrie. 1951 war eine Studiengruppe Kernenergie gegründet worden, in der sich neben der BBC auch Escher Wyss, Sulzer und Ciba versammelten. An einer Sitzung im Februar 1953 berichtete Paul Scherrer, dass die Industrie verstärkt Interesse an der Konstruktion von Kernkraftwerken zeige – wohl auch deshalb, weil die Uranbeschaffung nun realistischer wurde. Scherrer schlug eine aktivere Zusammenarbeit der SKA mit der Industrie vor.

Schliesslich wurden in den Jahren ihres Bestehens rund 10 Millionen Franken für die Atomkraftförderung nachgefragt. Die in der SKA versammelten Wissenschaftlerinnen und Wissenschaftler der Universitäten und der ETH waren hauptsächlich daran interessiert, Gelder für ihr jeweiliges Institut herauszuschlagen, um damit auf ihren Anlagen Grundlagenforschung betreiben zu können. Die einzelnen Forschungsinstitute waren jedoch nicht in der Lage, das gesamte Geld zu absorbieren. Das Projekt einer zentralen Versuchsanstalt kam ebenso wenig zustande wie eine gemeinsame Strategie zur Erschliessung der Kernenergie oder die gemeinsame Entwicklung eines Forschungsreaktors. Bei Letzterem kam vielmehr die Industrie zum Zug.[394]

Auch wenn nicht alle Kredite ausgeschöpft wurden: Die an der SKA beteiligten Institute erzielten mit den ihnen zur Verfügung gestellten Geldern wichtige Forschungsergebnisse. In den zwölf Jahren, in denen die SKA bestand, erschienen gegen 800 Fachbeiträge, von denen wiederum die Industrie enorm profitierte.[395]

Der Veröffentlichung der Fachbeiträge lagen allerdings Steine im Weg. Bundesrat Karl Kobelt hatte von den Mitgliedern der Kommission im Sinne der Landesverteidigung absolute Schweigepflicht verlangt. Dies bedeutete, dass die Kommission und via Scherrer auch der Bundesrat sowohl über die Veröffentlichung von mit SKA-Geldern erzielten Ergebnissen wie auch über die Patentierung von Forschungsergebnissen orientiert werden mussten. Und die Kommission hatte das Recht, gegen die Veröffentlichung Einspruch zu erheben. Dies widersprach (und widerspricht noch heute) dem Kodex der wissenschaftlichen Forschung, die ihre Resultate publik zu machen hat. Wiederholt kam es nun also zu Verhandlungen, die vor allem Scherrer führte und bei denen zu klären war, ob ein Manuskript publiziert werden durfte. Im Juni 1947 etwa meldete sich ein Wissenschaftler der Universität Genf bei der Kommission, der plante, sich, alimentiert mit Geldern der SKA, zur Neutronenproblematik zu habilitieren. Die Arbeit des Wissenschaftlers fiel unter die Geheimhaltungspflicht, und Scherrer konnte sein Einverständnis nur unter der Voraussetzung geben, dass die Habilitation nicht publiziert würde.[396] Tendenziell plädierte Scherrer jedoch, hier ganz Wissenschaftler, für die Publizierung der Arbeiten. Etwa als Adrien Jaquerod von der Universität Neuenburg seine umfangreichen Untersuchungen über mögliches radioaktives Gestein in der Schweiz zu veröffentlichen suchte.[397] Es kam aber auch zu einigermassen abstrusen Situationen, zum Beispiel als Scherrer einem SKA-Kollegen, Ernst Stückelberg aus Genf, im Namen Kobelts ein Antwortschreiben zustellen musste. Stückelberg beabsichtigte, in der Wissenschaftszeitschrift «Nature» zum Problem der Geheimhaltung wissenschaftlicher Ergebnisse zu publizieren. Er erhielt die Erlaubnis unter der Bedingung, dass er als Privatmann zu zeichnen habe.[398] Eine Forschungstätigkeit mit internationaler Resonanz im Sinne von Reflexion, Kritik und Feedbackloop, wie dies von jeher üblich war, wurde so verhindert, was sich spätestens im Zusammenhang mit dem Reaktorprojekt Lucens als fatal herausstellen sollte.

Forschung im Dienste der Landesverteidigung

Forschung war in den Augen des Bundes also «Arbeitsbeschaffung auf sehr lange Sicht»,[399] die Förderung der kernphysikalischen Forschung bedeutete Wirtschaftsförderung, damit die heimische Industrie gegenüber dem Ausland nicht ins Hintertreffen gerate. Daneben hatte die Forschung, so stellte sich bald einmal heraus, auch den Interessen der Landesverteidigung zu dienen.

Dass das Wissen um die Bedrohung durch Kernwaffen die Schweiz vor grundlegende Fragen zur Zukunft der Landesverteidigung und damit auch zur potenziellen Ausrüstung der Schweizer Armee mit solchen Waffen stellte, ist wenig erstaunlich. Das Bild, das sich dabei zeigte, war alles andere als rosig. Trotz guter Forschungsgrundlage aus Vorkriegszeiten erwies es sich als realitätsferner Wunsch des Landes, mit den Grossmächten mitzuhalten, insbesondere mit den USA, aber auch mit der Sowjetunion oder Grossbritannien. Diese hatten, aufgrund der im Krieg unternommenen Anstrengungen und dank fast unbegrenzter Mittel, einen gewaltigen Vorsprung im Bereich der Kernforschung, aber auch weil sie sich im Bereich der kernphysikalischen Forschung zentralistischer aufstellten.[400]

Die Schweiz hatte also aufzuholen. Hier kam nun erneut Karl Kobelt als Vorsteher des Militärdepartements ins Spiel. Er liess der SKA 1946 neben dem zivilen auch einen militärischen Auftrag zukommen, den er mittels zusätzlicher Richtlinien, die unter die Geheimhaltung fielen, sicherstellte. Das kam nicht ganz so überraschend, wie es in der Literatur häufig dargestellt wird. Schon Ende 1945 deutete sich an, dass die Kriegstechnische Abteilung und das Militärdepartement bezüglich der Kerntechnologie nicht nur zivile, sondern auch militärische Optionen ins Auge fassten.[401] Deren Abklärung und Entwicklung wurde 1946 unter vertraulichen Anweisungen an die SKA delegiert.

Der offizielle Zweck der SKA lautete «Koordination und Ausbau der wissenschaftlichen und technischen Studien für die Nutzbarmachung der Atomenergie». Im Rahmen des militärischen Auftrags kam nun hinzu, dass die Kommission die Entwicklung einer Atombombe anzustreben hatte.

Das ist doch einigermassen bemerkenswert. Natürlich hatte sich der Vorsteher des Militärdepartements mit allen Aspekten der Kerntechnologie zu beschäftigen, wie dies in anderen Ländern – in weitaus grösserem Umfang – ebenfalls Usus war. Erstaunlich ist aber doch, dass militärische Erkundungen auf ein einzelnes Departement, das militärische, beschränkt blieben und der Gesamtbundesrat nicht davon unterrichtet wurde. Wieso musste die Abklärung potenziell zu entwickelnder Kernwaffen geheim bleiben?

Verschiedene Gründe sind denkbar. Zum einen wäre ein offizielles Bekenntnis der Schweiz – eines kriegsverschonten, neutralen Landes, das inmitten des zerstörten Europa lag – zur Bombe nicht opportun gewesen.[402] Ein eindeutig militärisch positioniertes Kernforschungsprogramm wäre überdies innenpolitisch nicht durchsetzbar gewesen. Um die kostspielige Finanzierung zu sichern, gab Kobelt gegenüber dem Parlament deshalb vor, dass es um die Erweiterung der Kenntnisse der Technologie und um die Entwicklung von Schutzmassnahmen gehe. Andererseits hatte der Vorsteher des Militärdepartements im Rahmen der Diskussion im Ständerat verlauten lassen, «dass aber die Forschung sich nicht bloss auf wirtschaftliche, sondern auch auf militärische Zwecke erstrecken soll [...], im Interesse der Landesverteidigung».[403] Hier deutete sich an, was die Richtlinien der SKA einst konkretisieren würden.

Was also intendierte Kobelt? Karl Kobelt, Bauingenieur und dem Freisinn angehörend, leitete von 1941 bis 1954 das Militärdepartement, stand während des Kriegs aber im Schatten Henri Guisans, Oberbefehlshaber der Schweizer Armee. Noch im Dezember 1945 hatte er einen ersten Entwurf der «Richtlinien für die Arbeiten der SKA auf militärischem Gebiet» vorlegen lassen. In vier Punkten hielt der Entwurf fest, was die SKA in militärischer Hinsicht zu leisten habe: Es galt erstens, die militärischen Behörden so genau wie möglich über den «Stand der Entwicklung der Atomenergie-Verwendung für militärische Zwecke im Ausland» zu orientieren, zwei-

G E H E I M

EIDGENÖSSISCHES MILITÄRDEPARTEMENT
DÉPARTEMENT MILITAIRE FÉDÉRAL
DIPARTIMENTO MILITARE FEDERALE

Kontr.-Nr. / No de contr. / N. di contr. 70.32 v.45

Gef. in der Antwort diese Nr. angeben
Rappeler le no ci-dessus dans la réponse
Indicare questo N. nella risposta

R i c h t l i n i e n

für die Arbeiten der S.K.A. auf militärischem Gebiet.

1 Die S.K.A. soll durch ihre Arbeit in die Lage kommen, die militärischen Behörden so genau als möglich über den Stand der Entwicklung der Atomenergie-Verwendung für militärische Zwecke im Ausland zu orientieren.

Insbesondere sollen festgestellt werden:

a Lage und Ausmass der Uran-Vorkommen in der Welt sowie derjenige andern Elemente, die für die Ausnützung der Atomenergie in Frage kommen.

b Grösse und Art des Einsatzes der Uran-Bomben sowie aller andern auf der Ausnützung der Atomenergie beruhenden Kriegsmittel.

c Lage und Produktionskapazität der ausländischen industriellen Anlagen für militärische Ausnützung der Atomenergie.

d Im Ausland angewendete Abwehrmittel gegen Uran-Bomben und ähnliche Kriegsmittel.

2 Die S.K.A. soll die Mittel studieren, die uns ermöglichen, uns gegen Uran-Bomben und ähnliche Kriegsmittel möglichst wirksam zu schützen.

Insbesondere sollen geprüft werden:

a Die Wirkung der festgestellten Uranbomben gegen unterirdische Anlagen und Befestigungswerke.

Welche Ueberdeckung ist notwendig ?

Wie sollen die Zugänge ausgebildet werden ?

Welche Wirkung ist gegen leichte Feldbefestigungen bisheriger Bauart (z.B. leichte Bunker) zu erwarten ?

b Die Wirkung der festgestellten Uranbomben gegen oberirdische Anlagen, insbesondere Ortschaften.

3377 - 50000 - 27.3.44

Abb. 49: Richtlinien des Eidgenössischen Militärdepartements betreffend die geheim gehaltenen Arbeiten der Studienkommission für Atomenergie im militärischen Bereich, 16. Dezember 1945.

tens, die Mittel zu studieren, die es dem Land ermöglichen würden, sich gegen Atombomben und ähnliche Kriegsmittel möglichst wirksam zu schützen. Drittens – der Hauptzweck – war die «Schaffung einer schweizerischen Uran-Bombe oder anderer geeigneter Kriegsmittel, die auf dem Prinzip der Atomenergie-Verwendung beruhen», anzustreben, wobei versucht werden solle, ein «Kriegsmittel zu entwickeln, das aus einheimischen Rohstoffquellen» erzeugt werden könne. Viertens wurde festgelegt, dass die Mitglieder der SKA «die Arbeiten auf militärischem Gebiet mit der grösstmöglichen Energie fördern und nichts unterlassen [sollen], um so rasch als möglich zu konkreten Resultaten zu kommen».[404] Dieser Entwurf, der unverhüllt den Auftrag enthält, Kernwaffen zu entwickeln, diskutierte das Militärdepartement Anfang Januar 1946 und stellte die Ergebnisse Mitte Februar Scherrer zu mit dem Vermerk René von Wattenwyls, er sei «gerne bereit, anlässlich der nächsten Sitzung der S. K. A. über allfällige Fragen betreffend die Beweggründe, die das Departement zum Erlass dieser Richtlinien geführt haben, Auskunft zu geben».[405]

Ein Jahr später allerdings, im Januar 1947, liess das Militärdepartement den Chef der Kriegstechnischen Abteilung wissen, dass «der Herr Departementschef [Bundesrat Kobelt] die Abänderung von Ziffer 3 der Richtlinien vom 5. Februar 1946 für die Arbeiten der SKA auf militärischem Gebiete wünscht».[406] Die offene Forderung der Entwicklung einer Atombombe wurde nun in den SKA-Richtlinien verklausuliert: «3. Die SKA soll den möglichen Einsatz von Kriegsmitteln, die auf dem Prinzip der Atomenergie beruhen, prüfen. Namentlich soll die Wirkung von Uran- oder anderen Bomben, unter Berücksichtigung der verschiedenen Verwendungsmöglichkeiten, durch einen allfälligen Gegner studiert werden.» Neu sollte die SKA also lediglich prüfen, ob Kernwaffen zu entwickeln seien. Eine Woche später, am 31. Januar 1947, legte von Wattenwyl dem Militärdepartement seinerseits einen Änderungsvorschlag vor: «Die SKA soll überdies die Verwendung der Atomenergie für den Einsatz von Kriegsmitteln [...] studieren und prüfen. Es ist zu versuchen, einheimische Rohstoffe für die Gewinnung von Atomenergie nutzbar zu machen.»[407] Seine Version wich von der Kobelts nur insofern ab, als von Wattenwyl die Rohstoffsuche im eigenen Land – also Autarkiebestrebungen seitens der Schweiz – unterstrich. Von Kobelt findet sich ein handschriftlicher Vermerk auf dem Schreiben von Wattenwyls: «Es bleibt bei meiner Verfügung. Sie entspricht dem Wunsche des Parlaments», datiert auf den 1. März 1947. Es ging ihm wohl vor allem darum, der Gefahr des Bekanntwerdens der geheimen Richtlinien zu begegnen. Im Laufe des Monats bezeichnete Kobelt das Ganze dann jedoch als ein Missverständnis und wies die SKA an, ihrer Arbeit ausschliesslich das Schreiben vom 5. Februar 1946 zugrunde zu legen, wie sie das bisher getan hatte. Die Sache war damit abgeschlossen.[408] Peter Hug schloss daraus, dass Kobelt offensichtlich «nichts gegen das Atombombenprojekt der Schweiz einzuwenden [hatte], sondern nur dagegen, dass dies bekannt werden könnte».[409]

Abb. 50: Fritz Zwicky (1898–1974), Forschungsdirektor bei der Aerojet Engineering Corporation, Azusa, Kalifornien, 1947.

Man könnte die Episode auch anders auslegen: Kobelt stand, mehr als ihm lieb war, unter dem Einfluss von Militärgrössen und lavierte zwischen den Positionen von Militär und Wissenschaft. Dies machte er im September 1946 im Rahmen der Sitzung der ständerätlichen Kommission über die «Förderung der Forschung auf dem Gebiete der Atomenergie» deutlich, obwohl hier seitens des Militärs René von Wattenwyl anwesend war: «Man muss sich kein falsches Bild machen; die Förderung der Atomforschung hat nicht in erster Linie den Zweck, nächstes Jahr dem Militärdepartement eine fix-fertige Atombombe vorzulegen. Gewisse militärische Kreise verlangen dies zwar, sind sich aber über die tatsächlichen Möglichkeiten und Gegebenheiten nicht im Klaren. Die Konstruktion der Atombombe würde offenbar längere Zeit in Anspruch nehmen. Was wir aber können, ist dies, dass wir uns durch unsere Forschung ein Bild über diese machen können, und dies gestattet uns, die Gefahren der Atombombe rechtzeitig zu erkennen und uns gegen diese vorzusehen.»[410]

Es muss im Rahmen der Ausarbeitung des Bundesbeschlusses gewesen sein, als es im September 1946 zu einem Treffen von Bundesrat Kobelt mit Scherrer, von Wattenwyl sowie dem Auslandschweizer Fritz Zwicky kam. Zwicky hatte angeboten, Überlegungen zur Modernisierung der Schweizer Armee anzustellen. Nach eigenen Aussagen soll er bereits 1939 im Kontext seiner Erforschung von Supernovae die Existenz nuklearer Kettenreaktionen und damit die Möglichkeit der Schaffung von Atomwaffen erkannt haben. Daraus leitete er seine «Strategie des totalen Krieges» ab und verwendete damit einen Begriff, dessen sich die Nationalsozialisten bedienten, um eine Form der Kriegführung zu bezeichnen, bei der alle Kräfte der Gesellschaft, militärische, politische wie soziale, darauf ausgerichtet sind, den Feind zu unterwerfen. Die Schweiz war damals daran, sich aus der Isolation zu lösen, in die sie Ende des Zweiten Weltkriegs geraten war und die sie mit dem «Washingtoner Abkommen» vom Mai 1946 zumindest teilweise aufheben konnte. Zwickys Angebot kam ihnen also mehr als recht.

Fritz Zwicky war ein Glarner Physiker und zu seiner Zeit wohl einer der weltweit bedeutendsten Astronomen; er hatte an der ETH Mathematik und Physik studiert und war 1922 mit einer Dissertation über die Festigkeit von heteropolaren Kristallen promoviert worden. 1925, nach einer Assistenzzeit bei Scherrer, gelangte er mit einem Stipendium ans California Institute of Technology, wo er zeit seines Lebens Astronomie lehrte. Er postulierte als Erster die Existenz dunkler Materie, um die Bewegung von Galaxienhaufen zu erklären – ein Thema, das die Wissenschaft noch heute beschäftigt.

Für die Schweizer Armee sollte er nun also Anregungen zur technischen Aufrüstung erarbeiten. Im September 1947 legte er der Kriegstechnischen Abteilung einen Bericht vor mit Vorschlägen zur Gesamtbereitschaft der Schweiz im Falle von kriegerischen Angriffen. In einem Brief an Scherrer vom August 1949 fasste er seine Empfehlungen zusammen. Eine Replik Scherrers ist nicht überliefert. In den Kreisen der Schweizer Armee jedenfalls war Zwickys Engagement umstritten, seine Vorschläge lehnte man als nicht praktikabel ab.[411]

«Wer die Maschine hat, hat auch die Bombe»

An ihrer Sitzung vom 12. März 1946 besprach die SKA die geheimen Richtlinien erstmals. Auch hier war René von Wattenwyl, Chef der Kriegstechnischen Abteilung, zugegen. Er liess die Kommissionsmitglieder wissen, dass für die in den Richtlinien formulierten Aufträge keine zusätzlichen Mitarbeitenden angestellt oder Mittel gesprochen würden. Vielmehr handelte es sich um einen zusätzlichen, je nach Blickwinkel prioritären Auftrag an die SKA-Mitglieder. Weder die anwesenden Wissenschaftlerinnen und Wissenschaftler noch die Vertreterinnen und Vertreter aus den anderen Departementen wandten grundsätzlich etwas dagegen ein. Das lässt sich insofern erklären, als einerseits der konspirative Geist der Geheimhaltung, der während des Weltkriegs regelmässig beschworen worden war, in den Departementen weiterwirkte. Andererseits muss es gerade den Wissenschaftlern und Wissenschaftlerinnen klar gewesen sein – hier liegt wohl der Anlass für ihr Schweigen –, dass eine Kluft bestand zwischen den anzugehenden Studien und der effektiven Realisierung von Kernwaffen. Scherrer jedenfalls liess an der Sitzung verlauten, «dass die Schaffung einer schweizerischen Atombombe aus in der Schweiz vorhandenem Rohmaterial noch in weiter Ferne»[412] liege.

Die Diskussion drehte sich zudem um die Frage, woher die im ersten Punkt eingeforderten Informationen kommen sollten. Von Wattenwyl betonte, dass nicht erwartet werde, dass die SKA-Mitglieder Spionage betreiben sollten, dass die einzelnen Mitglieder jedoch allfällige Informationen weiterzuleiten hätten. Einer der Anwesenden, Paul Karrer, warf die Frage in die Runde, ob Physiker nicht in den Nachrichtendienst eingespannt werden könnten, insbesondere diejenigen, die sich im Ausland befänden. Von Wattenwyl entgegnete, dass es sogar erwünscht wäre, dass Physiker ins Ausland delegiert würden.

Die Bearbeitung des Auftrags im Rahmen der geheimen Richtlinien mündete in lediglich vier militärische Berichte, die zwischen 1947 und 1950 jährlich – und damit längst nicht während des gesamten Bestehens der SKA – entstanden; die Mitglieder der SKA erarbeiteten sie gemeinsam, und Scherrer leitete sie direkt an Bundesrat Kobelt weiter. Die Mitglieder der SKA hatten versucht, wie Scherrer im ersten Übermittlungsschreiben an Kobelt festhielt, die in den Richtlinien aufgeworfenen Fragen, «soweit es uns heute möglich ist»,[413] zu beantworten. Jeder der Berichte enthält ein Schwerpunktthema. Auffallend dabei ist: Ausführungen zur Entwicklung eigener Kernwaffen fehlen gänzlich.

Der erste Bericht vom Oktober 1947 befasst sich mit dem weltweiten Vorkommen von Uran und Thorium und stellt Überlegungen zu Grösse, Art und Einsatz von Uranbomben an, die im Moment noch primitiv seien, wobei aber erwartet werde, dass eine rasche Entwicklung stattfinde. Dieser allgemeinen Einschätzung folgen Ausführungen zu den über Japan detonierten US-amerikanischen Atombomben, was aus dem Smyth-Bericht bereits bekannt war. Es folgen Überlegungen zur Herstellung radioaktiver Substanzen, die über die «Atommaschine» hergestellt werden könnten, indem Plutonium aus Uran hergestellt werde, was wirksame Waffen ermögliche. Der Bericht schliesst mit der Aufzählung ausländischer Anlagen, die der militärischen Nutzung dienten, inklusive einer Spekulation darüber, ob die Sowjetunion sich ebenfalls mit der Herstellung von Kernwaffen beschäftige.[414] Gerade Letzteres wurde an mehreren Sitzungen diskutiert. Paul Scherrer bezeichnete es als wesentlich, sich über die in einem neuen Krieg einzusetzenden Waffen im Klaren zu sein und sich über mögliche Vorkehrungen zur Abwehr Gedanken zu machen. Er hielt es zudem für möglich, dass Bomben neben radioaktiven Rohstoffen auch Biosubstanzen enthalten könnten.[415]

Bericht Nummer zwei von 1948 beschäftigt sich mit den medizinischen Folgen der Strahlenexposition, den «Wirkungen der Atombombe» auf den Menschen, initiiert von Alexander von Muralt, dem Mediziner in der SKA. Er geht die Frage an, welche Schutzmassnahmen und Hilfsvorbereitungen zu treffen wären, sähe man sich Strahlen ausgesetzt. Die Forscher waren sich der schädigenden Wirkung der Exposition von Menschen also durchaus bewusst, wenn sie auch noch kaum Vorsorge- und Verhinderungsmechanismen kannten. Diese zu erkunden, war Teil der Aufgaben der von der SKA initiierten Forschung. Auch Überlegungen zu den Kosten eines Einsatzes von Kernwaffen wurden angestellt und es wurde festgehalten, dass der Herstellungsaufwand vergleichsweise gering sei, sodass «von der Kostenseite aus betrachtet dem Einsatz von Atombomben in einem nächsten Kriege keine Hindernisse im Wege»[416] standen. Mit ihrem Einsatz musste also gerechnet werden, Vorbereitung darauf tat not.

1949 stellte die Kommission im dritten Bericht Überlegungen zu baulichen Schutzmassnahmen vor, die der Abwehr elektromagnetischer und korpuskularer Strahlungen einer Atombombe zu dienen hätten. Den Versuch einer Beantwortung der Frage, wie der Schutz im Falle des Austretens von Radioaktivität zum Beispiel bei Explosionen auszusehen hätte, verschob man auf das kommende Jahr.[417]

Der vierte und letzte Bericht, 1950 abgefasst, behandelte entsprechend die Thematik der Verseuchung durch radioaktive Substanzen und mögliche Massnahmen dagegen: «Radioaktive Isotopen [...] bilden Massenvernichtungsmittel von grosser Wirksamkeit.» Abwehrmassnahmen seien aber durchaus denkbar, zeigte sich die Kommission überzeugt, vorausgesetzt, die notwendigen Geräte – Überwachungsgeräte, Strahlensuchgeräte, Filtermasken – seien vorhanden. Die konsultierte Literatur stammte vornehmlich von ausländischen Autoren und Autorinnen. Überdies wurde auf die beiden vorangegangenen Berichte verwiesen.[418] Die Dringlichkeit, die in den geheimen Richtlinien aufgeworfenen Fragen zu beantworten, hatte offenbar bereits deutlich abgenommen. Aus der Korrespondenz in diesen Jahren geht zudem hervor, dass die der SKA gestellten Aufgaben einem steten Wandel unterworfen waren und die Kommission sich nur in den ersten Jahren mit der Beantwortung militärischer Fragen beschäftigte. In den späteren Jahren dominierten dann Themen wie die Einbindung in internationale Gremien und Gruppierungen sowie die Zusammenarbeit mit nationalen und internationalen Industriegruppen. Dies hatte wohl auch damit zu tun, dass die Uranbeschaffung als Grundlage der angewandten Kernforschung sich als schwieriger erwies als erwartet.

War Scherrer als Vorsteher der Studienkommission für Atomenergie also der «Vater der Schweizer Atomforschung» (Thomas Buomberger) oder gar eine «Schlüsselfigur des Schweizer Atombombenprogramms» (Michael Fischer)?[419] Die Frage lässt sich nur indirekt beantworten. Sicher ist, dass Scherrer sein Leben lang ein Befürworter der Kerntechnologie war und den Einsatz der Atombombe durch die Amerikaner nicht verdammte. Ebenfalls gesichert ist, dass er – und mit ihm der Grossteil der Mitglieder der SKA – in Bezug auf die von der Kerntechnologie ausgehenden Wirkungen und Gefahren gelegentlich von naiven Annahmen ausging, trotz des Wissens um die Gefährlichkeit radioaktiver Stoffe für den Menschen, die sich in der Zerstörung von Hiroshima und Nagasaki gezeigt hatte. Gleichzeitig, so die Vermutung, war Scherrer der Meinung, dass demokratische Länder ein Recht auf Verteidigung hätten und dazu auch den Einsatz von Kernwaffen prüfen müssten. Anders gesagt: Kernwaffen in den «richtigen» Händen waren aus seiner Sicht nicht a priori abzulehnen. Galt dies nach Scherrers Meinung auch für die Schweiz? Im Prinzip wohl ja. Allerdings warnte er regelmässig vor der immensen Zerstörung, die ein solcher Einsatz mit sich bringen würde. Dies sei auch der Grund, weshalb das Uran für die zivile Anwendung international reglementiert sei. Beim Besuch eines Kongresses, wohl der ersten Sitzung der UNO-Atom-Kommission über Atomforschung,[420] hatte Scherrer den Vorschlag der USA zur Kenntnis genommen, das in Reaktoren anfallende Plutonium unter internationale Kontrolle zu stellen.[421]

Scherrer war aber noch aus einem anderen Grund gegenüber Schweizer Kernwaffen kritisch eingestellt. Es muss ihm und seinen Kollegen in der SKA klar gewesen sein, dass die Entwicklung einer Atombombe oder von Kernwaffen ein Ding der Unmöglichkeit war, sei es, weil die Fachkräfte fehlten, sei es, weil es in der Schweiz kein geeignetes Testgelände gab. Scherrers primäres Interesse wie auch das seiner Kollegschaft war, von den grosszügigen Forschungsgeldern für die SKA in grösstmöglichem Mass zu profitieren.

Man kann diesen Gedanken noch weiterspinnen und behaupten: Wenn Scherrer eine Atombombe gewollt hätte, hätte er sie gebaut; dann hätten er und seine Physikerkolleginnen und -kollegen die Mittel gefunden, sie zu entwickeln. Zwischen dem Einsatz der Kerntechnologie zur Energiegewinnung und demjenigen zur Waffenproduktion lagen für ihn jedoch Welten («Es ist daher leider so, dass mit der Erzeugung der Energie durch ^{235}U-Spaltung die Erzeugung von Plutonium gekoppelt ist: d. h. wer die Maschine hat, hat auch das Material zur Atombombe»),[422] und diese Welten wollte er nicht koppeln.

Dies bestätigte zu einem späteren Zeitpunkt der Neuenburger Jean Rossel, der während des Kriegs Assistent bei Scherrer war.[423] Laut dem Kernphysiker thematisierte die SKA das Thema Atomwaffen nie, zumindest nicht an den Sitzungen, an denen er teilnahm – Rossel stiess allerdings erst 1950 zur SKA, fünf Jahre nach deren Gründung. In einem Interview von 1996 erklärte er: «Wenn ich gewusst hätte, dass die SKA an Atomwaffen forscht, wäre ich nicht Mitglied geworden. Wir haben nur über die friedliche Nutzung gesprochen, nie explizit über Atomwaffen.»[424] Und er fügte an, dass er nie Geheimberichte zu Atomwaffenstudien gesehen habe.[425]

Rossel erzählte, dass er 1956 an einer SKA-Sitzung die Frage aufgeworfen habe, ob ein Atomkrieg nicht überhaupt den allgemeinen Untergang bedeute und man diesen also grundsätzlich ächten sollte und ob die SKA oder der Bundesrat nicht einen allgemeinen Appell zur Vermeidung eines Atomkriegs erlassen könnten.[426] Die Schweiz habe nicht nur eine militärische, sondern auch eine humanitäre Tradition. Sein Genfer Kollege Stückelberg nahm die Aussage Rossels auf und liess darüber abstimmen. Das Resultat muss für Rossel ernüchternd gewesen sein: Keiner der Anwesenden unterstützte sein Anliegen. Scherrer wies darauf hin, dass die UNO in allen Ländern Untersuchungen über die Schädlichkeit von Atombombenversuchen veranlasst habe. Bevor diese nicht durchgeführt worden seien, wolle er nichts unternehmen. Rossel sah sich später «aus Gewissensgründen», wie er sagte, gezwungen, in dieser Sache einen Antrag an den Bundesrat zu stellen. Zeit seines Lebens war es ihm ein Anliegen gewesen, vor den verheerenden Seiten der Kerntechnologie zu warnen, und dazu gehörten neben dem Kernwaffenbau auch das Problem des atomaren Abfalls. Es blieb die einzige offen ablehnende Position eines Mitglieds der SKA hinsichtlich der militärischen Verwendung der Kerntechnologie. Seine Kollegen liessen in diesem Moment eine reflexive, kritische Haltung vermissen, wohl aufgrund ihrer Technologiegläubigkeit, aber auch weil man die Abfallthematik zu diesem Zeitpunkt noch kaum im Fokus hatte, nicht einmal die Experten.

Das Uran fehlt

Die SKA sprach also Gelder, die den Physikinstituten an Schweizer Hochschulen sowie zunehmend auch privaten Unternehmen zugutekamen. Die Studien blieben über Jahre hypothetischer Natur. Ende der 1940er-Jahre wäre man theoretisch in der Lage gewesen, «mit dem Bau einer Uranmaschine zu beginnen».[427] Dies sei aber nur möglich, so Scherrer, «wenn die SKA die nötigen Mengen Uran [...] beschaffen» könne.

Das Uran jedoch fehlte in der Schweiz. Konsequenterweise versuchte die Kommission in den folgenden Jahren auf verschiedensten Wegen, zu spaltbarem Material aus dem Ausland zu gelangen. Im freien Handel war es noch nicht käuflich, das war Scherrer früh bekannt. So liess er in einem Bericht zum Stand der Arbeiten der SKA von 1949 das Militärdepartement wissen: «Die Tätigkeit der SKA betrifft zu einem grossen Teil die Frage der Energiegewinnung aus Uran.»[428] Verschiedentlich hatte er deshalb die Notwendigkeit thematisiert, Alternativen zum Uran zu finden, und notiert, dass «die Schweizerischen Physiker [...] alles versuch[t]en, um vom Uran als Energieträger loszukommen».[429] Dazu gehörte vor allem die Forschung mit Thorium, einem Element, das oft erprobt wurde, sich aber als nicht einsetzbar erwies. Zudem wurde mit weiteren spaltbaren Isotopen experimentiert, die in der Schweiz vorkommen könnten. Alles ohne Erfolg. Die Bestrebungen wurden schliesslich aufgegeben – Uran war nicht zu ersetzen.

Uran wurde nun zum gesuchten Element. Die SKA entschied sich früh, nach Vorkommen in der Schweiz zu suchen, und begründete dafür 1946 ein erstes nationales Prospektionsprogramm. Dieses konnte sich auf Vorarbeiten stützen. Bereits 1865 war erstmals über das Vorkommen eines Uranminerals auf der Glarner Mürtschenalp berichtet worden, das in den 1950er-Jahren bestätigt wurde. Zwischen 1919 und 1932 führte der Geologe Hans Hirschi grundlegende Arbeiten zur Gesteinsradioaktivität in der Schweiz und damit über die Verteilung der uranhaltigen Gesteinsmineralien durch. Dank ihm war die Existenz von Pechblende und Brannerit (Uran-Titan-Verbindung) bekannt. Daneben kannte man bereits verschiedene sekundäre Mineralien, die Uran enthalten.

Die erneute Uranprospektion setzte kurz nach dem Kriegsende ein. Scherrer zeigte sich pessimistisch: «Ausserdem gibt es in der Schweiz bestimmt keine irgendwie ausbeutungswürdigen Uranvorkommen (das Uran, das in allen Gesteinen in äusserst geringer Konzentration vorkommt, nützt uns hier nichts).»[430] Sein Vorschlag, erneut Hirschi mit den Forschungen zu beauftragen, wurde abgelehnt.[431] Die ersten Geländeuntersuchungen im Alpenraum unternahmen Geologieprofessoren mit ihren Studierenden. Von einer systematischen geologischen Untersuchung der Uranvorkommen in der Schweiz war man indes noch weit entfernt. Diese wurde 1956 eingeleitet, initiiert von Privaten, bezahlt vom Schweizerischen Nationalfonds, obwohl es inzwischen gelungen war, Uran aus dem Ausland zu beschaffen. Noch hielt man an der eigenen Uranforschung fest und war bestrebt, in der kernphysikalischen Forschung im Sinne des Anspruchs auf Autarkie vom Ausland unabhängig zu bleiben.

Durchgeführt wurden die Prospektionen schliesslich vom «Arbeitsausschuss zur Untersuchung schweizerischer Mineralien und Gesteine auf Atombrennstoffe und seltene Elemente», der sich aus Mitgliedern der SKA rekrutierte: François de Quervain von der Schweizerischen Geotechnischen Kommission, Hans Fehlmann von der Studiengesellschaft für die Nutzbarmachung schweizerischer Erzlagerstätten und Theodor Hügi, Leiter des Geochemischen Laboratoriums des Mineralogisch-Petrographischen Instituts der Universität Bern. Ziel war es, Auskunft über Grösse und Verteilung der normalen Gesteinsstrahlung zu erhalten und allenfalls verwertbare Uranlagerstätten systematisch aufzuspüren. Inzwischen kannte man die Entstehungsbedingungen von Uran besser und hatte genauere Messinstrumente zur Verfügung. Die Kenntnisse der Verteilung radioaktiver Elemente in den Gesteinen der Alpen, des Mittellandes und des Juras jedoch waren immer noch gering. Die Arbeitsgruppe entschied, sich die durch den alpinen Kraftwerkbau temporär zugänglichen unterirdischen Aufschlüsse zunutzezumachen und diese systematisch aufzuzeichnen.

1960 legte der Delegierte für Fragen der Atomenergie der Generalstabsabteilung den Tätigkeitsbericht über die Uranprospektion vor. Der Bericht hielt fest, dass günstige Uranvererzungen vor allem im Wallis, in den Gebieten rund um Le Fou, Grand Alou und Naters, vorgefunden worden waren. Der Delegierte hielt die Erforschung eigener Uranvorkommen für zwingend, nicht in erster Linie eines möglichen Kernwaffenprogramms wegen, sondern weil der Baubeginn der Kernkraftwerke im Verlauf der 1960er-Jahre erwartet wurde. Die Generalstabsabteilung kam zum Schluss, dass ein Abbau der Uranvorkommen zu militärischen Zwecken möglich, aus finanziellen Gründen jedoch kaum durchsetzbar sei. Die Prospektion wurde dennoch fortgesetzt, und der Bund beteiligte sich bis in die 1980er-Jahre an deren Kosten.[432]

Trotz aller Bemühungen: Bis heute wurden in der Schweiz keine Uranvorkommen gefunden, die eine wirtschaftliche Nutzung zugelassen hätten. Im zivilen Bereich rückten die damit erzwungenen Abhängigkeiten den Gedanken einer energiepolitischen Autarkie in weite Ferne. Auch für militärische Zwecke erwiesen sich die Urankonzentrationen als bescheiden, für den Bau von Kernwaffen hätten sie jedoch verwendet werden können.[433]

Uranbeschaffung aus dem Ausland

Die geologischen Exkursionen in die Alpen brachten also eine magere Ausbeute. Deshalb passte es gut, dass die Kommission schon früh versuchte, Uran aus dem Ausland zu beschaffen. Auch hier war Scherrer die treibende Kraft. Er wollte unbedingt eine «Atommaschine» bauen, und ihm war klar, dass dies ohne ausreichende Mengen Uran, sei es Natururan oder angereichertes Uran, unmöglich war.

Nun aktivierte er seine internationalen Kontakte. 1946 versuchte er erstmals, über Belgien Uran zu erhalten. Belgien beschied jedoch, es könne keine grösseren Mengen liefern, da die USA dies nicht erlaubten.[434] Wie oben beschrieben, hatte die amerikanische Regierung nach dem Ende des Zweiten Weltkriegs in Anbetracht der besonderen Bedeutung der Kernenergie die Erzeugung und Verwendung von Uran einer strengen Kontrolle unterstellt. Bereits 1943 hatte das Land gemeinsam mit seinen Bündnispartnern Grossbritannien und Kanada beschlossen, sämtliches Uran in der westlichen Hemisphäre für sich zu behalten. Nur die USA verfügten zudem über die Technologie zur Anreicherung von Uran. Alle Staaten, die mit angereichertem Uran arbeiten wollten, waren also direkt von ihnen abhängig. Sein Monopol pflegte das Land tunlichst, wollte es doch mittelfristig eigene Reaktoren absetzen. Paul Scherrer erkannte dies trotz seiner Amerikaverehrung nicht an und monierte an einer Sitzung, für die Schweiz entstehe so eine untragbare Situation. Er war sich der Rückständigkeit der Schweiz gegenüber den USA bewusst und plädierte früh für eine Zusammenarbeit in Europa, allerdings unter der Bedingung, dass es dabei zu einem Austausch von Uran käme.[435]

Eidg. Militärdepartement
Kriegstechnische Abteilung
St
Service technique du Département militaire fédéral
Servizio tecnico del Dipartimento militare federale

Antwort auf / Réponse à No.
vom — du
Dieses Geschäft betrifft Telephon / Cette affaire concerne téléphone No. 61 7 625

Vertraulich

No. 37.64.4/203
In der Antwort gefl. obige Nummer angeb. / Indiquer ce numéro dans la réponse

Bern, den 25. August 1947

Eidg. Militärdepartement

B e r n

EIDGENÖSSISCHES MILITÄRDEPARTEMENT 26. AUG. 1947 70.1

Mission nach China.

Mit Ueberweisung vom 31.7.1947 haben Sie der Generalstabsabteilung einen Bericht über das Vorkommen von Uran und andern seltenen Metallen in China, verfasst durch den Direktor des Mineral-Explorationsbureau bei der Regierung von Nanking zugestellt. Wir gelangten am 12.8.1947 durch die Nachrichtensektion in den Besitz dieses Dokumentes.

Wie mitgeteilt wurde, hat der Präsident der "National Resource Commission" Wong Wen Hao unserem Gesandten in China ~~dieses Dokument~~ offiziell, wenn auch mit dem Ersuchen um streng vertrauliche Behandlung übergeben. Wir gehen wohl nicht fehl, wenn dies eine Folge der Bemühungen des Stellvertreters des chinesischen Erziehungsministers Dr. Ku ist, welcher letztes Jahr in der Schweiz weilte und beim Herrn Departementschef und dem Unterzeichneten durch Professor Zwicky eingeführt wurde. Dr. Ku hat sich damals bereit erklärt, unsere Bemühungen um die allfällige Beschaffung von Uran aus China zu unterstützen. Wir dürfen deshalb die Uebergabe des Dokumentes als eine Einladung zur Weiterverfolgung der Angelegenheit betrachten und würden in Anbetracht der Wichtigkeit der Angelegenheit empfehlen, darauf einzutreten.

Nach Besprechung mit dem Präsidenten der Studienkommission für Atomenergie Prof.Dr.Scherrer und Professor Zwicky halten wir dafür, dass der Augenblick gekommen ist, eine Mission nach China zu entsenden, um die Frage der Beschaffung von Uran für unsere Arbeiten auf dem Gebiet der Kernphysik einer Lösung näherzubringen. Wir geben uns Rechenschaft, dass die Schwierigkeiten sehr gross bleiben, insbesondere was den Transport des gesuchten Metalles nach der Schweiz anbelangt. Wir sind aber übereinstimmend der Ansicht, dass die gebotene Gelegenheit unbedingt ausgenützt werden muss. Die Mission müsste jedoch nicht als eine solche des Militärdepartementes, sondern als eine solche der Eidg.Technischen Hochschule betrachtet werden, womit sich das Departement des Innern sicher einverstanden erklären würde.

Telegramme: Kriegstechnik
Bitte in einem Brief nur ein Geschäft behandeln — Prière de ne traiter qu'une seule affaire par lettre

Abb. 51: Schreiben der Kriegstechnischen Abteilung des Militärdepartements zur geplanten Mission nach China zwecks einer gemeinsamen Uranerzprospektion im Land, 25. August 1947.

Die Versuche, Uran aus dem Ausland zu erhalten, waren gelegentlich naiv, zuweilen skurril. Informationen über mögliche Quellen zur Uranbeschaffung liefen über das Eidgenössische Politische Departement (heute Eidgenössisches Departement für auswärtige Angelegenheiten), das die Informationen jedoch nicht selbst auswertete, sondern an Scherrer weiterreichte, dessen Stellungnahme massgeblich war. Im November 1946 unterbreitete das Departement Scherrer, dass die Tschechoslowakei gegen einen Erfahrungsaustausch im Bereich der kernphysikalischen Forschung bereit sei, der Schweiz neun Tonnen Uran zu liefern. Dieses auf den ersten Blick aussichtsreiche Angebot lehnte Scherrer kategorisch ab, wohl aus einem antikommunistischen Reflex heraus: «Es waren schon mehrmals Professoren aus der Tschechoslowakei bei mir im Institut, welche sehr darauf drängten, einen Erfahrungsaustausch auf dem Gebiet der Atomphysik anzubahnen. Da diese Herren uns aber gar rein nichts zu bieten haben (eine Atomforschung hat in ihrem Staat überhaupt noch nicht begonnen), so habe ich bis jetzt in dieser Richtung nichts unternommen. Alle diese Herren haben mir versichert, dass die Regierung ihres Landes in der Frage der Uranlieferung völlig inkompetent sei und dass nur die russische Regierung hierüber entscheiden könnte.»[436] Er glaubte auch, dass die Sowjetunion das Erz bereits weitgehend ausgebeutet hatte und kein Interesse daran haben konnte, grössere Mengen an die Schweiz abzugeben.

1947 versuchte Bundesrat Kobelt, mit Chiang Kai-shek, dem chinesischen Machthaber und Gegenspieler Mao Zedongs, eine Forschungskooperation auszuhandeln – die Schweiz sollte drei Jahre später als eines der ersten nicht kommunistischen Länder China anerkennen. Hatte hier Scherrer-Kompagnon Fritz Zwicky die Hände im Spiel? Dieser hatte über einen ehemaligen Schüler Kontakt mit führenden chinesischen Wissenschaftlern geknüpft. In einem Brief an Scherrer von Mitte März 1946 deutete Zwicky an, dass von China Spaltmaterial bezogen werden könnte. Scherrer reagierte zurückhaltend und gab zu verstehen, dass eine Zusammenarbeit mit China auf wirtschaftlichem Gebiet negativ beurteilt würde. Zwicky hinderte dies nicht daran, sich im Mai 1946 direkt an Bundesrat Kobelt zu wenden. Das Schreiben beinhaltete auch das oben erwähnte Angebot zur Mitarbeit an der Gestaltung der schweizerischen Landesverteidigung. Gleichzeitig strich Zwicky seine Verbindungen zu China heraus.[437] Kobelt reagierte positiv und entschied, ein Geologenteam unter der Leitung von Eduard Imhof, ETH-Professor für Geodäsie, nach China zu entsenden mit dem Ziel, dessen Geologen bei der Uranerzprospektion zu unterstützen und als Gegenleistung eine Lieferung auszuhandeln. Auch dieses Projekt scheiterte nach einer Intervention seitens der USA. Diese hatten sich im entscheidenden Moment in die Angelegenheit eingeschaltet und China ihre Hilfe im Bereich der Kernforschung angeboten, worauf China das Interesse an einer schweizerischen Mitwirkung verlor.

1949 erfolgte eine Offerte aus Deutschland. Ein deutscher Staatsangehöriger bot der Schweiz 125 Kilogramm Uran an, das aus dem Keller von Hitlers Sekretär, Martin Bormann, gestohlen worden sein soll. Doch der Deal platzte, einerseits weil man über den Preis nicht handelseinig wurde, andererseits weil sich erneut die Amerikaner einmischten, die nun, angesichts einer sich abzeichnenden Konfrontation zwischen Ost und West, vermeiden wollten, dass Uran an die Sowjetunion ging.[438] Im Laufe der Jahre häuften sich solche zwielichtigen Angebote, sodass die SKA sogar in der Presse davor warnen musste.[439] Es kam aber auch zu ernsthaften Absprachen. Im Sommer 1950 handelte René von Wattenwyl mit einer portugiesischen Firma einen Vertrag über Rechte an Uranminen aus. Und 1951 verhandelte die Schweiz mit Indien über eine Lieferung von Uran und knüpfte gleichzeitig Kontakte zu Südafrika. Im selben Jahr bot Francis Perrin, Hochkommissar des französischen Kommissariats für Atomenergie, Paul Scherrer an, der Schweiz Uran für den Bau eines Forschungsreaktors zu liefern, sofern die Schweizer Fachleute den Kernreaktor selbst entwickeln und die französischen Behörden über ihre Erfahrungen informieren würden. Die Schweiz hätte zudem das beim Betrieb des Reaktors entstehende Plutonium an Frankreich übergeben müssen. Doch auch dieses Abkommen kam nicht zustande.

1954/55 erhielt die Schweiz tatsächlich zum ersten Mal Natururan, allerdings nicht aus Frankreich, sondern, vermittelt von Grossbritannien, aus dem von Belgien besetzten Kongo.[440] Dass die Schweiz mit Frankreich verhandelte, war nicht geheim geblieben, und die britische Regierung wollte verhindern, dass die aufstrebende und eigenwillige Atommacht Frankreich ihren Einfluss im Bereich der Kernenergie auf dem europäischen Kontinent ausbaute. So gelangte Grossbritannien im April 1954 nach Absprache mit den USA an die belgische Regierung und bat diese, Uraniumoxid aus Belgisch-Kongo zu liefern, um die Verarbeitung der von der Schweiz gewünschten Uranstäbe von insgesamt zehn Tonnen veranlassen zu können. Dies hätte jedoch noch einige Zeit beansprucht, sodass die Kriegstechnische Abteilung Grossbritannien bat, metallisches Uran direkt zu liefern. Für dieses Dreiecksgeschäft, das eine schweizerische Delegation mit Scherrer an der Spitze aushandelte, bewilligte der Bundesrat 3,3 Millionen Franken. Die Schweiz profitierte hier also von kolonialen Verflechtungen. Rund die Hälfte der zehn Tonnen Uranmetall, die das Land erhielt, wurde für den Betrieb des geplanten Reaktors zur Verfügung gestellt, die andere Hälfte in einem Stollen der eidgenössischen Pulverfabrik in Wimmis als militärische Kriegsreserve eingelagert. 1955 erhielt die Schweiz von den USA zudem sechs Kilogramm hoch angereichertes Uran zur Betreibung des sich mittlerweile in Schweizer Händen befindenden amerikanischen Reaktors Saphir.

Es war allerdings nicht das Verhandlungsgeschick der SKA, das den gewünschten Erfolg brachte, sondern eine Wende in der internationalen Politik, die eine

Lockerung der Ausfuhrbestimmungen für Uran zu dessen Verwendung in der kernphysikalischen Forschung herbeiführte. Die Lockerung ging von den USA aus, die die vermehrte Zusammenarbeit auf europäischer Ebene auf dem Gebiet der Kernenergie, vor allem im Rahmen des CERN (ab 1954), der European Atomic Energy Society (ab 1957) und der Euratom (ebenfalls ab 1957), anerkannte.[441]

Die Geschichte mit dem tschechoslowakischen Uran ist notabene nicht der einzige Beleg für die antikommunistische Haltung Scherrers. 1952 liess er Max Petitpierre, den damaligen Vorsteher des Politischen Departements, in einem Schreiben wissen, dass die Einstellung der Schweizer Physiker gegenüber der internationalen Forschervereinigung, der Fédération mondiale des travailleurs scientifiques, der damals Pierre Joliot-Curie vorstand, «als gleichgültig bis feindlich» zu bezeichnen sei und dass «mit Russland nicht der geringste wissenschaftliche Kontakt» bestehe.[442] Ob Scherrer hier tatsächlich für alle Schweizer Physiker reden konnte, sei dahingestellt. Er wusste sich aber mit seinem ehemaligen Schüler Paul Huber auf gleicher Linie. Dieser betonte einmal, dass es ihm nicht ausschliesslich um eine friedliche Nutzung der Kerntechnologie gehe, sondern dass er sie auch als politisches und militärisches Instrument gegen andere Grossstaaten betrachte.[443] Er mahnte im Sinne der wieder aufkeimenden «geistigen Landesverteidigung», standhaft und entschlossen den Drohungen entgegenzutreten. Es sei im Interesse der Schweiz, dass der «Westen eine starke Verteidigungskraft» besitze, so Huber weiter, und er verband dieses Argument mit dem antikommunistischen Zeitgeist: «Die laufende Diskussion um die Beendigung der Atombombenversuche ist eine politische Angelegenheit und keine humanitäre. Die Gefährdung der Menschheit infolge der zunehmenden Radioaktivität ist unvergleichlich viel geringer als jene infolge der politischen Unterjochung, der persönlichen Entrechtung und der kommunistischen Sklaverei.» Es sei für einen Kleinstaat wie die Schweiz Pflicht, «sich mit den wirkungsvollsten Verteidigungswaffen auszurüsten, die er im Rahmen seiner Neutralität beschaffen kann. Dass dazu auch Atombomben gehören könnten, ist ein unerfreulicher Gedanke, der nur durch das Wissen erträglich wird, dass unsere gesamte Wehrhaftigkeit einzig und allein der eigenen Erhaltung und Verteidigung dient.» Damit ging Huber über die Haltung Scherrers hinaus.

Scherrer baut einen Reaktor

In der Botschaft vom Juli 1946 war unter anderem der Auftrag formuliert worden, mit dem zur Verfügung stehenden Kredit eine «Uranversuchsanlage», also einen Kernreaktor, zu bauen. Entsprechend früh schlug Scherrer deshalb vor, innerhalb der SKA eine Arbeitsgruppe zwecks Projektierung einer «Uranmaschine» als Basis dieser zukünftigen Anlage zu gründen.[444] Im Herbst 1946 legte Werner Zünti, Dok-

den 27. März 1957.

Herrn Prof. Dr. P. SCHERRER,
Physik. Institut an der E.T.H.,
Gloriastrasse 35,
Z U E R I C H.

Betr. : Forschung über die industrielle Verwertung der Kernenergie.

Sehr geehrter Herr Professor,

Wir freuen uns Ihnen mitzuteilen, dass die drei Firmen unserer Arbeitsgemeinschaft : Escher Wyss, Gebr. Sulzer und Brown Boveri, sich bereit erklärt haben, Ihnen für das Jahr 1957 einen Forschungsbeitrag in der bisherigen Höhe von Fr. 30'000.- zu überreichen.

Ohne gegenteiligen Bericht Ihrerseits werden wir uns gestatten, diesen Betrag am Jahresende zu überweisen.

Wir bitten Sie, sehr geehrter Herr Professor, unsere aufrichtigen Wünsche für das Gedeihen Ihres Institutes und unsere besten Grüsse entgegenzunehmen.

Aktiengesellschaft
BROWN, BOVERI & CIE.

D : Escher Wyss AG
Gebr. Sulzer AG.

Abb. 52: Zusage eines Forschungsbeitrags an das Physikalische Institut der ETH seitens des Industriekonsortiums Arbeitsgemeinschaft Kernreaktor, das neben der BBC, den Gebrüdern Sulzer und Escher Wyss auch Motor-Columbus und Elektro-Watt umfasste, 27. März 1957.

torand bei Scherrer und gleichzeitig bei der BBC in Baden beschäftigt, einen Bericht über die «Wirtschaftliche Anwendung des Uranofens» vor. Diese unveröffentlicht gebliebene Arbeit machte deutlich, dass an Scherrers Institut unmittelbar nach dessen Rückkehr aus den USA und basierend auf den laufenden Forschungen darüber nachgedacht wurde, wie sich auf der Basis eines Kernreaktors ein Kraftwerk bauen liesse.[445] Im Wintersemester 1946/47 hielt Scherrer dazu eine Vorlesung. Notizen des Studenten Niklaus Rott mit dem Titel «Atomphysik und Atomenergie» halten fest, dass Scherrer seinen Studierenden eine Uranmaschine in Form eines Grafitreaktors darlegte inklusive Annahmen über Investitions- und Energiegestehungskosten.

Auch die Industrie blieb nicht tatenlos. Während sich die Elektrizitätswirtschaft von den Fehleinschätzungen gewisser Wissenschaftlerinnen und Wissenschaftler, dass Kernenergie keine grundlegende Umwälzung in der Energieversorgung initiiere, täuschen liess, interessierte sich die exportorientierte Maschinenindustrie früh für die neue Technologie. Sie war seit Jahrzehnten im Bereich des Baus von Turbinen, Generatoren und Dampfkesseln sowie im Kraftwerkbau tätig. Es war also naheliegend, dass sie sich im vielversprechenden Gebiet der Kerntechnologie neue Produkte, Kunden und Märkte zu eröffnen suchte. Insbesondere die BBC war hier massgeblich, die seit den Arbeiten am Zyklotron mit Scherrer zusammenarbeitete. Die Gebrüder Sulzer in Winterthur wiederum begannen 1947, erste Vorstudien für den Bau eines Kernreaktors zu erstellen. Ende 1948 schlossen sie sich mit der BBC und Escher Wyss zur Industriekommission Kernenergie zusammen, weitere Beteiligte waren Vertreter des Schweizerischen Elektrotechnischen Vereins und des Verbands Schweizerischer Elektrizitätswerke. Sie hatten erkannt, dass die Entwicklung von Kernreaktoren die Kapazitäten eines einzelnen Unternehmens übersteigen würde. Die Kommission fungierte zunächst als lockeres Diskussionsforum. Als es Anfang der 1950er-Jahre so aussah, dass der Uranimport zustande kommen würde, bildete sie sich zur erweiterten Studiengruppe Kernenergie um und lancierte ein eigenes Projekt, den SK C 795, einen mit gasförmigem Kohlendioxid gekühlten und mit Grafit moderierten Leistungsreaktor von zehn Megawatt Wärmeleistung. Ein Physiker aus Genf betreute die physikalische Auslegung, Mitarbeitende von Sulzer berechneten die Thermodynamik, während die BBC die Konstruktion koordinierte.[446] Die übliche individualistische Ausrichtung der Firmen und Branchen wich hier für einen Moment der Kooperation.

Zur selben Zeit diskutierte die SKA den Bau eines Versuchsmeilers bei Paul Huber an der Universität Basel. Hier forschte wie gesagt seit den Kriegsjahren Werner Kuhn an der Herstellung von schwerem Wasser. Schweres Wasser enthält statt Wasserstoffatomen Deuterium, dessen Kern aus einem Proton und einem Neutron besteht. Mit schwerem Wasser oder Grafit lässt sich ein Natururanreaktor bauen, sodass die Urananreicherung entfällt. Mit gewöhnlichem Wasser als Moderator ist dies wegen

Abb. 53: Erster Spatenstich beim Bau des Atomkraftwerks in Würenlingen, 1956 (Foto: Candid Lang).

zu hoher Neutronenabsorption nicht möglich. Ein solches Verfahren hatte Kuhn in Zusammenarbeit mit der Hovag (heute Ems-Chemie) und der Lonza in Visp bereits während des Kriegs entwickelt und war deshalb ins Visier des US-Geheimdienstes geraten. Die beiden Firmen erhielten später von der Reaktor AG den Auftrag, zwölf Tonnen schweres Wasser herzustellen, um dieses in einem der geplanten Reaktoren einzusetzen. Auch das versuchten die USA zu unterlaufen, indem sie eigenes schweres Wasser zu einem tieferen Preis anboten. Ende der 1950er-Jahre griff die Schweiz zu, sodass es nie zu einem eigenen Industriezweig im Bereich der Moderatorenproduktion kam.[447]

Scherrer selbst konkretisierte seine Pläne ab März 1949 mit der Gründung einer Arbeitsgruppe für die Entwicklung der technischen Details des Reaktorkerns, bestehend aus Physikern und Industriellen.[448] Noch aber fehlte der Gruppe die elementare Grundlage, noch stand kein Uran zur Verfügung.

Ende 1951 musste Scherrer die Hoffnung auf die vom Ausland in Aussicht gestellte Lieferung von Uran und Grafit erneut begraben. Damit richtete sich die Aufmerksamkeit auf schweres Wasser als Moderator, und die SKA entschied, einen Natururanreaktor zu entwickeln, in der Annahme, früher oder später Uran im eige-

Abb. 54: Gedenktafel am damaligen Eidgenössischen Institut für Reaktorforschung (heute PSI) mit Porträts der Geehrten, Walter Boveri und Paul Scherrer, 1960 (Ausführung: Franz Fischer).

nen Land zu finden. Der fortan zu verfolgende Reaktortyp war also geklärt. Zwei Reaktorprojektskizzen (P1, P2) lagen bereits vor, sie stammten aus den Jahren 1950 und 1951. Ziel des Projekts P3 war, den Auftrag an die Industrie zu vergeben und den Reaktor mit Geldern der SKA zu finanzieren. Um geeignete organisatorische Strukturen zu schaffen, wurde die Studiengruppe Kernenergie im August 1954 zur stärker hierarchisch organisierten Arbeitsgemeinschaft Kernreaktor umgeformt, in der neben der BBC, Sulzer und Escher Wyss nun auch die Ingenieurfirmen Motor-Columbus und Elektro-Watt mitwirkten. Diese Industriegruppe forderte bereits die Entwicklung eines Leistungsreaktors – Scherrer und die SKA favorisierten jedoch die Konzeption eines Forschungsreaktors, der der Experimentalphysik und der Materialprüfung dienen sollte.[449]

Eine Beschleunigung der Arbeiten gelang nun auch deshalb, weil die Uranbeschaffung aus dem Ausland konkreter wurde. Frankreich war mittlerweile bereit, der Schweiz unter der Bedingung, dass das Abfallmaterial, also das Plutonium, zurückgegeben werde, Uran zur Verfügung zu stellen. Der Bundesrat stimmte dem Austausch von Uranstäben mit Frankreich zu. Dass das Abkommen dann nicht zustande kam, hatte bekanntermassen nicht mit Vorbehalten der Schweiz zu tun, sondern mit Interventionen seitens Grossbritanniens und der USA.[450]

Nichtsdestotrotz legte die Arbeitsgemeinschaft Kernreaktor im Frühling 1954 erstmals konkrete Pläne für einen Reaktor inklusive Kostenabschätzung vor. Darauf liess der Bundesrat eine Botschaft über die «Förderung des Baues und Betriebes eines Atomreaktors» ausarbeiten, die er im November 1954 von der Bundesversammlung verhandeln liess. Die Räte stimmten dem Beschluss nur einen Monat später zu. Im Gegensatz zum ursprünglichen Plan, der beinhaltete, dass der Bund den Reaktor errichtet und betreibt, sah der Beschluss vor, Bau und Betrieb des Reaktors der Privatindustrie zu überlassen. Der Bund würde einen Teil der Mittel beisteuern. Er zeigte sich bereit, von den Kosten im Umfang von 20 Millionen Franken 12 Millionen zu übernehmen, einschliesslich des Werts des inzwischen erhaltenen Urans in Form einsatzbereiter Stäbe.[451]

Damit war die Projektierung des Reaktors, mittlerweile Diorit genannt, so weit fortgeschritten, dass für seine Herstellung erste Vorverträge abgeschlossen werden konnten. Die Arbeitsgemeinschaft Kernreaktor wurde mit dem Bau des Reaktors und sämtlichen dafür notwendigen experimentellen Arbeiten beauftragt. Weitere Schweizer Unternehmen waren mittlerweile hinzugekommen, und so plante die Elektro-Watt zusammen mit Motor-Columbus das Reaktorgebäude und die Strahlenabschirmungen, Sulzer und Escher Wyss bauten die Kühlkreisläufe und die Schwerwasserpumpen, die Genfer Sécheron lieferte die Motoren dafür, die Ateliers des Charmilles die Pumpen für die Reinigungskreisläufe. Das Projekt diente nicht zuletzt dazu, verschiedenen Unternehmen die Möglichkeit zu geben, erste Erfahrungen im Reaktorbau zu sammeln.[452]

Der Entscheid für den Standort des Reaktors war schnell getroffen. In Würenlingen im Kanton Aargau waren bereits Bauten für einen weiteren Reaktor im Gang. Schon im Frühjahr 1958 konnte dort ein Reaktorgebäude bezogen und mit dem Einbau des vorgefertigten Reaktors begonnen werden. Am 15. August 1960 wurde der Diorit erstmals kritisch, das heisst, aus dem Fachjargon übersetzt: Er ging in

Betrieb. Am 26. desselben Monats wurde er im Beisein von Bundesrat Petitpierre eingeweiht. Scherrers Leistung würdigte man eingehend mit einer Bronzetafel am Gebäude des Diorit: «Am 26. 8. 1960 wurde im Diorit erstmals Energie aus der Spaltung von Atomkernen erzeugt. Dem forschenden Geist von Prof. Paul Scherrer und der praktischen Tat von Dr. h. c. Walter Boveri verdankt unser Land seinen ersten Kernreaktor. Mit ihrer Pionierleistung haben sie der schweizerischen Industrie und Wirtschaft auf dem Wege in die Zukunft einen unschätzbaren Dienst erwiesen.»[453]

Mit dem Diorit stand eine umfangreiche Forschungs- und Materialprüfanlage zur Verfügung, die sowohl von der Privatwirtschaft als auch von der ETH Zürich benutzt werden konnte. Die Konstruktion des Versuchsreaktors erlaubte unter anderem den Einbau verschiedener Experimentierkreisläufe, sodass neuartige Kühlmittel und Brennelemente oder besondere Temperaturverläufe getestet werden konnten. Zahlreiche Reaktorkonzepte, die bislang ausschliesslich auf dem Reissbrett bestanden hatten, konnten nun am Diorit experimentell überprüft werden. Mit dem Reaktor liess sich zudem radioaktives Material für Medizin, Industrie und Forschung herstellen.[454]

Die Industrie sah den Diorit nicht nur als Versuchsanlage, sondern auch als Vorläufer einer zukünftigen schweizerischen Leistungsreaktorlinie. Walter Boveri hatte Überlegungen in diese Richtung bereits 1956 vor dem BBC-Verwaltungsrat ausgeführt: Obwohl keine Energie erzeugt werden sollte, sei der Versuchsreaktor als Vorstufe einer energieabgebenden Anlage zu bewerten. Das überaus erfolgreiche Diorit-Projekt beeinflusste den weiteren Verlauf der schweizerischen Kerntechnologieentwicklung massgeblich. Der in den 1960er-Jahren in Lucens gebaute Versuchsreaktor war eine direkte Weiterentwicklung des Diorit. Er arbeitete ebenfalls mit schwerem Wasser und natürlichem Uran. Auch die kooperative Organisationsstruktur wurde auf Lucens übertragen und kam dort, in einer allerdings stärker formalisierten Weise, zur Anwendung.

Der Diorit produzierte während seines Betriebs zwischen 1960 und 1977 rund 20 Kilogramm Plutonium, das bis 2014 im Paul Scherrer Institut lagerte, als der Bundesrat entschied, das Material den USA zu übergeben. Es hätte für rund vier Bomben gereicht. Die Herstellung eigener Kernwaffen hätte allerdings das bilaterale Abkommen der Schweiz mit den USA über die friedliche Verwendung der Kernenergie verletzt.

Auch andere europäische Staaten hatten begonnen, eigene Natururanreaktoren zu entwickeln. Es handelte sich dabei um Länder, die ebenfalls über keine eigenen Urananreicherungsanlagen verfügten und unter Umgehung des amerikanischen Brennstoffmonopols den Einstieg in die Kerntechnologie suchten. Dazu gehörten Frankreich und Grossbritannien, die ihre Konzepte für Natururanreaktoren 1955 erstmals der Öffentlichkeit präsentierten. In beiden Ländern waren zu diesem Zeitpunkt bereits entsprechende Versuchsanlagen in Betrieb; in Kanada und Schweden existierten zumindest Pläne für Schwerwasserreaktoren. Kernenergie galt bis weit in die 1960er-Jahre hinein als saubere, sichere und nahezu unbegrenzt zur Verfügung stehende Energiequelle. Atome standen damals jedoch für die meisten Menschen nicht so sehr für den Frieden (Eisenhowers «Atoms for Peace») als für Wohlstand und technischen Fortschritt. Erste erkannte Probleme stempelte man als Kinderkrankheiten ab. Frühe Widerstandsbewegungen richteten sich gegen die atomare Aufrüstung und warnten davor, dass Plutonium in falsche Hände geraten könnte – sie stellten sich jedoch noch nicht gegen Kernreaktoren oder die Forschung. Die Schweiz war mit ihrem nicht mehr infrage gestellten Diorit-Projekt also in bester Gesellschaft.[455]

Auflösung der SKA

1958 wurde die SKA aufgelöst. Dies geschah nicht zufällig: Der zivil-militärische Komplex war zunehmend obsolet geworden und es ging nun darum, die beiden Bereiche stärker zu trennen. Dies bedeutete jedoch keine Abkehr von der – staatlich alimentierten – kernphysikalischen Forschung. Vielmehr bewilligte das Parlament für das Jahr 1958 10,5 Millionen Franken und für die folgenden vier Jahre insgesamt 40 Millionen Franken. Die Gelder erhielt der 1952 zur staatlichen Forschungsfinanzierung gegründete Schweizerische Nationalfonds zur Förderung der wissenschaftlichen Forschung (SNF), an dessen Spitze das SKA-Mitglied Alexander von Muralt stand, mit der Auflage, für deren Verteilung eine eigene Kommission zu schaffen. Diese noch im Jahr 1958 aus der SKA konstituierte Kommission für Atomwissenschaft hatte die Grundlagenforschung und die Ausbildung des Nachwuchses zu sichern. Zum Präsidenten wurde erneut Paul Scherrer ernannt, die Mitglieder rekrutierten sich ebenfalls zu einem guten Teil aus bereits in der SKA tätig gewesenen Wissenschaftlern und Wissenschaftlerinnen, ferner gehörte je ein Vertreter von National- und Ständerat sowie der Delegierte des Bundesrats für Fragen der Atomenergie dazu. Scherrer hatte die Gründung der Kommission dezidiert unterstützt. Er argumentierte, dass die Forschung mittlerweile anders aufgestellt und besser organisiert sei als noch zwanzig Jahre zuvor und eine «technische Bedeutung» erhalten habe. Er bediente das bekannte Narrativ, dass es andernfalls zu einem Rückstand gegenüber dem Ausland kommen würde: «Ein Land, das nicht forscht, ist bald nicht mehr konkurrenzfähig.»[456] Die Atomenergie, so Scherrer, sei erst am Anfang, habe aber eine grosse Bedeutung für die Energieversorgung. Einziges Problem sei die damit verbundene starke Radioaktivität. Deklariertes Ziel der Kommission war es denn auch, die schweizerischen Hochschulen mit Teilchenbeschleunigern und Apparaturen auszurüsten. Die Physikinstitute der Universitäten Basel, Zürich und Neuenburg erhielten in der Folge je mindestens einen Beschleuniger für niedere Energien, die Universitäten Basel und Genf zudem je einen kleinen Forschungsreaktor. Es wurden aber auch Themenfelder im weiteren Umfeld der kernphysikalischen Forschung bearbeitet, etwa die Strahlenschutzforschung und die Strahlenbiologie sowie die Anwendung von Radioisotopen in Medizin, Chemie und Biologie. 1963 wurde die Kommission vollständig in den SNF eingegliedert.

Als übergeordnetes, beim Bund angesiedeltes Organ entstand 1959 die Eidgenössische Kommission für Atomenergie, sie wurde aus der SKA und aus der Beratenden Kommission für Atomwirtschaft zusammengezogen. Scherrer nahm auch hier Einsitz. Diese Kommission diente der Sicherstellung der technischen Aufgaben der Kernenergie und der Beratung der Behörden. Sie hatte sich mit den im Entstehen begriffenen Reaktorprojekten zu beschäftigen, hatte aber auch die Oberaufsicht über zahlreiche Kommissionen, etwa über die Kommission für Atomwissenschaft, dazu über die Reaktor AG, die Strahlenschutzkommission sowie die Kommission zur Überwachung der Radioaktivität der Luft und der Gewässer. Seit 1955 bestand überdies die interdepartementale Administrativkommission für Atomfragen: Das Wissen über Kerntechnik sollte nicht länger auf das Militärdepartement konzentriert sein, vielmehr sollten alle Departemente eingebunden sein.

Damit aber nicht genug. Im Jahr 1958 erfolgte auch die Gründung der «Schweizerischen Vereinigung für Atomenergie», einer Verbindung privater Unternehmen mit dem Genfer Ständerat Eric Choisys an der Spitze; dieser war als Geschäftsleitungsmitglied des Energieversorgungsunternehmens Energie de l'Ouest-Suisse am Einsatz der zivilen Nutzung der Kernenergie interessiert. Das Gremium umfasste sowohl Einzelpersonen als auch Unternehmen, zudem die «Schweizerische Gesellschaft der Kernfachleute», die knapp vierzig Expertinnen und Experten versammelte und von Werner Zünti von der BBC präsidiert wurde.[457] Scherrer war eingeladen, hier mitzutun, lehnte jedoch ab, da er die Angelegenheit als Zweigleisigkeit beurteilte.[458] Der Thematik der Kerntechnologie jedenfalls kam damit mehr Aufmerksamkeit denn je zu, und dies auf allen Ebenen. Plastiken wie das Atomium in Brüssel und Schlagzeilen wie «strahlende Zukunft» legten ein beredtes Zeugnis davon ab. Oder anders gesagt: Die Pionierphase war vorbei, das Zeitalter der Kernenergie war in seine Hochphase getreten.

Exkurs

Wollte die Schweiz die Atombombe?

Reaktoren unterscheiden sich im gewählten Brennstoff (stark, leicht oder gar nicht angereichertes Uran) und im Moderator (natürliches oder schweres Wasser [D_2O], Grafit oder Berylliumoxid), der die Neutronen abbremst, die bei der Spaltung des Urans entstehen. Der mit schwerem Wasser betriebene Natururanreaktor ist für die Produktion von Plutonium besonders geeignet. Deshalb wurde in jüngerer Zeit wiederholt behauptet, die Schweiz sei in den Jahren nach 1945 auf dem Weg zur Atombombe gewesen, mit Paul Scherrer als treibender Kraft.[459]

Es scheint plausibel, dass sich die SKA im Hinblick auf eine potenzielle militärische Nutzung für einen schwerwassermoderierten Natururanreaktor ausgesprochen hätte. Für einen direkten Zusammenhang gibt es jedoch keine Hinweise. Die Konfiguration der Reaktoren wurde vielmehr aufgrund der zur Verfügung stehenden Rohstoffe und der industriellen Möglichkeiten festgelegt. Für eine waffentechnische Verarbeitung von Plutonium hätte es teurer, hoch technischer Anlagen mit entsprechend qualifiziertem Personal bedurft, doch beides stand der Schweiz in den 1950er-Jahren nicht zur Verfügung. Der Entscheid für den schwerwassermoderierten Uranreaktor kam dagegen einem schweizerischen Autarkieanspruch entgegen: Mit eigenen Uranvorkommen sowie der Eigenproduktion von schwerem Wasser – beides erwies sich als aussichtslos – hoffte man, grösstmögliche Unabhängigkeit vom Ausland zu erreichen.

Die zivilen und militärischen Interessen waren in den Jahren 1945–1954 aber tatsächlich eng verzahnt und bedingten sich insbesondere in finanzieller Hinsicht gegenseitig. Spätestens in der zweiten Hälfte der 1950er-Jahre, unter anderem mit der 1957 gegründeten Studienkommission für die allfällige Beschaffung eigener Kernwaffen, wurden die beiden Interessen jedoch entkoppelt. Die SKA entzog sich dem Dilemma, indem sie nur sehr beschränkt oder – so Jean Rossel, eines ihrer Mitglieder – gar nicht auf das Thema einging. Gleichzeitig wurde zur Genüge belegt, dass die Schweiz Anfang der 1950er-Jahre mangels angereicherten Urans gar nie die Wahl hatte, etwas anderes als eine Natururanlinie zu verfolgen.[460] Auch die Einflussnahme seitens des Bundes respektive des Militärs hielt sich in Schranken. Laut Rudolf Sontheim, Direktor der Reaktor AG und später Delegierter des Verwaltungsrats der BBC, wurden zweimal Behörden bei ihm vorstellig. Zuerst soll das Fabrikinspektorat den Einbau von Fenstern im Reaktorgebäude des Diorit verlangt haben, denn gemäss Fabrikgesetz war es verboten, Leute in fensterlosen Räumen arbeiten zu lassen. Dann wurde das Flachdach des Reaktor-

Abb. 55: Ein Symbol des euphorischen Atomzeitalters ist zweifelsohne das Atomium in Brüssel. Das für die Weltausstellung 1958 errichtete 102 Meter hohe Bauwerk stellt die aus neun Atomen bestehende kubisch-raumzentrierte Elementarzelle eines Eisenkristalls dar. Die Kugeln und die sie verbindenden Rohre sind hohl und teils begehbar, das Gewicht der Konstruktion beträgt 2200 Tonnen, 1958.

gebäudes moniert. Beide Anordnungen wurden von den Verantwortlichen abgeschmettert.[461]

Nach Meinung der Experten und Expertinnen war der Einsatz von Kerntechnologie für militärische Zwecke der Schweiz also beschränkt. Forschende und Unternehmer wandten sich entsprechend früh der industriellen Entwicklung und damit der zivilen Nutzung zu.

Dies bestätigt ein 1963 von Experten – dazu gehörten die Physiker Paul Schmid, Walter Winkler und Urs Hochstrasser – erstellter Bericht zu den Möglichkeiten einer eigenen Kernwaffenproduktion (der sogenannte Map-Bericht): Eine Kernbewaffnung der Schweizer Armee wurde als im Bereich des Möglichen liegend bezeichnet. Allein, die finanzielle Belastung, der zeitliche Horizont und das ungelöste Problem, wo und wie Tests durchzuführen wären, schienen eine Umsetzung zu verunmöglichen. Noch nicht einmal über das Material zur Herstellung eines nuklearen Sprengkörpers – Plutonium oder angereichertes ^{235}U – war man sich im Klaren, da man «keine Kenntnisse über die Explosion von Nuklearmaterial»[462] besass. Der Bericht empfahl ^{235}U und schlug eine dreijährige Phase vertiefter Abklärungen vor. Aus dem Bericht sind auch keine Synergien mit der zivilen Entwicklung erkennbar. Im Gegenteil: Man wollte verhindern, dass zivile Institutionen in den Verdacht militärischer Forschung kamen. Werner Zünti, ab 1960 Direktor des Eidgenössischen Instituts für Reaktorforschung, soll gar explizit verneint haben, etwas mit «dieser Art Forschung»[463] zu tun zu haben. Das zivile und das militärische Interesse an der Kerntechnologie überschnitten sich zu diesem Zeitpunkt demnach kaum mehr.

Dennoch ist nicht unter den Tisch zu wischen, dass es in der Schweiz Personen gab, die den Besitz eigener Kernwaffen anstrebten. Nach 1954 erfolgte die Diskussion fast ausschliesslich in Offizierskreisen und unter Militärexperten. Die Schweizerische Offiziersgesellschaft befürwortete 1957 Kernwaffen als Verstärkung der Landesverteidigung. In einem Bericht des Eidgenössischen Militärdepartements (EMD) an den Bundesrat vom Mai 1958, also zwei Jahre nach dem Einmarsch der Sowjets in Ungarn, heisst es, ein Krieg in Europa sei ohne Kernwaffen nicht denkbar und die Beschaffung eigener Atombomben für die Armee «dringend notwendig». Personen im EMD wollten den Ankauf von «kleinkalibrigen Atomwaffen» aus dem Ausland prüfen. Im Ernstfall sollte der Einsatz von Kernwaffen auf Schweizer Territorium getestet werden. Dies wurde 1958 von der Landesregierung unterstützt: «In Übereinstimmung mit unserer jahrhundertealten Tradition der Wehrhaftigkeit ist der Bundesrat der Ansicht, dass der Armee zur Bewahrung der Unabhängigkeit und zum Schutz der Neutralität die wirksamsten Waffen gegeben werden müssen. Dazu gehören die Atomwaffen.» Nicht nur der Begriff der Neutralität wird hier arg strapaziert. Dieser «Grundsatzentscheid» des Bundesrats sorgte im In- und Ausland für einiges Aufsehen. Generalstabschef Jakob Annasohn schwebten insgesamt 450

Sprengkörper, verteilt auf Fliegerbomben, Artilleriegeschosse und Raketensprengköpfe, vor, er rechnete für die Umsetzung dieses Bewaffnungsszenarios mit einer Dauer von 35 Jahren.[464]

Neben der noch nicht ausgeträumten Eigenproduktion wurden ab Mitte der 1950er-Jahre im EMD deshalb Sondierungen zum Kauf von Kernwaffen aus den USA, Grossbritannien und der Sowjetunion angestellt. Bei Sondierungen sollte es aber bleiben. Zwar war 1962 eine von der Schweizerischen Bewegung gegen atomare Aufrüstung lancierte Initiative zum Verbot von Atomwaffen mit zwei Dritteln der Stimmen abgelehnt worden. Zwei Jahre später aber geriet das EMD wegen massiver Kostenüberschreitungen bei der Beschaffung der Mirage-Kampfjets, die für den Transport von Kernwaffen hätten eingesetzt werden können, unter Druck. Verteidigungsminister Paul Chaudet, Generalstabschef Jakob Annasohn und Waffenchef Etienne Primault hatten im Zuge des Geschehens zurückzutreten. Die Landesregierung begann nun zu bremsen, wenn auch bekannte Militärs wie Gustav Däniker unbeirrt die Notwendigkeit von Nuklearwaffen betonten. Ein harter Kern war weiterhin bereit, die Diskussion in der Öffentlichkeit am Leben zu erhalten, mit immer weniger Erfolg. 1968 unterzeichneten die USA, die Sowjetunion und Grossbritannien den Nonproliferationsvertrag; die Unterzeichnung durch die Schweiz folgte im Jahr darauf.[465]

Die Entwicklung einer Schweizer Atombombe beziehungsweise der Besitz von Kernwaffen war letztlich ein Phantasma in den Köpfen von Armeeangehörigen und einigen Politikern. Die zahlreichen Studien und Vorarbeiten, die über Jahrzehnte hinweg betrieben wurden, waren nie über theoretische Modelle hinausgekommen. Es fehlte das notwendige Uran, aber auch die Bereitschaft, die benötigten finanziellen Ressourcen bereitzustellen. Es fehlte vielleicht auch das erforderliche Interesse seitens der Wissenschaft. Die Wissenschaftlerinnen und Wissenschaftler, unter ihnen Scherrer, hatten wohl nie wirklich daran geglaubt, dass es realistisch sei, in der Schweiz Kernwaffen zu entwickeln. Am 1. November 1988 und damit kurz vor dem Ende des Kalten Kriegs, zog Bundesrat Arnold Koller einen endgültigen Schlussstrich unter die Angelegenheit.[466]

Kooperationen

Die Gründung des CERN

Nach der Entwicklung und Erprobung der Atombombe durch die USA schrieb Friedrich Dessauer, Ordinarius für Experimentalphysik an der Universität Freiburg, 1947: «Die Physik ist zu einer grundlegenden Disziplin geworden, die eine Schlüsselposition einnimmt. [...] Heute müssen alle die Bedeutung der Physik für die Menschheit anerkennen.»[467] Gleichzeitig war in dieser Zeit nach dem Zweiten Weltkrieg der Wegzug vieler fähiger Wissenschaftler und Wissenschaftlerinnen aus Europa im Gange. Physikfachleute aus europäischen Forschungszentren forderten deshalb die Regierungen ihrer Länder auf, in Europa gemeinsame Forschungslaboratorien zu schaffen, die mit denen in den USA konkurrieren können. Die Forschungsergebnisse der Kernphysik in den 1930er- und 1940er-Jahren hatten sie ermutigt, die Energie der beschleunigten Teilchen um Grössenordnungen zu steigern. Es ging um die Erforschung der Kräfte, die die Kerne zusammenhielten. Dafür brauchten die Forschenden grosse Maschinen, die institutseigenen Teilchenbeschleuniger reichten nicht mehr aus. In den USA wurden solche grossen und immer komplexeren Beschleunigungsanlagen längst gebaut.

Diskutiert wurden entsprechende Forderungen anlässlich der europäischen «Kulturkonferenz» in Lausanne im Dezember 1949: Der französische Wissenschaftsadministrator Raoul Dautry brachte einen Antrag zur Prüfung eines europäischen Zentrums für atomare Forschung durch. Sechs Monate später, an der jährlichen UNESCO-Konferenz, wurde eine Resolution des amerikanischen Physikers Isidor I. Rabi angenommen, die die Schaffung regionaler Laboratorien in Europa anregte. Dautry und der französische Physiker Pierre Auger setzten sich als führende Figuren für das Projekt ein, in Europa den grössten Teilchenbeschleuniger zu schaffen. So beschloss im Dezember 1951 die Konferenz von Paris die Gründung eines europäischen Kernforschungszentrums: des Conseil européen pour la recherche nucléaire (CERN). Die kernphysikalische Forschung in Europa sollte fortan an einem Ort koordiniert werden. An den Verhandlungen in Genf Anfang 1952 wurde ein Rat der Länder geschaffen, die an diesem Projekt teilnahmen. Die Schweiz wurde durch Paul Scherrer und Albert Picot vertreten, Leiter der deutschen Delegation war, mittlerweile rehabilitiert, Werner Heisenberg. Die Schweizer Vertreter schlugen vor, das Forschungszentrum in der Schweiz zu bauen. Der Vorschlag wurde im Oktober angenommen; man entschied sich für Genf als Standort, wobei sowohl die Schweiz als auch Frankreich als Gastländer fungieren sollten.[468]

Abb. 56: Dritte Sitzung des provisorischen CERN-Rats vom 4. Oktober 1952 in Amsterdam. An dieser Sitzung wurde Genf designierter Standort des Laboratoriums, und es wurde beschlossen, ein Protonensynchrotron zu bauen. Tischseite links: Frank Goward mit Brille, links von ihm, ebenfalls mit Brille, Odd Dahl, am Kopfende Paul Scherrer, vis-à-vis Dahl in der mittleren Stuhlreihe mit hellem Haar und Brille Lew Kowarski, neben ihm mit Pfeife Nils Bohr, schreibend Pierre Auger, Oktober 1952 (Foto: Lindeman, Amsterdam).

Scherrer war vom Vorhaben anfänglich wenig begeistert und sicherlich keine treibende Kraft bei der Gründung des CERN, wie ihm dies Kollege Fritz Zwicky postum attestierte.[469] Im Gegenteil: Er soll sich der Idee gegenüber zunächst so ablehnend verhalten haben, dass befürchtet wurde, dies könne andere Länder, etwa die Niederlande und Schweden, negativ beeinflussen. Man wusste: «One of the people we must have with us on this project is Scherrer»,[470] und verpflichtete Victor Weisskopf, ihn für das Grossprojekt zu gewinnen.

Als Vorsteher der SKA hatte Scherrer Stellung zu beziehen. In einem Gutachten vom September 1951 bekräftigte er seine Vorbehalte: Es habe keinen Sinn, denselben Beschleuniger nachzubauen, über den die USA bereits verfügten. Europa würde mit seinen Forschungsergebnissen viel zu spät kommen. Er sah in der europäischen Zusammenarbeit auch das Problem, dass die Arbeit in den

Instituten zu kurz kommen respektive dass es an Mitarbeitenden mangeln werde. Dies werde den wissenschaftlichen und technischen Rückstand gegenüber den USA nur noch vergrössern, was wiederum dazu führe, dass noch mehr Physiker aus Europa in die USA übersiedeln würden. Zugleich anerkannte Scherrer, dass es «heute einem einzelnen kleineren Land nicht mehr möglich ist, die grossen Mittel aufzubringen, welche ein solches kernphysikalisches Laboratorium erfordert».[471]

Doch er sah, dass die jüngeren Physikerinnen und Physiker dem Projekt durchwegs positiv gegenüberstanden. Er durchlief einen Lernprozess und änderte schrittweise seine Meinung, ja engagierte sich später aktiv für das Unternehmen CERN. Nicht ohne Grund nahm er einmal für sich in Anspruch: «Ich bin doch noch nicht so alt, dass ich nicht meine Meinung ändern darf.»[472] Jedenfalls empfahl er, als Land nicht abseitszustehen, nicht zuletzt weil hier neue Arbeitsmöglichkeiten für Physikerinnen und Physiker geschaffen würden. Insgesamt bewertete er das Projekt als «Symbol des europäischen Gedankens».[473] Er erkannte, dass die Weiterentwicklung der Physik nur durch internationale Zusammenarbeit und mittels langfristiger Finanzierung gesichert war. Dem Bundesrat empfahl er die Finanzierung der Entwicklung eines Elektronensynchrotrons. Dieser stimmte im November 1951 einem Projektkredit von 100 000 Franken zu und beschloss die offizielle Kandidatur von Genf als Sitz des europäischen Kernforschungszentrums.[474] Die SKA leistete keinen finanziellen Beitrag.

Während Scherrer also in die Zukunft dachte, waren auf politischer Ebene längst nicht alle mit der Entscheidung einverstanden. Einen Monat nach dem Entscheid lancierte die Partei der Arbeit (PdA) eine Volksinitiative, um die Einrichtung des CERN in Genf zu verhindern. Das CERN sei gemacht für die Entwicklung neuer Kernwaffen und interessiere sich nicht nur für medizinische Anwendungen, argumentierten die Initianten und Initiantinnen. Auch führten sie die hohen Kosten des Projekts sowie den hohen Stromverbrauch ins Feld. Das Hauptargument war jedoch die politische Neutralität der Schweiz: Das Projekt sei in den USA initiiert worden, argumentierten sie fälschlicherweise, somit würde man damit in der Schweiz zu den «imperialistischen Kriegstreibern» gehören und sich «gegen den Kommunismus und gegen die Sowjetunion» stellen. Unterstützt wurde das Anliegen vom Groupement national genevois contre l'établissement à Genève de l'institut nucléaire, das sich klar von der kommunistischen PdA abgrenzte, aber die gefährdete Neutralität der Schweiz hervorhob. Ein Comité d'action en faveur d'une physique nouvelle, zusammengesetzt aus Professorinnen und Professoren verschiedenster Universitäten, argumentierte gegen die Initiative, indem es herausstellte, dass das CERN ausschliesslich wissenschaftliche Ziele verfolge. Dieses Argument überzeugte die Schweizer Stimmberechtigen. Mit gut 70 Prozent wurde die Initiative deutlich abgelehnt, die Bevölkerung setzte demnach grosse Hoffnung auf

Wissenschaft und Kernenergie. Dies hatte auch damit zu tun, dass es den Akteuren und Akteurinnen rund um das CERN gelungen war, die Debatte zu entideologisieren und zu entpolitisieren, indem wieder und wieder verdeutlicht wurde, dass im CERN Grundlagenforschung und nur das betrieben würde.[475]

Die öffentliche Debatte hatte dennoch einen grossen Einfluss. Die Befürchtungen einer militärischen Nutzung der Forschung sowie der Ausschluss einiger Nationen, insbesondere der Sowjetunion, blieben bestehen. Dass der Standort in der Schweiz liegen sollte, beeinflusste die Debatte zusätzlich. Frankreich, Italien und Grossbritannien wollten das Projekt ausschliesslich westlichen Nationen zugänglich machen. Am Ende entschied man sich für einen Kompromiss: Ein Beitritt zum CERN sollte grundsätzlich allen Ländern möglich sein, hing aber von der Zustimmung aller derzeitigen Mitgliedstaaten ab. Damit stand das CERN theoretisch den Ostblockstaaten ebenso offen wie den Vereinigten Staaten, wobei jeder Mitgliedstaat gegen jede weitere Kandidatur das Veto einlegen konnte. Wie es der Wissenschaftshistoriker John Krige auf den Punkt brachte, wahrte diese Lösung «den Anschein von Offenheit, während die Realität der Exklusivität verschleiert wurde».[476]

Die Schweiz war letztlich erfolgreich darin, das CERN vor mächtigen militärischen und politischen Interessen zu schützen. Dies zeigte sich insbesondere bei der Entscheidung, einen Teilchenbeschleuniger und nicht einen Reaktor zu bauen, weil dieser wegen der Plutoniumproduktion eher für militärische Anwendungen genutzt werden kann. Die Konvention hielt denn auch explizit fest, dass das CERN keinen militärischen Zielen diene. Im Juli 1953 unterzeichneten zwölf Staaten in Paris den Vertrag zur Schaffung des CERN. Im September 1954 erfolgte die offizielle Gründung, im Juni des folgenden Jahres die Grundsteinlegung des ersten Laboratoriums. Auch hier hatte Scherrer seine Hand im Spiel. Er soll es gewesen sein, der das angesehene Architekturbüro Haefeli Moser Steiger als Generalplaner für die Bauten des CERN ins Gespräch brachte.[477]

Erster Generaldirektor wurde der österreichisch-schweizerisch-US-amerikanische Physiker Felix Bloch, der bei Debye an der ETH studiert hatte, bei Heisenberg promoviert worden war und bei Pauli kurz als Assistent gearbeitet hatte. 1934 war er aufgrund seiner jüdischen Herkunft in die USA migriert und lehrte seither an der Stanford University. 1952 erhielt er den Nobelpreis für Physik für seine Arbeiten zur nuklearen Induktion. Nun wurde er am CERN verpflichtet, wie nach ihm weitere ehemalige Assistenten aus Scherrers Institut, allen voran Victor Weisskopf, der 1957 zum ersten Mal als Gastprofessor in die Abteilung für theoretische Studien ans CERN kam und 1960 als Mitglied des Forschungsdirektoriums und 1961 als Generaldirektor engagiert wurde.

Das Forschungszentrum konnte bis heute stetig erweitert werden, das Jahresbudget sprengt mittlerweile die Milliardengrenze. Zurzeit besteht die Anlage aus einer Vielzahl kleinerer und grösserer Beschleuniger, der grösste davon, der Large

Abb. 57: Am 10. Juni 1955 legte der Generaldirektor des CERN, Felix Bloch, im Beisein von Bundespräsident Max Petitpierre den Grundstein auf dem Gelände des Labors, Juni 1955 (Foto: Keystone/Ilse Guenther).

Hadron Collider, hat einen Umfang von 27 Kilometern und ist seit 2008 in Betrieb. Er führte unter anderem zur Entdeckung des Higgs-Teilchens, welche in der Öffentlichkeit stark wahrgenommen wurde. Das Forschungsprogramm umfasst ausserdem zahlreiche Anwendungen in Kernphysik, Medizin, bildgebenden Verfahren und in der Materialforschung. Die Genfer Forschungsstelle ist deshalb das grösste Laboratorium für Teilchenphysik und eines der wichtigsten Zentren physikalischer Forschung weltweit.[478]

Dass Scherrer letztendlich doch als Mitbegründer des CERN gilt – es wurde gar eine Strasse auf dem Gelände nach ihm benannt – ist Peter Preiswerk zu verdanken, selbst ein vehementer Verfechter des Projekts. Preiswerk war seit 1950 an den Diskussionen zur Errichtung eines europäischen Labors für Hochenergiephysik und anschliessend an dessen Aufbau massgeblich beteiligt. 1954 übernahm er Leitungsfunktionen und amtete von 1961 bis 1971 als Leiter der Abteilung für Kernforschung. Ihm gelang es, Scherrer nach und nach von der Idee zu überzeugen und davon, dass die Schweiz hier grosses Interesse hatte.[479]

Scherrer führte verschiedene Arbeitsgruppen an und vertrat von 1952 bis 1954 die Schweiz im provisorischen und von 1954 bis 1961 im konstituierten Rat. Zwischen 1954 und 1963 – über seine Emeritierung hinaus – vertrat er das Land im Wissenschaftlichen Komitee.[480] Markus Fierz wurde sein Nachfolger. Die Schweiz beteiligte sich anfangs mit jährlichen Beiträgen von rund drei Millionen Franken, da sie den Anschluss an die Grundlagenforschung in der Hochenergiephysik nicht verpassen wollte. Mit der Übernahme der ETH-Zyklotrongruppe durch Jean-Pierre Blaser am 1. April 1960 wurde die Zusammenarbeit zwischen der ETH und dem CERN nochmals gestärkt, vor allem im Rahmen des Baus und Betriebs einer Wilson-Kammer. Vermehrt sollten ab diesem Zeitpunkt ETH-Physiker und -Physikerinnen für Weiterbildungen ans CERN gehen.[481]

«Atoms for Peace»

Es wurde schon gesagt, dass die Kernenergie nach 1945 für Zerstörung und Elend, aber auch für wildeste Träume stand. Die entscheidende Änderung dafür leitete der amerikanische Präsident Dwight D. Eisenhower mit seinem Diktum «Atoms for Peace» ein. Mit dieser Botschaft wandte er sich in einer Rede 1953 an die UNO-Vollversammlung. Im Dezember 1954 entschied diese, eine internationale Konferenz über die friedliche Verwendung der Atomenergie abzuhalten. Sie sollte im Sommer 1955 in Genf stattfinden, unter Eisenhowers Motto stehen und damit den Beginn eines «friedlichen Atomzeitalters» symbolisieren.

Die Konferenz fand vom 8. bis 20. August im Genfer Palais des nations statt und schloss unmittelbar an ein Gipfeltreffen der Siegermächte an, das im Juli 1955 ebenfalls in Genf abgehalten worden war.[482] Zu diesem Anlass waren die Regierungschefs und Aussenminister der USA, der Sowjetunion, Grossbritanniens und Frankreichs angereist; einige von ihnen verlängerten ihren Aufenthalt, um an der Atomkonferenz teilzunehmen. Unter den über 1400 Wissenschaftlerinnen und Wissenschaftlern, Industrievertretern und Politikerinnen aus 73 verschiedenen Ländern sass auch eine sechzehnköpfige Delegation aus der Schweiz. Angeführt wurde sie von Paul Scherrer, neben einigen Wissenschaftlern und wenigen Wissenschaftlerinnen umfasste sie vor allem Industrielle, darunter auch Walter Boveri.

Diese erste internationale Atomkonferenz diente den Staaten, allen voran den USA, dazu, ihre Projekte im Feld der zivilen Kerntechnologienutzung zu präsentieren und die Themen aufzuzeigen, mit denen sich Wissenschaft und Industrie beschäftigten. Den Anwesenden aus der Schweiz erlaubte die Zusammenkunft,

Abb. 58: Atomkonferenz in Genf 1955, rechts von Paul Scherrer sitzt der Experimentalphysiker der Universität Zürich, Hans. H. Staub (1908–1980), 1955 (Foto: Comet Photo AG).

sich ein umfassendes Bild von den Fortschritten im Bereich der Kerntechnologie zu machen. Dies kam einer Sensation gleich: Die sich im Kalten Krieg gegenüberstehenden Blöcke stellten einander den Stand ihrer Kernforschung vor. Dabei kam zum Ausdruck, dass erste Reaktoren bereits ihre Tauglichkeit in Form kleiner Versuchsanlagen im praktischen Betrieb unter Beweis zu stellen vermochten. Verschiedene Länder kündigten den Bau erster grosser Leistungskernkraftwerke an. Ein Reaktorkonzept, das sich aus der Masse hervorgehoben hätte und vom Konferenzpublikum als die technisch beste oder ökonomisch effizienteste Lösung wahrgenommen worden wäre, liess sich dagegen nicht ausmachen.

Ziel der Genfer Konferenz war, zu zeigen, dass die zivile Kerntechnologie den Lebensstandard aller Nationen gleichermassen fördere und in keiner Weise mit der Entwicklung der Atombombe gleichgesetzt werden könne. Die Konferenz führte dennoch deutlich vor Augen, dass Staaten wie England und Frankreich, aber auch die Sowjetunion eigene Kernwaffenprogramme und Reaktorentwicklungen im grossen Stil vorantrieben. Die Offenheit der Veranstaltung mit ihrem einmaligen Experimentierfeld liess sich nicht wiederholen. Die folgenden Genfer Konferenzen von 1958 und 1960 präsentierten sich unter anderen Vorzeichen. Die Transparenz

Abb. 59: Atomkonferenz und Ausstellung in Genf 1955. Paul Scherrer, Walter Boveri und der amerikanische Admiral Lewis Strauss inspizieren den Swimmingpool-Reaktor der USA, 1955 (Foto: Björn Erik Lindroos).

staatlicher Forschung wurde alsbald von einer starken industriellen Abschottung abgelöst.

Dass den Amerikanern die «Atoms for Peace»-Politik als «Waffe im Kalten Krieg»[483] diente, kümmerte in der Schweiz kaum jemanden. Im Gegensatz zu den meisten anderen europäischen Ländern initiierte die Reaktorentwicklung hier nicht der Staat, sondern die Privatwirtschaft. Dabei war klar: Das Pionierstadium der technologischen Entwicklung war vorbei, das vorliegende Konzept eines schon bald ausführungsbereiten Versuchsreaktors keine Neuheit, sondern courant normal.

Die Privatwirtschaft mischt sich ein

1946 war in der bundesrätlichen Botschaft betreffend Förderung der Forschung auf dem Gebiet der Kernenergie ein «Zentralinstitut» in Aussicht gestellt worden, das den ersten Forschungsreaktor hätte betreiben sollen. 1953 übernahm dann aber nicht wie vorgesehen der Staat die Initiative, sondern ein Exponent der Maschinenindustrie, Walter Boveri von der BBC, und mit ihm sein langjähriger Vertrauter in Sachen Kerntechnologie, Paul Scherrer. An der BBC-Generalversammlung im selben Jahr präsentierte Boveri ein mit Scherrer ausgearbeitetes Projekt zur Gründung eines Reaktorforschungsinstituts (Reaktor AG), das in Würenlingen im Kanton Aargau entstehen sollte.

Die Initiative zum Aufbau des industriellen Know-hows im Bereich der Kerntechnologie ging also in erster Linie von der Privatwirtschaft und nicht vom Staat aus. Das Institut sollte den institutionellen Rahmen für den Bau und den Betrieb eines Forschungsreaktors schaffen, um so der schweizerischen Industrie den Weg zur wirtschaftlichen Nutzung der Kernenergie zu ebnen. Finanziert werden sollte das Projekt hauptsächlich durch die Privatwirtschaft und sich dabei fachlich eng mit der ETH austauschen. Boveri wollte mit dieser Organisationsform den Staat auf Distanz halten, er befürchtete eine mögliche Einflussnahme auf die industrielle Kerntechnologieentwicklung, gar die Schaffung eines Monopols, wie dies in anderen Ländern gang und gäbe war.[484] Das war allerdings nie Absicht des Bundesrates. Im Gegenteil: Auch hier zeigte sich, dass die Schweiz im Bereich der Kerntechnologie im Vergleich mit anderen Ländern in Europa eine Sonderrolle einnahm. Gesprächsprotokolle im Vorfeld der Beratung zum Gesetz zur Förderung der Atomenergie von 1946 machen deutlich, dass Schweizer Politiker schon früh dafür einstanden, in die Entwicklung und Nutzung der Kerntechnologie auch die Industrie einzubinden.[485] Dabei stand ganz unzweideutig das nationale Interesse an der industriellen Wettbewerbsfähigkeit des Landes und an der Entwicklungsfähigkeit der Volkswirtschaft im Zentrum. Der Bund unterstützte die Reaktor AG im Sinne ihrer «Wettbewerbsfähigkeit gegenüber dem Ausland» grosszügig; im Laufe ihres fünfjährigen Bestehens erhielt sie rund 45 Millionen Franken.[486] Zudem wollte sich Boveri den Zugang zur Wissenschaft sichern. Er gewann Scherrer als wissenschaftlichen Berater der Reaktor AG und baute auf die bereits bestehende Zusammenarbeit.

Am 1. März 1955 hielt die Reaktor AG mit Sitz in Würenlingen in Baden ihre konstituierende Generalversammlung ab. Wie Boveri festhielt, war an der Reaktor AG «mit ganz geringen Ausnahmen die gesamte schweizerische Industrie»[487] beteiligt. Integriert wurde etwa auch die 1948 gegründete Industriekommission Kernenergie, der auch die BBC angehörte. Boveri war es damit gelungen, innert kurzer Zeit 125 Firmen für das Projekt zu gewinnen. Als Startkapital standen der Reaktor AG 1,6 Millionen Franken zur Verfügung, davon 50 Prozent aus der Industrie, 30 Pro-

P r o t o k o l l
===================

über die
konstituierende Sitzung des Verwaltungsrates
der
Reaktor A.G. in Würenlingen
abgehalten Dienstag, den 1. März 1955,
nachmittags 3 Uhr im Sitzungssaal der
Motor-Columbus Aktiengesellschaft für
elektrische Unternehmungen in Baden.

Anwesend sind die Herren :

Ch. Aeschimann	Dr. G. Hunziker
Prof. Dr. B. Bauer	* Dr. M. Iklé
Dr. E. Bloch	Prof. J. Rossel
Dr. W. Boveri	* Dr. R. Rubattel
Prof. Dr. Ch. Gränacher	* Prof. Dr. P. Scherrer
Dr. P. de Haller	Cl. Seippel
Prof. Dr. P. Huber	A. Winiger

* Vom h. Bundesrat abgeordnete Mitglieder.

Entschuldigt abwesend ist Herr P. Meystre.

----

1. Der Verwaltungsrat wählt zu seinem Präsidenten Herrn Dr. Walter Boveri in Zürich und die Herren Prof. Dr. Paul Scherrer als 1. Vicepräsident sowie Arthur Winiger als 2. Vicepräsident.

   Ferner wird zum Protokollführer bestimmt Herr Dr. Walter Baumann in Zürich.

Abb. 60: Protokoll der konstituierenden Sitzung der Reaktor AG, einer firmenübergreifenden Kooperation im Bereich Kerntechnik, 1. März 1955.

Abb. 61: Gründung der Reaktor AG, Paul Scherrer und Walter Boveri, 1955 (Foto: Björn Erik Lindroos).

zent aus der Elektrizitätswirtschaft (die sich erstmals am Thema interessiert zeigte) sowie 20 Prozent von Banken, Versicherungen und Finanzgesellschaften. Hinzu kamen 14 Millionen Franken Forschungsgelder à fonds perdu. Fast alle Aktionärsfirmen erhoben Anspruch auf einen Sitz im Verwaltungsrat. Schliesslich fungierte Boveri als dessen Präsident und Rudolf Sontheim, ehemaliger Scherrer-Schüler mit Berufserfahrung aus seiner Zeit bei der US-Firma General Electric, als Direktor. Scherrer wiederum wurde qua Vorsteher der SKA von der Eidgenossenschaft in den Verwaltungsrat der Reaktor AG beordert und erhielt das Amt des Vizepräsidenten.

Geplant war ein Forschungsinstitut vollständig ausserhalb bundesbehördlicher Einflussnahme. Finanziell war dies jedoch trotz der breiten Trägerschaft nicht zu stemmen. Der Bund war zwar nicht Aktionär, übernahm jedoch mit 5 Millionen Franken einen Teil der Anlagekosten der Reaktor AG, weitere knapp 7 Millionen Franken steuerte er an die Kosten bei, die während der ersten Betriebsjahre anfielen.[488] Dies hatte auch damit zu tun, dass nur der Bund den Bezug von Uran aus dem Ausland abwickeln konnte. Im April 1955 sicherte er der Reaktor AG vertraglich fünf der zehn erhaltenen Tonnen Natururan zu. Trotz seines beträchtlichen finanziellen und politischen Engagements erhielt der Staat aber kaum Mitspracherechte bei der Reaktor AG. Lediglich drei Personen vertraten ihn im Verwaltungsrat, darunter der Präsident der SKA, Paul Scherrer.[489]

Aufgabe des neuen Konsortiums war das Erarbeiten und Bereitstellen von Wissen auf dem Gebiet der Nutzung der Kernenergie. Die Reaktor AG interessierte sich zunächst für die Weiterentwicklung des sich in Planung befindenden Forschungsreaktors Diorit. Bevor dieser aber konkret wurde, landeten Scherrer und Boveri einen Coup.

Scherrer kauft einen Reaktor

An der Konferenz in Genf zeigten die Amerikaner neben zahlreichen weiteren Exponaten einen sogenannten Swimmingpool-Reaktor, der eigens dafür in die Schweiz gebracht worden war. Der amerikanische Präsident Eisenhower, der in Genf zugegen war, liess sich die Gelegenheit nicht nehmen, den Reaktor offiziell in Betrieb zu nehmen. Dieser wies eine thermische Leistung zwischen 10 und 100 Kilowatt auf. Im Vollbetrieb strahlte er in einem durch den Tscherenkow-Effekt verursachten blauen Licht. Konferenzteilnehmende strömten in Scharen herbei, um das Leuchten aus der Wassertiefe zu beobachten. Es war das erste Mal überhaupt, dass ein Reaktor der Öffentlichkeit gezeigt wurde.[490] Der amerikanischen Atomenergiekommission (AEC) war klar, dass der Reaktor, wenn er in Betrieb gesetzt, das heisst kritisch und radioaktiv wurde, nicht mehr in die USA zurücktransportiert werden konnte. Paul Scherrer erkannte dies und handelte rasch. Er weihte Walter Boveri ein, und gemeinsam traten sie mit der AEC in Verbindung und erkundigten sich nach der Möglichkeit, den Reaktor zu kaufen und in der Schweiz zu behalten. Bereits nach kurzen Gesprächen sollen die Amerikaner eingewilligt haben, die Anlage der Schweiz zu einem günstigen Preis zu überlassen. Formal hatte der Bund das Geschäft abzuwickeln, doch den wegen seiner blauen Farbe später poetisch-verklärend Saphir genannten Reaktor überliess er umgehend den Fachleuten.

Die Bezeichnung Swimmingpool-Reaktor rührt daher, dass sich der Reaktor in einem grossen, offenen Wasserbecken befand, was den Vorteil hatte, dass er gut zugänglich war und das tiefe Wasser die nötige Abschirmung gegen radioaktive Strahlung bot. Das Wasser diente gleichzeitig als Moderator und Kühlmittel.

Für den Reaktor verantwortlich war der theoretische Physiker und ehemalige Mitarbeiter Scherrers Kurt Alder; für ihn stellte man in unmittelbarer Nachbarschaft des Reaktors einen einfachen, barackenähnlichen Büro- und Laborbau auf.[491] Für die USA wiederum hiess dies, dass sie in der Schweiz mit einem Vorläufer von kommerziellen Reaktoren Fuss fassten. Das sollte sich später auszahlen. Alle fünf Reaktoren, die in der Schweiz zu stehen kamen, waren amerikanischer Herkunft.

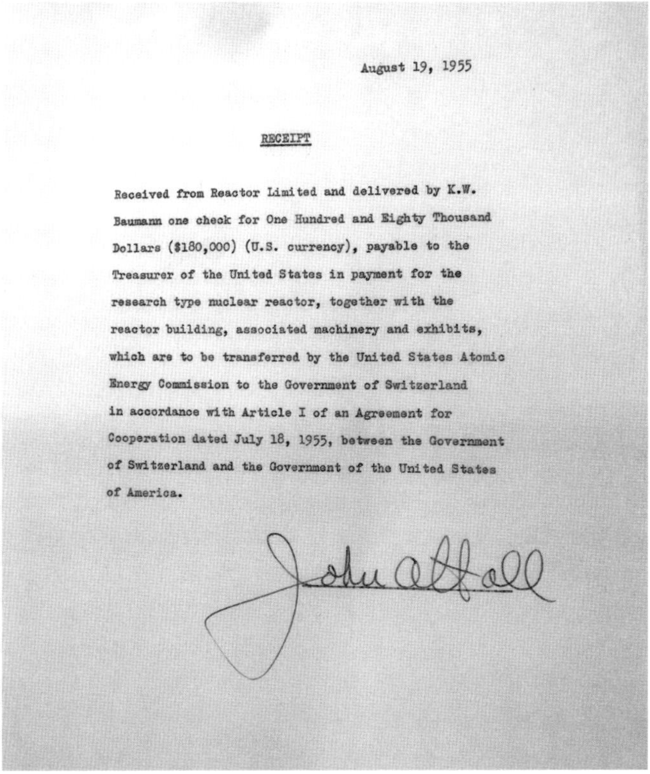

August 19, 1955

RECEIPT

Received from Reactor Limited and delivered by K.W. Baumann one check for One Hundred and Eighty Thousand Dollars ($180,000) (U.S. currency), payable to the Treasurer of the United States in payment for the research type nuclear reactor, together with the reactor building, associated machinery and exhibits, which are to be transferred by the United States Atomic Energy Commission to the Government of Switzerland in accordance with Article I of an Agreement for Cooperation dated July 18, 1955, between the Government of Switzerland and the Government of the United States of America.

Abb. 62: Quittung über 180 000 US-Dollar für den US-Swimming-pool-Reaktor, 19. August 1955.

Der Reaktor diente hauptsächlich der Isotopenproduktion und liess nur wenig Raum für militärische Optionen. Auch deshalb stellte es für die USA kein Problem dar, ihn der Schweiz günstig zu überlassen. Den Interessen des Landes lief allerdings zuwider, dass es sich beim Saphir um einen Leichtwasserreaktor handelte. Bis zu diesem Zeitpunkt hatte es die Option eines Natururanreaktors verfolgt. Die Leichtwassertechnik sollte sich schliesslich als überlegen erweisen; sämtliche später eingekauften und in der Schweiz installierten Reaktoren basierten auf dieser Konfiguration. Reto Wollenmann folgerte daraus, dass die SKA – und somit das Militärdepartement – gegen Ende der 1950er-Jahre immer weniger Einfluss auf die Schweizer Kerntechnologie ausüben konnte, was letztlich zur Bedeutungslosigkeit der SKA führte.[492]

Für die Privatwirtschaft war dieser Bedeutungsverlust von geringem Interesse, sie war an den wirtschaftlichen Perspektiven der Kernenergienutzung interessiert. Dies zeigte sich ab 1956, als sich drei Gruppierungen aus der Wirtschaft formierten mit der Absicht, einen Reaktor *made in Switzerland* zu projektieren.[493] Es ging um günstige Energie und um Schweizer Identität, wie sie sich im Tunnel- und

Stauwerkbau gezeigt hatte. Dass die Privatwirtschaft Reaktorprojekte nicht alleine stemmen konnte, wurde dabei schnell klar: Die Entwicklung von Reaktoren ist eine teure Angelegenheit. Die Verantwortlichen waren deshalb rasch bereit, von staatlicher Förderung zu profitieren, ohne selbst grosse Risiken eingehen zu müssen. Die Kommerzialisierung der Kerntechnik gelang dann allerdings erst ab 1969 und keinesfalls so, wie es sich die Vorreiter vorgestellt hatten.

Der Saphir jedenfalls kam auf ein unbebautes Feld in Würenlingen zu stehen, das Boveri 1954 erstanden und an die Reaktor AG weiterverkauft hatte. Am 17. April 1956 erfolgte die Grundsteinlegung für das Gebäude.

Im März 1957 war das Gebäude vollendet, Schwierigkeiten, die bei seinem Bau auftraten, wurden als Lernprozesse gedeutet. Einen Monat später konnte die Anlage hochgefahren und getestet werden, am 17. Mai erfolgte die offizielle Inbetriebnahme. An der Einweihung erklärte Bundesrat Max Petitpierre das Kernzeitalter in der Schweiz für «eröffnet». Walter Boveri verglich den eingeschlagenen Weg mit Columbus' Entdeckungsfahrt. Er sei von Mühe, Gefahren und Überraschungen gesäumt gewesen, man habe aber immer ein erreichbares Ziel vor Augen gehabt.[494] Dass der erste Reaktor in der Schweiz nun anders als geplant kein Eigenbau war, sondern ein aus den USA importierter, wurde dabei geflissentlich übersehen. Der Saphir der Reaktor AG markierte gleichwohl den Beginn eines AKW-Bauprogramms, das die ganze Schweiz mit einem Netz von Kernkraftwerken hätte überziehen sollen. Dass es nicht so weit kam, hatte mit der anfänglichen Überschätzung der Bedeutung der Kernkraft zu tun. Das Kernzeitalter in der Schweiz aber war damit von der diskursiven auf die faktische Ebene verschoben worden.

Neben dem Betrieb des eingekauften Reaktors galt der Zweck der Reaktor AG dem Bau und Betrieb des eigenen Reaktors P3, dem Diorit, an dem Scherrer massgeblich mitwirkte. Der Schwerwasserreaktor konnte im August 1960 eingeweiht werden. Die Kapazitäten der Reaktor AG waren in den ersten Jahren also vom Bau und von der Inbetriebnahme ihrer beiden Forschungsreaktoren absorbiert. Gleichzeitig diskutierte man die Weiterentwicklung der Gruppe und deren Schwerpunkte in unmittelbarer Zukunft. Zur Debatte stand die Grundlagenforschung in den Bereichen Kernphysik und Materialwissenschaften, die gemeinsam mit Forschenden der ETH erfolgen sollte. Eine grössere Fraktion wollte sich jedoch mit der Entwicklung und kommerziellen Verwertung neuer Reaktortypen beschäftigen. Dazu gehörte Heinz Albers, der 1958 dafür plädierte, nach der Fertigstellung des Diorit den Bau des nächsten Reaktors zu beginnen. Die Grundlagenforschung diente hier lediglich als Mittel zum Zweck.[495]

Den Kauf von amerikanischen Reaktoren ermöglichte der Bund auch in späteren Jahren. 1958 kaufte der Schweizerische Nationalfonds zwei US-Forschungsreaktoren und stellte diese den physikalischen Instituten der Universitäten Genf und Basel zur Verfügung. Beide produzierten nur ein Minimum an Strom und dienten hauptsächlich der Ausbildung von Studierenden.[496]

Abb. 63: Blick in den Swimmingpool-Reaktor, der aufgrund seiner blauen Farbe den Namen Saphir erhielt, 1960.

Abb. 64: Festrede von Paul Scherrer im Rahmen der offiziellen Übergabe des Atomreaktors an die Schweiz in Genf, 20. August 1955 (Foto: Björn Erik Lindroos).

Abb. 65: Unterzeichnung des Vertrags zur Übergabe des Atomreaktors an die Schweiz. Von links: Walter Boveri, Admiral Lewis Strauss (USA), US-Botschafterin für die Schweiz Frances Willis, Paul Scherrer, Willard Libby, Mitglied der amerikanischen Atomenergiekommission, 20. August 1955 (Foto: Björn Erik Lindroos).

Abb. 66: Grundsteinlegung für den Bau des Saphir. Stolz hält Scherrer eine Metallkapsel mit dem Dokument der Vorgeschichte des Reaktors in der Hand, 17. April 1956 (Foto: Keystone/Walter Studer).

Die Reaktor AG wird zur Bundesangelegenheit

Auch wenn die Entwicklung einer kommerziellen schweizerischen Reaktorlinie auf der Basis des Diorit erfolgversprechend aussah, sah sich die Reaktor AG mit Problemen konfrontiert. Technisch wurde ihre Arbeit vonseiten der Aktionäre zwar als Erfolg gewertet, ihre Anlagen waren jedoch umfangreicher geworden als ursprünglich geplant. Neben dem Reaktoreigenbau, dem Diorit, betrieb sie den Saphir, zudem ein Laboratorium für Strahlenüberwachung zur Bearbeitung von Fragen der Sicherheit. In den letzten Jahren der 1950er-Dekade war die Atomeuphorie in der Industrie allerdings bereits gedämpft.[497] Angesichts der Entwicklungsrisiken und der schwer einschätzbaren Marktchancen einer eigenständigen Schweizer Reaktorlinie war die Industrie nicht mehr bereit, für die Reaktor AG Forschungsinvestitionen in Millionenhöhe zu tätigen. Der Bund musste 1957 und 1958 Nachtragskredite im Umfang von insgesamt über 38 Millionen Franken bewilligen, um die Betriebsdefizite zu decken. Die Privatwirtschaft hatte sich geweigert, auch nur einen Teil dieser

Abb. 67: Karl Schmid, Rektor der ETH, spricht an der Einweihung des Saphir. Sitzend von links: Walter Boveri, Max Petitpierre, Paul Scherrer sowie Jacques Boissier vom Generalstab, 20. Mai 1957 (Foto: Keystone/Jules Vogt).

Kosten selbst zu tragen. Parallel zum Aufbau der Reaktor AG hatten sich in der Wirtschaft zudem drei Projektgruppen formiert, die eigene Projekte zur Entwicklung von Versuchskernkraftwerken vorsahen. Zahlreiche Firmen sprachen sich deshalb dafür aus, dass die Reaktor AG ganz vom Bund übernommen werden sollte, damit sich die Privatwirtschaft verstärkt auf diese neuen Projekte konzentrieren könne. Eine Übernahme lag durchaus im Interesse des Bundes, der hoffte, auf diese Weise seinen Einfluss auf die schweizerische Kerntechnologieentwicklung langfristig absichern zu können.

Dies hatte auch damit zu tun, dass praktisch in allen Ländern, die die Kerntechnologie vorantrieben, die Forschungs- und Entwicklungskosten von staatlichen Stellen getragen wurden. In mehreren europäischen Staaten war die zivile Entwicklung zudem an geheime militärische Projekte gekoppelt. Anders in der Schweiz: Hier lavierte der Bund zwischen Aneignung und Übertragung der Verantwortung an die Privatwirtschaft. Die zahlreichen Partnerschaften in der Entwicklung der Kerntechnologie ergeben ein zwiespältiges Bild von der Rolle des Bundes. Zwar waren direkt nach 1945 die militärischen und zivilen Interessen verquickt, zur Bildung eines staatlichen Kernforschungszentrums war es dennoch nicht gekommen.

Abb. 68: Einweihung des Schwerwasserreaktors Diorit in Würenlingen. Vorn: Bundesrat Max Petitpierre, hinten von links: Werner Zünti, Rudolf Sontheim, Walter Winkler, Paul Scherrer, unbekannt, Hans Pallmann, Walter Boveri, 1960 (Foto: unbekannt; Swissair).

Otto Zipfel, Delegierter für Fragen der Atomenergie, warf einmal die Frage auf, ob es «nicht am einfachsten wäre, das neue Tätigkeitsgebiet gleich zum Staatsmonopol zu erklären».[498] Doch davon wollte in der Schweiz niemand etwas wissen.

Während in Ländern wie den USA, Frankreich, Grossbritannien und Kanada also staatliche Forschungs- und Entwicklungsprogramme aus dem Boden gestampft wurden, beschränkte sich das staatliche Handeln in der Schweiz auf wenige Interventionen. Der Bund stellte nach 1945 zwar vergleichsweise grosse Summen für die Kerntechnologieforschung bereit, gemessen an den Krediten, die anderen Ländern dafür zur Verfügung standen, ist der Beitrag jedoch als bescheiden zu bezeichnen.[499] Der Bund engagierte sich in der Kerntechnologie wiederholt, betrachtete die Sache aber nicht ausschliesslich als staatliche Aufgabe. Er trat vor allem als Geldgeber sowie gegenüber anderen Staaten und internationalen Organisationen als Vertragspartner auf, überliess Organisation und Entwicklung jedoch zu einem guten Teil der Privatwirtschaft. Diese unterstützte er mit beträchtlichen Beiträgen, namentlich die Projekte der Reaktor AG und nach 1960 die Entwicklung eines Reaktors in Eigenproduktion. Daneben beschränkte er sich auf die Gesetzgebung, wobei insbesondere die Haftpflichtregelung zeigt, dass dem Staat die Förderung privatwirtschaftlichen Engagements sehr angelegen war. Die grosszügige Auslegung der Haftpflicht der Reaktorbetreiber kam neben den direkten Investitionen einer weiteren, indirekten Subventionierung seitens des Staates gleich.[500]

Die Bundesbehörden und die Reaktor AG jedenfalls einigten sich nach kurzen Verhandlungen auf die Übertragung des Forschungsinstituts an den Bund. Scherrer war an den Vorbereitungen ab Ende 1958 noch beteiligt, allerdings war er lediglich intern aktiv, bei den Verhandlungen mit der ETH kam er – immerhin war er noch deren Angestellter – nicht ins Spiel. Sein Vorschlag, die Anlagen der ETH ohne Gegenleistung zu überlassen, stiess auf keine Gegenliebe.

Den Verantwortlichen war daran gelegen, die «Anlagen der Reaktor AG zum Betrieb und Ausbau» einer der «ETH angegliederte[n] Anstalt»[501] zur Verfügung zu stellen, das heisst, die Anlagen dem Bund lediglich zur «dauernden Nutzung» zu überantworten. Dies wiederum lehnte der Bundesrat ab, da die hohen Investitionen nur eine alleinige Trägerschaft rechtfertigen würden.

So kam es, dass am 1. Mai 1960 das Eidgenössische Institut für Reaktorforschung (EIR) eingeweiht wurde. Um es zu verwalten, wurde es der ETH als Annexanstalt angeschlossen und dem Schweizerischen Schulrat unterstellt. Der Schwerpunkt des EIR lag folglich in der angewandten Forschung, insbesondere in der Kerntechnologie; neben dem Saphir war ihm auch der Forschungs- und Materialprüfreaktor Diorit unterstellt. Daneben konnten im Laufe der Jahre mehrere Labors, darunter ein Hot-Labor zur gefahrlosen Manipulation von hochradioaktiven Gegenständen, sowie 1968 ein weiterer, im EIR konzipierter und von einer englischen Firma gebauter Reaktor namens Proteus zur experimentellen Untersuchung der Physik von Reaktorkernen in Betrieb genommen werden. Direktoren waren unter anderen zwei ehemalige Studenten Scherrers, Werner Zünti und Heinrich Gränicher. Eine beratende Kommission unterstützte den Schulrat und die Direktion in Fragen des Betriebs und Ausbaus der Anlagen, die Mitarbeitenden der ehemaligen Reaktor AG erhielten den Status von Bundesbeamten.[502] Scherrer, Initiant der Reaktor AG, der im Jahr der Gründung des EIR emeritiert wurde, hatte auf diese neuerliche Ausrichtung keinen Einfluss mehr. Auch dem Verwaltungsrat der noch ein paar Jahre bestehenden, aber bedeutungslos gewordenen Reaktor AG gehörte er nicht mehr an.[503]

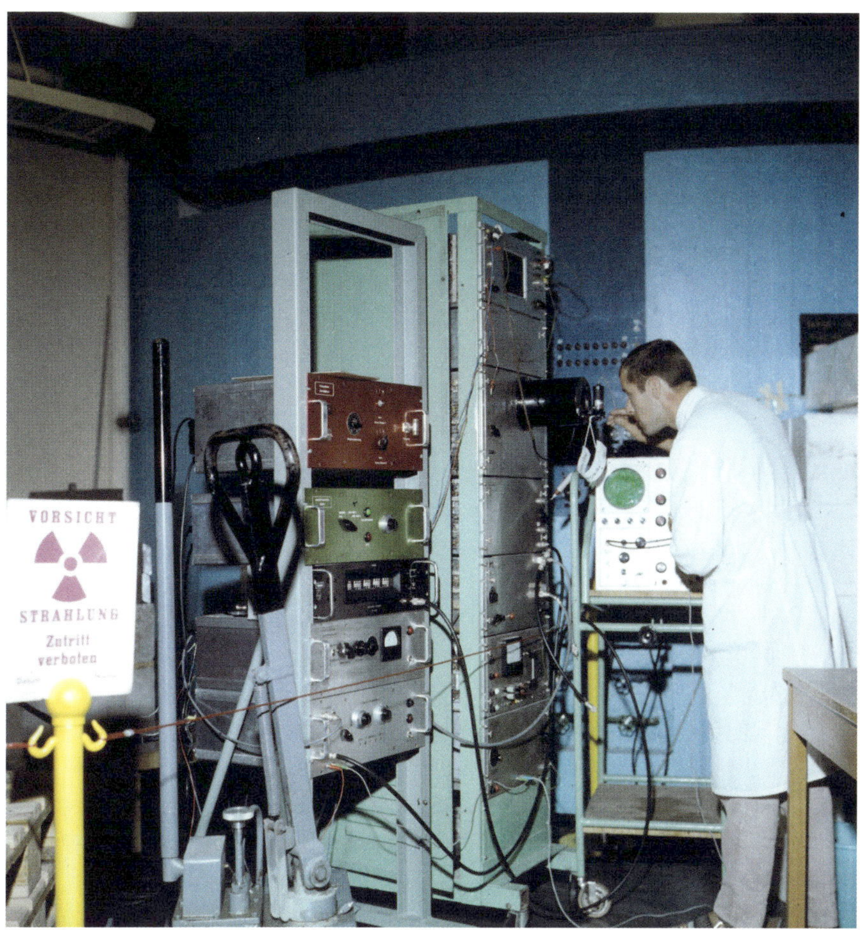

Abb. 69: Isotopenlager in den Reaktoranlagen des Eidgenössischen Instituts für Reaktorforschung in Würenlingen, 1960 (Foto: Comet Photo AG).

Exkurs

Ein Reaktor in Eigenproduktion

1956 formierten sich drei Gruppierungen aus der Wirtschaft mit der Absicht, einen Reaktor zu projektieren: die Suisatom, die Enusa und das sogenannte Konsortium. In der Suisatom hatten sich drei Elektrizitätsgiganten, die Gesellschaften Atel, NOK und BKW zusammengeschlossen, in der Enusa waren vor allem westschweizerische Unternehmen unter Führung der Energie Ouest Suisse vertreten, und im Konsortium versammelten sich die bereits gut organisierten Industriebetriebe Escher Wyss, Sulzer und BBC.[504] Das Bündnis dieser durchwegs grossen und mittelgrossen Unternehmen zielte auf die Verteilung der Investitionsrisiken ab. Zudem erhofften sie sich finanzielle Unterstützung durch den Bund. Ihre Strategien waren unterschiedlich: Die Suisatom wollte Erfahrungen mit einem amerikanischen Leichtwasserreaktor sammeln und war bereit, diesen im Ausland zu bestellen; die Enusa beabsichtigte, einen Leichtwasserreaktor nach amerikanischem Vorbild nachzubauen; nur das Konsortium plante, nach dem Vorbild des Dioritreaktors einen eigenen unterirdischen Schwerwasserreaktor in Zürich zu konstruieren.

Die drei Gruppierungen gelangten 1959 mit je eigenen Unterstützungsgesuchen von insgesamt über 90 Millionen Franken an den Bund. Dieser war gewillt, ein Projekt zu unterstützen, allerdings nicht bedingungslos. Er verlangte von der Wirtschaft, sich für ein einziges Reaktormodell zu entscheiden, und vom notwendigen Kapital hatte sie die Hälfte mit Eigenmitteln aufzubringen.

Damit nicht genug. Der Bund forderte eine auf Bundesebene operierende, nationale Reaktororganisation, die allen interessierten Firmen offenstehen sollte. Die Suisatom, die Enusa und das inzwischen in Thermatom umbenannte Konsortium riefen folglich 1961 die Nationale Gesellschaft zur Förderung industrieller Atomtechnik (NGA) ins Leben. Deren Besonderheit lag im Zusammenschluss der einheimischen Industrie als zukünftiger Lieferantin von Reaktorteilen mit den Elektrizitätswerken als deren Käufer und den Hochschulen als Wissensgeneratoren und Ausbildnern der zukünftigen Fachleute unter Mitwirkung des Bundes. Zweck der NGA war die Förderung einer industriellen Kerntechnik zur Steigerung der nationalen und internationalen Wettbewerbsfähigkeit. Die Entscheidungsfreiheit der Industrie sollte durch die NGA gewährleistet bleiben.

Jede der drei Gruppen brachte Aktienkapital ein und verpflichtete sich überdies, bei Bedarf weitere Forschungsgelder bereitzustellen. Beteiligt an der NGA waren über die drei Hauptaktionäre die Maschinenindustrie, die grossen Elektrizitätsgesellschaften, Kantone, Gemeinden sowie die Elektrizitätswerke. Der Bund sicherte sich durch die Entsendung von drei Vertretern in den Verwaltungsrat ein gewisses Mitspracherecht. Er hatte schliesslich einen Subventionskredit von insgesamt 50 Millionen Franken bewilligt, mehr, als er je zuvor zur Unterstützung eines Industrieprojekts ausgegeben hatte. Damit wurde eines der grössten Forschungsprojekte in der Schweiz in Gang gebracht.

Mit der Gründung der NGA fiel der Entscheid für einen Reaktortyp: Im Sinne eines gut eidgenössischen Kompromisses beschloss man den Bau eines Schwerwasserreaktors basierend auf Natururan nach dem Vorbild des Diorit (wie von der Thermatom geplant) im waadtländischen Lucens (um der Enusa Genüge zu tun). Nur die Suisatom ging leer aus. 1961 startete das Bauvorhaben.

Bald einmal veränderten sich allerdings die Rahmenbedingungen. Der aus verschiedenen Gründen verspätete Baubeginn und ein Mangel an Fachkräften resultierten schon früh in Verzögerungen, die kaum mehr aufgeholt werden konnten. Es manifestierten sich Zielkonflikte. Der Elektrizitätswirtschaft, der Hauptabnehmerin des zukünftigen Atomstroms, waren die Entwicklungen im einheimischen Schaffen bald einmal zu langsam und zu wenig wirtschaftlich. Sie wollte rasche Lösungen und begann entsprechend ab 1964, eigene Werke zu planen, die auf amerikanischer Technologie basierten. Mit Erfolg: 1969 und 1971 brachte sie Beznau I und II, 1972 das Kraftwerk Mühleberg ans Netz. Diese stiessen auf keine wesentlichen Akzeptanzprobleme. Weitere Kernkraftanlagen folgten, wenn auch nicht jedes geplante Werk seine Umsetzung fand.

Nur drei Jahre nach diesem Rückzugsentscheid der Elektrizitätswirtschaft, 1967, warf dann ausgerechnet eine der wichtigsten Akteurinnen ebenfalls das Handtuch: Die Firma Sulzer verliess die NGA aus wirtschaftlichen Überlegungen; sie favorisierte fortan nicht mehr den Bau eigener Reaktoren, sondern setzte auf Reaktorkomponenten und belieferte andere Staaten mit Komponenten zur Urananreicherung, was diesen erlaubte, eigene Kernwaffen zu entwickeln.[505]

Zu diesem Zeitpunkt hätte das Projekt Lucens noch gestoppt werden können. Die Verantwortlichen hielten dennoch am Reaktorbau fest, wobei der Bund die finanzielle Hauptlast übernahm. Am 10. Mai 1968 wurde die Anlage der Energie Ouest Suisse dem Betrieb übergeben. Dies war einigermassen leichtfertig: Kurz zuvor waren Mängel an den Brennelementen festgestellt worden.

Nun nahmen die Dinge ungebremst ihren Lauf: Nach einer technischen Revision kam es am 21. Januar 1969, dem ersten Tag der Wiederinbetriebnahme, zu einer Überhitzung der Brennelemente, sodass Teile des Reaktors explodierten.[506] Dabei entwichen radioaktive Gase. Wäre der Reaktor nicht in einer Felskaverne gebaut worden, wäre es zur Katastrophe gekommen. Der Reaktor wurde daraufhin stillgelegt, die Anlage demontiert und das Gelände entnuklearisiert. Diese Arbeiten dauerten bis Ende 1972, die letzten Behälter mit radioaktiven Abfällen wurden

2003 ins Zwischenlager in Würenlingen überführt und die Anlage damit aus der atomrechtlichen Aufsicht des Bundes entlassen.

Die Konfiguration eines schwerwassermoderierten Natururanreaktors führte dazu, dass später behauptet wurde, Lucens sei im Hinblick auf den «dual use», also sowohl für die zivile als auch für die militärische Nutzung, entwickelt worden. Anfang der 2000er-Jahre wies der Historiker Tobias Wildi diese Behauptungen, wenn auch nicht vollumfänglich, zurück.[507] Tatsächlich lassen sich keine Nachweise finden, die die eine oder andere Aussage abschliessend stützen könnten. Es weist aber alles darauf hin, dass keine militärische Nutzung vorgesehen war. Verschiedene Belege zeigen, dass der Entscheid, auf Natururan zu setzen, ein unfreiwilliger gewesen war, weil zur Zeit der Planung kein angereichertes Uran zur Verfügung stand. Auch der Bundesrat betonte in seiner Botschaft zur Förderung von Bau und Betrieb eines Atomreaktors im Jahr 1954, dass «der Reaktor in keiner Weise militärischen Zwecken dienen» solle.[508] Einzig beim Erstellen der Kaverne sollen Militärangehörige Einfluss genommen und geraten haben, die Anlage aus Sicherheitsgründen unterirdisch zu bauen. Der Bau der Kaverne in Lucens erwies sich allerdings als wesentlich aufwendiger als angenommen, sodass das Sicherheitskonzept trotz des Erfolgs bei der Abschirmung der radioaktiven Strahlung nach der Explosion zunehmend infrage gestellt wurde und die Pläne, Beznau und Mühleberg ebenfalls in Kavernen zu bauen, aufgegeben wurden.[509]

Hinterlassenschaften

1960 wurde Paul Scherrer emeritiert. Es war das Jahr, als der Diorit eingeweiht wurde und die Reaktor AG als Eidgenössisches Institut für Reaktorforschung (EIR) an den Bund überging. Auf Bundesebene wurde über den Beitrag des Bundes an die Reaktoreigenkreation Lucens gestritten, und die ersten Manifestationen gegen Kernwaffen fanden statt. Scherrers Rücktritt erfolgte aufgrund der an der Schule geltenden Altersbeschränkung per Wintersemester 1959/60. Alle waren des Lobes voll, als sie ihn verabschiedeten. Scherrer schaute mittlerweile auf ein vierzigjähriges Wirken zurück: Hatte er sich zuerst mit Problemen der Strukturforschung beschäftigt, die dank seiner Untersuchung zugänglicher wurden, nahm er sich anschliessend der Struktur der Komplexsalze an, an denen er mit Röntgenanalysen die Koordinationslehre der chemischen Bindung demonstrierte. Dann rückten Fragen des Atombaus in den Brennpunkt seines Interesses, die mittels der Methodik der Streuung von Röntgenstrahlen angegangen wurden. Kristallstrukturfragen führten Scherrer zu den Problemen des Kristallbaus und der Festkörperphysik im Allgemeinen, eine Forschungsrichtung, die er an seinem Institut etablierte.

Ab den 1930er-Jahren erschloss sich der Atomkern der experimentellen Forschung. Mit Verve lenkte Scherrer in der Folge einen grossen Teil der Institutsaktivität auf dieses neue Gebiet, das zum einen experimentelle Fertigkeiten, zum anderen die Entwicklung von Beschleunigungsmaschinen erforderte. Zunächst gelang es Scherrer, das Interesse der Öffentlichkeit und vor allem der Privatindustrie für das neue Forschungsgebiet zu wecken, sodass sein Labor schliesslich über drei Beschleuniger verfügte, die aus öffentlichen und privaten Mitteln gespeist wurden. In den Nachkriegsjahren entstand an Scherrers Institut dann eine grosse Anzahl wichtiger Arbeiten auf dem Gebiet der Kernphysik, und das Laboratorium konnte zu einem der führenden Zentren der Kernspektroskopie ausgebaut werden.

Die grössten Verdienste hatte sich Scherrer aber wohl in der Lehre erworben. Mit seinen Vorlesungen wurde der Unterricht grundlegend erneuert. Seine «Demonstrations- und Vortragskunst» zog bald einmal Studierende aller Richtungen aus dem In- und Ausland an, zugleich wurden bei ihm Doktorierende und Assistierende an ausländische Hochschulen eingeladen. Dank seines Engagements erhielt das Physikalische Institut der ETH ausreichend Fördergelder, sodass Studierende und Promovierende ihren Forschungsinteressen nachgehen konnten. Daneben hielt Scherrer zahlreiche Vorträge für ein breites Publikum und verbreitete so (kern)physikalisches Wissen in der Öffentlichkeit.

Die Jahre nach 1945 erlaubten es Scherrer, sich auch wissenschaftspolitisch stärker zu verpflichten, in erster Linie im Rahmen der SKA, nach 1950 beim Aufbau

SITZUNG DES SCHWEIZERISCHEN BUNDESRATES
AUSZUG AUS DEM PROTOKOLL

SÉANCE DU CONSEIL FÉDÉRAL SUISSE
EXTRAIT DU PROCÈS-VERBAL

SEDUTA DEL CONSIGLIO FEDERALE SVIZZERO
ESTRATTO DEL PROCESSO VERBALE

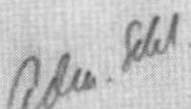

Eidg. Departement des Innern
29. JULI 1959

25. Juli 1959.

ETH. Rücktritt der Professoren
Dr. P. Scherrer und Dr. F. Tank.

Departement des Innern. Antrag vom 20. Juli 1959.
Finanz- und Zolldepartement. Mitbericht vom 24. Juli 1959
(Einverstanden).

Gestützt auf die in der Eingabe des Schweizerischen Schulrats vom 15. Juli 1959 enthaltenen Darlegungen, denen das Departement des Innern nichts beizufügen hat, und im Einvernehmen mit dem Finanz- und Zolldepartement wird

b e s c h l o s s e n :

Die Herren Prof. Dr. Paul Scherrer, o.Professor für Physik, und Prof. Dr. Franz Tank, o.Professor für Hochfrequenztechnik und Physik, werden wegen Erreichung der Altersgrenze auf den 1. April 1960 unter bester Verdankung der geleisteten Dienste in den Ruhestand versetzt. Es wird ihnen das gesetzliche Ruhegehalt ausgerichtet.

Protokollauszug an den Präsidenten des Schweizerischen Schulrates zum Vollzug, an das Departement des Innern, mit der Beilage 1 und an das Finanz- und Zolldepartement zur Kenntnis.

Für getreuen Auszug,
der Protokollführer:

Abb. 70: Der Bundesrat bestätigt den altersbedingten Rücktritt Paul Scherrers von der ETH per 1. April 1960, 25. Juli 1959.

des CERN. Scherrers Schaffen galt nun allen Aspekten der Kernphysik, er hatte aber früh realisiert, dass sich die Schweiz anders als vor dem Krieg in die Reihe der Erfolge anderer Staaten einreihen musste.

Scherrers Emeritierung wurde gebührend gefeiert. ETH-Schulratspräsident Hans Pallmann hielt sich bei seiner Verabschiedung nicht zurück: «In der Geschichte der Lehrerschaft der Eidgenössischen Technischen Hochschule nehmen Sie für immer einen aussergewöhnlichen Platz ein. [...] Durch ihre glänzende, weit ausstrahlende Lehr- und Forschungstätigkeit haben Sie das Ansehen unserer Eidgenössischen Technischen Hochschule in seltenem Masse gemehrt.»[510] Scherrer bedankte sich mit den Worten: «Hochgeehrter Herr Präsident, Ihr freundliches Schreiben, in welchem Sie mir die Anerkennung der Behörden für meine langjährige Tätigkeit an der Eidgenössischen Technischen Hochschule aussprechen, hat mich sehr erfreut. Ich habe dem Lehrkörper der E. T. H. sehr gerne angehört, und ich möchte Ihnen und dem Schweizerischen Schulrate für die stete Unterstützung meiner Bestrebungen bestens danken.»[511] Auch seine Kollegen hielten sich nicht zurück: «Mit wenigen Ausnahmen sind die heutigen Leiter der physikalischen Institute unserer Hochschulen Schüler und frühere Mitarbeiter Scherrers, und sein hervorragendes pädagogisches Geschick hat für den Unterricht der Physik auf der Hoch- und Mittelschulstufe unseres Landes eine einzigartige Unité de doctrine geschaffen.»[512]

Die ETH-Schulleitung war sich aber auch einig, dass nach der Ära Scherrer kein Einzelner mehr unbeschränkt die Leitung eines Instituts innehaben sollte. Dies wohl als Reaktion auf die Turbulenzen, die Scherrers letzte Amtsjahre begleiteten. Fortan sollte das Kollegium von einem theoretischen und einem experimentellen Physiker gemeinsam geleitet und die Amtsdauer beschränkt werden.[513]

Am meisten aber haben ihn die Studierenden vermisst: «In gleicher Weise bedauert die gesamte Studentenschaft an der E. T. H., dass Sie [Scherrer] auf Ende dieses Semester wegen Erreichung der Altersgrenze ihr Amt als Dozent an der Eidgenössischen Technischen Hochschule niederlegen werden.»[514] Er wisse dies, so der Schreibende weiter, von seinem Enkel, der an der ETH Elektrotechnik studiere und der mit grösster Freude und Interesse von den Vorlesungen berichtet habe. Und die «Neue Zürcher Zeitung» synthetisierte das Geschehen mit den Worten: «Paul Scherrers Kollegen, Schüler und Mitarbeiter zusammen mit dem ganzen Land danken ihm für sein grosses und vielseitiges Werk. Sie verbinden damit die Hoffnung, dass trotz dem Eintritt des Jubilars ins achte Dezennium die schweizerische Physik auch weiterhin teilhaben möge an der Tatkraft und dem überragenden Wissen dieser faszinierenden Persönlichkeit.»[515]

Man kann sich ausmalen, dass Scherrer der Rücktritt nicht leichtfiel. Sein langjähriger Wegbegleiter Walter Boveri wusste das: «Es ist eher widerlich, siebzig Jahre alt zu werden. Neuerdings kann man mit diesem Alter nicht einmal mehr in eine eidgenössische Kommission gewählt werden.»[516] Nun, immerhin war Scherrer noch ein paar Jahre im Wissenschaftlichen Komitee des CERN engagiert und redete bei der Neubesetzung des Direktoriums mit.[517] Zudem hatte er bereits während seiner letzten Monate an der ETH einige Auslandsaufenthalte geplant, die er nach der Emeritierung anzutreten beabsichtigte; zunächst, wie könnte es anders sein, in den USA, wo er unter anderem für Vorträge eingeladen war und in den Laboratorien von La Jolla «fein wissenschaftlich»[518] zu arbeiten plante. Ein Jahr später reiste er, der Antikommunist, nach Moskau. In die Schweiz berichtete er, dass die Physik dort sehr fortgeschritten sei und eine echte Konkurrenz zur westlichen darstelle.[519] Marokko, Mittelamerika und Karibik waren weitere Reiseziele. Und er erhielt eine Dozentenstelle an der Universität Basel. Die Initiative dazu war von Kurt Alder und dem Vorsteher des Physikalischen Instituts der Universität Basel Paul Huber ausgegangen.[520] Anfang der 1940er-Jahre hatte Scherrer bereits einen Ruf von dieser Universität erhalten, damals jedoch abgelehnt, weil die ETH daraufhin seine Anstellungskonditionen verbesserte. Umso mehr wurde er nun in Basel erwartet: «Dass diese Situation [seine Emeritierung von der ETH] es ermöglichte, ihm einen Lehrauftrag an der Basler Universität zu gewähren, war uns ausserordentlich willkommen. Nicht nur freuten sich seine ehemaligen Schüler und Freunde, mit Scherrer erneut in engen Kontakt zu treten […], auch die Studenten waren begeistert […].»[521] Die Aufgabe soll ihn «jugendlich und spannkräftig»[522] erhalten haben, wie ein Nekrolog festhielt. In Basel las er zu so unterschiedlichen Gebieten wie Relativitätstheorie, Kern-, Partikel- und Feldphysik, ja, er breitete sein Forschungsfeld nochmals gründlich aus.

Forschung betrieb er kaum mehr, regte aber andere dazu an, namentlich den Kollegen Zwicky. Dieser formulierte 1967 in einem Aufsatz Überlegungen zur Möglichkeit, dass Gebilde ausschliesslich aus Lichtquanten bestehen könnten, die einander anziehen. Die Idee ging offensichtlich aus einer Diskussion mit Scherrer hervor, der gefragt hatte, ob nicht auch kompakte Körper aus Licht, das sich selbst zusammenhält, existieren könnten. Im Dezember 1965 schrieb Zwicky dazu an Scherrer: «Dear Maestro – Wie zum Kuckuck kamen Sie auf die Idee, dass Licht sich zusammenhalten könnte? Now I think I have a proof for that and that such queer objects actually are contained in the morphological scheme of ultimate compact bodies.»[523]

Auch wissenschaftspolitisch mischte sich Scherrer nochmals ein. 1968 gründete Jean-Pierre Blaser das Schweizerische Institut für Nuklearforschung, das unter dem organisatorischen Dach der ETH angesiedelt werden und im aargauischen Villigen domiziliert sein sollte. Die Pläne, dort eine Mesonenfabrik zu bauen, stiessen jedoch auf Widerstand. Über fünfzig namhafte Personen aus Hochschule und Politik richteten ein Schreiben an den Bundesrat, worin sie aus wissenschaftspolitischen Gründen einen Verzicht auf die Fabrik verlangten. Sie sprachen sich dagegen aus, eine 300-MeV-Protonenmaschine für 50 Millionen Franken zu bauen, deren Betrieb den Bund jährlich 10 Millionen Franken kosten würde. Sie befürchteten,

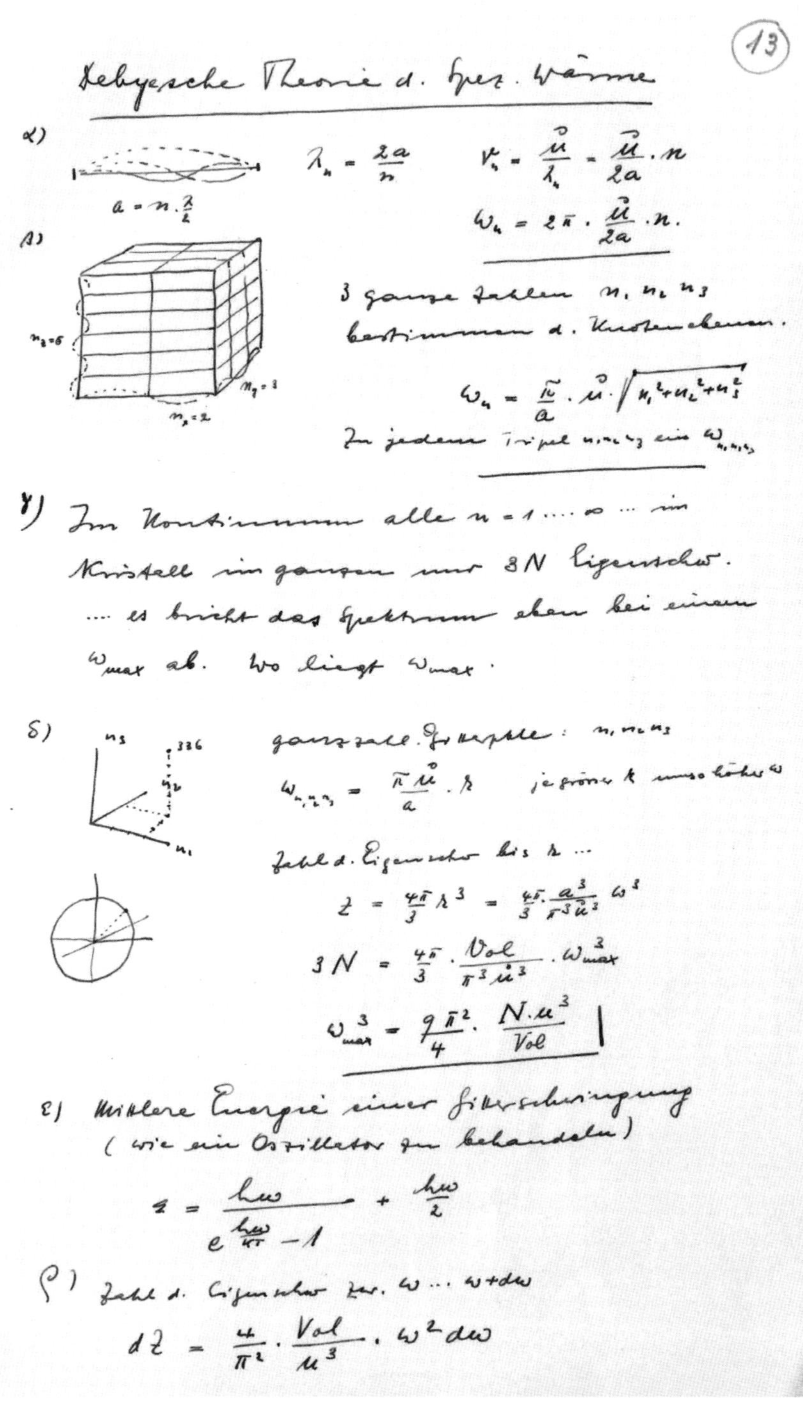

(13)

Debyesche Theorie d. spez. Wärme

α) $\lambda_n = \frac{2a}{n}$ $\nu_n = \frac{u}{\lambda_n} = \frac{u}{2a}\cdot n$

$a = n\cdot\frac{\lambda}{2}$ $\omega_n = 2\pi\cdot\frac{u}{2a}\cdot n.$

β) 3 ganze Zahlen $n_1\ n_2\ n_3$ bestimmen d. Knotenebenen.

$n_3 = 6$ $n_2 = 3$ $n_1 = 2$

$\omega_n = \frac{\pi}{a}\cdot u\cdot\sqrt{n_1^2+n_2^2+n_3^2}$

Zu jedem Tripel $n_1 n_2 n_3$ ein $\omega_{n_1 n_2 n_3}$

γ) Im Kontinuum alle $n = 1 \ldots \infty \ldots$ im Kristall im ganzen nur 3N Eigenschw. … es bricht das Spektrum eben bei einem ω_{max} ab. Wo liegt ω_{max}.

δ) ganzzahl. Gitterpunkte: $n_1 n_2 n_3$

$\omega_{n_1 n_2 n_3} = \frac{\pi u}{a}\cdot k$ je grösser k umso höher ω

Zahl d. Eigenschw. bis k …

$Z = \frac{4\pi}{3}k^3 = \frac{4\pi}{3}\frac{a^3}{\pi^3 u^3}\omega^3$

$3N = \frac{4\pi}{3}\cdot\frac{Vol}{\pi^3 u^3}\cdot\omega_{max}^3$

$\omega_{max}^3 = \frac{9\pi^2}{4}\cdot\frac{N\cdot u^3}{Vol}$

ε) Mittlere Energie einer Gitterschwingung (wie ein Oszillator zu behandeln)

$\varepsilon = \frac{\hbar\omega}{e^{\frac{\hbar\omega}{kT}}-1} + \frac{\hbar\omega}{2}$

ζ) Zahl d. Eigenschw. zw. $\omega \ldots \omega + d\omega$

$dZ = \frac{4}{\pi^2}\cdot\frac{Vol}{u^3}\cdot\omega^2 d\omega$

Abb. 71: Ausschnitt aus den Vorlesungsnotizen Paul Scherrers an der Universität Basel zur debyeschen Theorie der Wärmekapazität von Festkörpern, nach 1960.

Abb. 72: Paul Scherrer Institut in Würenlingen; im Hintergrund links das Kernkraftwerk Beznau, 1966 (Foto: Comet Photo AG).

dass es zu einer Zentralisierung der Forschungslabore für Kern- und Mesonenphysik kommen würde. Die Universitäten, so die Kritikerinnen und Kritiker, würden aus einer solchen Situation als Verliererinnen hervorgehen. Mit anderen Worten: Sie sprachen sich gegen die Machtansprüche der ETH aus.[524] Der Brief war von niemand anders als Paul Scherrer, Blasers ehemaligem Doktorvater, orchestriert. Noch einmal drang hier der Generationenkonflikt durch, der sich in den letzten Jahren Scherrers an der ETH offenbart hatte. Bundesrat Hans Peter Tschudi zeigte sich von dem Schreiben wenig beeindruckt. Er liess Blaser wissen, dass es bloss die Wichtigkeit eines Projekts widerspiegle, wenn so viele Persönlichkeiten dagegen seien. Blasers Mesonenfabrik wurde gebaut, und das SIN betrieb in den kommenden Jahren erfolgreich Grundlagenforschung auf den Gebieten der Kern- und Teilchenphysik.[525] Immerhin führte man so Scherrers Legat erfolgreich weiter. Folgerichtig wurde die Forschungsstätte schliesslich nach ihm benannt.

Exkurs

Das Paul Scherrer Institut

Scherrer war ein begnadeter Lehrer und exzellenter Netzwerker, aber ein mittelmässiger Forscher. Seine wichtigsten Forschungsbeiträge hatte er in jungen Jahren geleistet.[526] Sein Ruf als Physiker war trotz einiger Fehlschläge unbestritten, sodass man sich Ende der 1980er-Jahre entschied, ein Forschungsinstitut nach ihm zu benennen. 1988 fusionierte das Schweizerische Institut für Nuklearforschung mit dem Eidgenössischen Institut für Reaktorforschung (EIR), das 1960 aus der Reaktor AG hervorgegangen war, zum Paul Scherrer Institut (PSI). Ziel des Zusammenschlusses waren Rationalisierungen im Bereich der kernphysikalischen Forschung, aber auch der Wunsch, neue Forschungsbereiche aufzubauen. Entsprechend entstanden neue Forschungsgruppen in den Bereichen Festkörperphysik, Biomedizin, erneuerbare Energien und Umweltwissenschaften. Beide Institutionen waren zuvor Annexanstalten der ETH gewesen und wurden nun in den ETH-Bereich eingegliedert. Blaser übernahm in den ersten drei Jahren das Direktorium des neuen Instituts.

Die Wahl des Namens war offensichtlich wenig umstritten; es gab kaum andere ernst zu nehmende Vorschläge oder Opposition gegen den Entscheid. Scherrer sollte mit der Denomination für seine frühen Arbeiten im Bereich der Kernenergie geehrt werden, aber auch dafür, dass er wesentlich zur Schaffung des EIR und des SIN beigetragen sowie sich erfolgreich dafür eingesetzt hatte, dass die Schweiz Sitzstaat des CERN wurde. Auch habe Scherrers breites Wissen zu grossen Erkenntnissen in der Festkörperphysik geführt und sein Weitblick früh auf die Anwendungen der Kernphysik in der Medizin hingewiesen.

Aufgabe des PSI war es unter anderem, die beiden Reaktoren Diorit und Saphir zu übernehmen und zu managen.[527] Der Forschungsreaktor Diorit war bereits 1977 definitiv abgeschaltet und stillgelegt worden; 1982 hatten die Rückbauarbeiten begonnen. Diese wurden mit der Übernahme durch das PSI intensiviert. Während seines Betriebs hatte der Reaktor rund 20 Kilogramm Plutonium produziert. Dieses lagerte bis 2014 im PSI. Man nimmt heute an, dass am Diorit wohl Forschungsarbeiten für das Militär durchgeführt, dabei aber keine Waffenbestandteile hergestellt wurden.[528]

Der Saphir wurde Ende 1993 stillgelegt, nachdem er über drei Jahrzehnte lang in Betrieb gewesen war. 1998 reichte die PSI-Direktion das offizielle Stilllegungsgesuch ein, und zwei Jahre später genehmigte der Bundesrat die Demontage. Die Rückbauarbeiten begannen 2002, und bis 2008 waren die Reaktorbestandteile, insbesondere die Unterwasserinstallationen und der Pool, mithilfe fernbedienter Werkzeuge zerlegt. Die Aufsichtsbehörde erlaubte, das Reaktorwasser in die Aare einzuleiten, da keine Kontaminationsgefahr für die Umwelt bestand. Die Uranisotope wurden von den USA zurückgenommen. Vollständig aus der Welt sind die zerlegten oder eingeschmolzenen Rückbaumaterialien der Saphir-Testanlage dennoch nicht. Die 500 Tonnen schwere Masse wurde möglichst klein verpackt und für die Zwischenlagerung in 200-Liter-Fässer und Kleincontainer einbetoniert. Weil sich im Untergeschoss des Saphir-Gebäudes ein temporäres Kernbrennstofflager befindet, bleibt die Aufsichtspflicht bestehen, eine anderweitige Nutzung ist ausgeschlossen.

Epilog

1962 hielt Paul Scherrer an der Handelshochschule St. Gallen eine Festrede zum Thema «Abenteuer der Forschung».[529] Er betonte darin das «Streben des Menschen nach Erkenntnissen durch unablässige Forschung», präsentierte die neuesten Ergebnisse der Physik und stellte fest, dass sich die Öffentlichkeit vor allem für angewandte Wissenschaft interessiere, da sie hierin die eigentlichen Errungenschaften der Forschung erkenne. Dem stellte er die Grundlagenforschung gegenüber, die er für überaus wichtig hielt, etwa diejenige am CERN oder in den Labors von Brookhaven, wo mit den «grössten Maschinen dieser Art», den Teilchenbeschleunigern, gearbeitet wurde.

Gleichzeitig schlug Scherrer einen neuen, bislang unbekannten Ton an. Physik war für ihn bisher hauptsächlich «interessant» oder eben «nicht interessant» gewesen, bisweilen «lustig» und «ganz einfach». Nun mahnte er, dass, «obwohl eine Flut von neuen Erfindungen in rascher Folge auf uns zuströmt, wir merkwürdigerweise ganz *verlernt* [haben], uns über die Errungenschaften unserer Zeit zu verwundern». Wir seien gewillt, so Scherrer weiter, neue Erkenntnisse als selbstverständlich hinzunehmen: «So gibt uns die Wissenschaft in täglich wachsendem Masse eine Fülle von neuen Erkenntnissen, die wir für unser *Wohlergehen* verwenden können. Die Machtmittel, die sie uns liefert, können aber auch zur *Zerstörung* verwendet werden. Leider sagt die Wissenschaft uns nicht, *was* wir mit den neuen Erkenntnissen tun sollen.»

So kannten wir Scherrer bislang nicht. Älter und vielleicht auch versöhnlicher geworden, warf er hier ethische Fragen auf und stellte sie in den Zusammenhang mit naturwissenschaftlicher und technischer Forschung. Er räumte ein, dass Forschung nicht einfach neutral sei, sondern ergebnisoffen und damit zuweilen auch unberechenbar respektive unkontrollierbar. Forschung, so kann man Scherrers Überlegungen weiterspinnen, evoziert neue Probleme, die in die Zukunft weisen. Aus Scherrers Sicht galt es, sich darüber Gedanken zu machen, was der «Unterbau» der (natur)wissenschaftlichen Forschung sei. Die Beantwortung ethischer Fragen dagegen delegierte er an andere: «Das müssen wir von anderer Stelle erfahren!», führte er in seiner Festrede aus und verpasste es so, wissenschaftliche Verantwortung festzuschreiben. Traute er es seiner eigenen Zunft nicht zu, die richtigen Fragen zu stellen und nach Antworten zu suchen? Realisierte er, dass es stark um Interessen und weniger um Werte ging? Ist es gar ein Resümee seiner eigenen Arbeit, eine Reflexion seines Denkens und Tuns? Ein Warnruf für zukünftige Forschende? Immerhin wurden die Relevanz kernphysikalischer Forschung, ihre langfristigen Folgen und Hinterlassenschaften immer offensichtlicher und gelangten zunehmend in die Kritik. Es gelte nun, so Scherrer in seiner Festrede, Änderungen in die Wege zu leiten, ethische Grundlagen für die künftige Wissenschaftspraxis zu schaffen: «Es ist zu hoffen, dass es uns gelingt, die ethischen Grundsätze durch gute Erziehung so zu verankern, dass diese einen tragfähigen Unterbau für unsere hochentwickelte Wissenschaft und Technik bilden, so dass ein harmonisches Ganzes entsteht, das der glücklichen Zukunft entspricht, welche sich alle Völker wünschen.» Glücke dies nicht, sei «unsere Wissenschaft vorläufig nur ein *schönes Abenteuer*, dessen endgültigen Ausgang wir nicht kennen».

Dabei hätte durchaus interessiert, wie Scherrer die Kerntechnologie insgesamt bewertete. Eine Einordnung ihrer Hinterlassenschaften und ungelösten Probleme, insbesondere desjenigen der atomaren Abfälle, gar eine Distanzierung vom Kernwaffenbau, wie dies Otto Hahn oder Robert Oppenheimer getan hatten, und eine Einschätzung ihrer zukünftigen Bedeutung hätte man von Scherrer gerne erfahren. Immerhin war er zeit seines Lebens überaus erfolgreich gewesen, sein Netzwerk weit zu spannen und so den Bundesrat, das Parlament, die Industrie, die verschiedenen Kommissionen und später den neu gegründeten Nationalfonds zu grossen (damals den grössten) Forschungsbeiträgen zu bewegen. Die damit einhergehende Schaffung eines militärisch-industriell-universitären Milieus in der Schweiz, in dem jeder jeden kannte, jeder jedem half, kaum jemand etwas kritisch hinterfragte und das über Jahre hinweg die Gewichtung von Forschungsthemen und die Verteilung von Forschungsmitteln im Energie- und Umweltbereich zum eigenen Nutzen monopolisierte, hätten wir vom Physiker und Staatsbürger Scherrer gerne kommentiert gehabt. So weit kam es nicht. Am 25. September 1969 verstarb Paul Scherrer. Es galt, Abschied zu nehmen «von unserem Scherrer».[530]

Anmerkungen

1 Michael Hampe, zitiert in Kalberer 2020.
2 ETH-Arch, Akz.2012-10 B7, Schreiben von Schmid an Kurt Adler, 12. 8. 1981.
3 Caloz 1946.
4 Persönliche Mitteilung von Sabina Brodbeck-Jucker, 29. 7. 2020.
5 Huber 1990, 21.
6 Neuenschwander 2012.
7 Rasche/Staub 1979; Wyder 2015.
8 Persönliche Mitteilung von Karin Mendes de Leon.
9 ETH-Arch, Akz. 2012-10 B 5, Ina Sonderegger an Scherrer, 22. 12. 1911.
10 Ammann 1992.
11 Völkle 1975; Kant 2005; Zürcher 2011; Neuenschwander 2012.
12 Albers-Schönberg 2005, 215.
13 Moore 1989, 176.
14 Huber 1990, 24–26.
15 Peierls 1985, 49.
16 Ebd.
17 Känzig 1969.
18 Huber 1990, 29.
19 Lüscher 1969.
20 Huber 1969, 26.
21 Staub 1969.
22 ETH-Arch, Akz. 2012-10 A1/2; Akz. 2012-10 B9+10.
23 UAG, Kur.Alt.4.V.c.297, 27. 6. 1918.
24 Jaeger 2017.
25 Debye 1960; Frauenfelder et al. 1990.
26 UAG, Phil.Prom.Spec.S.7, 14. 3. 1916; Känzig 1969.
27 ETH-Arch, Akz. 2012-10 A1/2, Mitteilung vom 4. 2. 1916.
28 UAG, Kur.Alt.4.V.c.297, 27. 6. 1918; UAG, Kur.Alt.4.V.h.35; Bd.1, 30. 7. 1918.
29 Kragh 1990.
30 Zum Beispiel in ETH-Arch, Akz. 2014-38, 27. 9. 1912.
31 Alder 1990, 12.
32 Weigle 1950; Humm 1970.
33 AMPG, III/019 III. Abt. Rep. 19, Scherrer an Debye, 22. 10. 1927.
34 UAG, Kur.Alt.4.V.c.297, 27. 6. 1918; Völkle 1975.
35 Debye 1960, 9.
36 Etter/Dinnebier 2014.
37 Debye/Scherrer 1916a, 5–15; Debye/Scherrer 1916b, 16–26.
38 Völkle 1975, 43.
39 Debye 1960, 11.
40 Ebd., 13.
41 Einstein, 26. 3. 1920, zitiert in Schulmann 2012, 347.
42 Scherrer 1916.
43 UAG, Phil.Prom.Spec.S.7, 31. 1. 1916.
44 UAG, Kur.Alt.4.V.c.297, 28. 6. 1918.
45 Scherrer 1962b, 645.
46 Frauenfelder et al. 1990, 7.
47 Debye 1960, 13.
48 ETH-Arch, Nachlass Paul Scherrer, Schreiben des Schweizerischen Schulrats, 20. 2. 1920.
49 ETH-Arch, Nachlass Paul Scherrer, Urkunde des Bundesrats, 9. 3. 1920.
50 Scherrer, zitiert in Telegdi 1990.

51 Huber 1990, 15.
52 Schulman 2016.
53 Rasche/Staub 1979; Wyder 2015, 62–66.
54 Sotschek 2022.
55 Rasche/Staub 1979, 217.
56 Gugerli et al. 2005, 161, 409.
57 Ebd., 234.
58 Staub 1960.
59 Stössel 1960, 20.
60 Staub 1969, 19; Muheim 1975, 59.
61 Staub 1969, 20.
62 Einstein zitiert in Kleinknecht 2017, 63.
63 Staub 1969, 18.
64 ETH-Arch, Nachlass Paul Scherrer, 23. 1. 1922.
65 Frey-Wyssling 1984, 95.
66 Fierz 1959.
67 ETH-Arch, Akz. 2012-10 B4 1919–1930, 20. 9. 1921.
68 ETH-Arch, Akz. 2012-10 B4 1919–1930, 19. 3. 1925.
69 ETH-Arch, Akz. 2012-10 B4 1919–1930, 20. 7. 1926; AMPG, III/019 III. Abt. Rep. 19, Scherrer an Debye, 22. 10. 1927.
70 Busch 1980.
71 ETH-Arch, Akz. 2012-10 A1/2, 24. 2. 1926.
72 Frauenfelder et al. 1990, 7.
73 Dazu etwa ETH-Arch, SR2, Schulratsprotokoll, 18. 9. 1936; Stössel 1960, 21.
74 ETH-Archiv Akz. 2012-10 B 1–3; ETH-Arch, Akz. 2012-10 B 4 1919–1930.
75 ETH-Arch, SR2, Schulratsprotokoll, 5. 8. 1927.
76 Jahresbericht von Paul Scherrer über die Tätigkeit des Physikalischen Instituts 1931, zitiert in Enz et al. 1997, 42.
77 AMPG, III/019 III. Abt. Rep. 19, Scherrer an Debye, 5. 11. 1927.
78 ETH-Arch, SR2, Schulratsprotokoll, 23. 4. 1926; ETH-Arch, Akz. 2012-10 B 4 1919–1930, 20. 7. 1926.
79 AMPG, III/019 III. Abt. Rep. 19, Scherrer an Debye, 29. 11. 1927.
80 ETH-Arch, Hs Prov. Pauli, W., 26. 11. 1927.
81 Pauli 1946, zitiert in Enz 2005, 93.
82 Zitiert nach Casimir, in Enz/von Meyenn 1988, 78.
83 Enz et al. 1997, 13 f.
84 Bühlmann 1990, 13.
85 Pauli 1934, zitiert in Enz 2005, 73; siehe auch Weisskopf 1988, 88; 1991, 89.
86 Scherrer 1958, zitiert in Enz et al. 1997, 288.
87 Heisenberg 1969, 10 f.; siehe auch Muheim 1975, 60.
88 Peierls 1985, 47; Sager 2018, 119.
89 Pauli an Oskar Klein, 12. 12. 1930, in: Enz/von Meyenn 1988, 434.
90 Enz/von Meyenn 1988, 482; https://library.ethz.ch/standorte-und-medien/plattformen/virtuelle-ausstellungen/wolfgang-pauli-und-die-moderne-physik/das-neutrino.html, 6. 8. 2021.
91 Schweizerischer Schulrat, Jahresbericht 1960/1961; Enz et al. 1997, 288.
92 AMPG, III/019 III. Abt. Rep. 19, Debye an Scherrer, 1. 6. 1934.
93 ETH-Arch, Akz. 2012-10 B4 1932–; Schreiben vom 18. 9. 1936.
94 Mahrer 2022, 56 f.
95 Enz et al. 1997, 73–79.
96 Picard 1994, 70–84; Studer et al. 2008, 75–93.
97 Gross/Wildmann 2022.
98 ETH-Arch, Akz. 2012-10 B4 1932–, 17. 5. 1940.
99 Scharf 2014.
100 ETH-Arch, SR3, 1941, Nr. 3590/221.2, Scherrer an Pauli, 15. 10. 1941.
101 ETH-Arch, SR2, Schulratsprotokoll, 13. 2. 1942.

102 Knoch-Mund/Picard 2009.
103 ETH-Arch, SR2, Schulratsprotokolle, 10. 7. 1943, 10. 11. 1945.
104 Enz et al. 1997, 77.
105 Weisskopf 1991, 89.
106 Enz 2005, 91.
107 ETH-Arch, SR2, Schulratsprotokoll, 10. 11. 1945.
108 Ebd.
109 ETH-Arch, SR2, Schulratsprotokoll, 4. 5. 1946.
110 ETH-Arch, SR2, Schulratsprotokoll, 21. 11. 1953.
111 Enz et al. 1997, 78.
112 Picard 1994, 85–93; UEK 2002, 313–317; Wehrli 2022.
113 ETH-Arch, SR2, Schulratsprotokolle, 10. 7. 1954, 3. 10. 1959; Enz et al. 1997, 289 f.
114 Huber 1970, 8.
115 Einstein, 3. 11. 1927, zitiert in Schulmann 2012, 451.
116 Weisskopf 1990, 93; Albers-Schönberg 2005, 215.
117 Persönliche Mitteilung von Max Weber, Sekretär der Fritz Zwicky Stiftung, 13. 8. 2020.
118 Humm 1970, 18 f.
119 M. Irwin-Schaufelberger (Scherrers Sekretärin), zitiert in Völkle 1975, 48.
120 Weisskopf 1991, 88.
121 Pellaud 1992, 31.
122 SRF 1987, www.srf.ch/play/tv/-/video/-?urn=urn:srf:video:bc9dd90f-bc57-4bf3-b7c6-ba1294c1139b, 29. 6. 2022.
123 Känzig 1969, 13.
124 Scherrer, zitiert in Bühlmann 1990, 13.
125 Huber 1970, 8.
126 Stössel 1960, 20 f.
127 Steiger 2011, 84.
128 Staub 1969, 21.
129 Zwicky 1972, 149.
130 SozA, Ar 167.12.7, Scherrer an Bradt, 9. 4. 1942, 2. 2. 1944.
131 ETH-Arch, Hs 171+a (Scherreriana), Verena de Haas, Schreiben von 1995.
132 M. Irwin-Schaufelberger (Scherrers Sekretärin), zitiert in Völkle 1975, 49.
133 Private Mitteilung Norbert Straumann, November 2019; siehe auch Huber 1990, 24.
134 Telegdi 1990.
135 ETH-Arch, SR2, Schulratsprotokoll, 26. 4. 1951.
136 Telegdi 1990.
137 Private Mitteilung Norbert Straumann, November 2019; siehe auch Staub 1969, 20.
138 Stössel 1960, 21.
139 Ebd.; Völkle 1975, 44.
140 BAR, E9510.10#1987/32#389*, 1944; https://marcel-benoist.ch/paul-scherrer, 27. 7. 2022.
141 BAR, E3001B#1970/157#38*, ETH-Schulrat an EDI, 28. 11. 1941.
142 BAR, E3001B#1970/157#38*, Bundesratsprotokoll, 23. 12. 1941.
143 www.nobelprize.org/nomination/archive/show_people.php?id=8160, 27. 7. 2022.
144 Zwicky in Müller 1986, 59.
145 Huber 1969, 23.
146 ETH-Arch, SR3, 1945, Nr. 5798/131.74, Scherrer an Rohn, 9. 11. 1945.
147 ETH-Arch, SR2, Schulratsprotokoll, 26. 4. 1952.
148 SozA, Ar 167.12.6, Rolf M. Steffen an H. Bradt, 7. 2. 1949.
149 Telegdi 1989, 4.
150 Gugerli et al. 2005, 233–237.
151 Ebd., 237.
152 Ebd., 237–244.
153 Sibold 2010, 223–246.
154 ETH-Arch, SR3, 1932, Nr. 2044/225.0, Scherrer an Rohn, 18. 7. 1932.
155 Enz et al. 1997, 48.

156 Mahrer 2022, 62.
157 Powers 1993, 13, 40 f.
158 UEK 2002, 107–180; Portmann-Tinguely/von Cranach 2016.
159 ETH-Arch, Akz.2012-10 B7, Jucker an Albers-Schönberg, 19. 5. 1995; Albers-Schönberg 2005, 221; Buomberger 1996.
160 Wäffler 1992, 153.
161 SozA, Ar 167.12.7, Einstein an Bradt, 25. 3. 1939; Einstein an Jungmann-Bradt, 25. 3. 1939; Jungmann-Bradt 1999, 43–49; Gasser 2020.
162 SozA, Ar 167.12.7, handschriftlicher Vermerk Bradts auf einem Schreiben Scherrers, 7. 9. 1942.
163 SozA, Ar 167.12.7, Schreiben Schweizer. Schulrat, 6. 5. 1942.
164 Bradt 1939.
165 SozA, Ar 167.12.7, Scherrer an Bradt, 11. 9. 1944.
166 SozA, Ar 167.10.1, Scherrer an Marie Bradt, 16. 6. 1950.
167 ETH-Arch, Hs 1522, 25. 3. 1939; ETH-Arch, SR2, Schulratsprotokolle vom 18. 11. 1936, 2. 5. 1941, 28. 10. 1941, 30. 10. 1942, 24. 5. 1943, 8. 11. 1943, 21. 2. 1944, 1. 6. 1946; SozA, Ar 167.10.1, div. Schreiben; Pellaud 1992, 33.
168 Huber 1941.
169 ETH-Arch, Doktorandendossier Gugelot; van Oers et al. 2005.
170 Gugelot 1990.
171 Gugerli et al. 2005, 236.
172 UEK 2001, 60.
173 Heine 1944.
174 ETH-Arch, SR2, Schulratsprotokoll, 22. 10. 1943.
175 Elsasser 1978, 161.
176 Elsasser 1978.
177 Telegdi 1989; Baertschi 2012a.
178 Telegdi 1989, 4.
179 Ebd., 5.
180 Sime 2001; 2011; Rennert/Traxler 2018, 119–126.
181 Hoffmann/Walker 2011, 11–50.
182 Sime 2011, 292.
183 CAC, GBR/0014/MTNR 5/17, Scherrer an Meitner, 14. 3. 1938.
184 CAC, GBR/0014/MTNR 5/17, Scherrer an Meitner, 15. 7. 1938.
185 CAC, GBR/0014/MTNR 5/17, Meitner an Scherrer, 19. 3. 1938.
186 CAC, GBR/0014/MTNR 5/17, Scherrer an Meitner, 23. 4. 1938.
187 Scherrer an Meitner, 2. 6. 1938, in Sime 1990, 263.
188 CAC, GBR/0014/MTNR 5/17, Scherrer an Meitner, 17. 6. 1938.
189 NARA, OSS Personnel Files, 29. 9. 1945.
190 CAC, GBR/0014/MTNR 5/17, Scherrer an Meitner, 18. 3. 1945; Meitner an Scherrer, 26. 6. 1945.
191 Dawidoff 1995; siehe auch https://blogs.ethz.ch/digital-collections/2018/10/26/flucht-und-floetentoene-lise-meitner-zum-gedenken, 27. 7. 2022.
192 Heisenberg 1945, zitiert in Hoffmann 1993, 126 f.
193 Telegdi 1989, 11.
194 Winkler 1981, 61–63; Wollenmann 2004, 25–27.
195 Telegdi 1989, 4; Blaser 1990, 71.
196 Pauli an Jauch, 29. 8. 1946, in Enz et al. 1997, 78.
197 Paul Scherrer Institut 1988, 10.
198 Markus Fierz, zitiert in von Meyenn 2005, 10.
199 Enz et al. 1997, 302–306; von Meyenn 2005, 12–23.
200 ETH-Arch, SR2, Schulratsprotokoll, 9. 11. 1957.
201 Jauch 1957, zitiert in von Mayenn 2005, 23.
202 Scherrer an Pallmann, 15. 1. 1957, zitiert in von Meyenn 2005, 23 f.
203 Scherrer an Pallmann, 15. 1. 1957, zitiert in von Meyenn 2005, 24.
204 Enz et al. 1997, 287.

205 ETH-Arch, SR2, Schulratsprotokoll, 4. 7. 1959; von Meyenn 2005, 1150–1152.
206 ETH-Arch, SR2, Schulratsprotokolle, 5. 3. 1958, 25. 3. 1958.
207 ETH-Arch, SR2, Schulratsprotokoll, 7. 11. 1959.
208 ETH-Arch, SR2, Schulratsprotokolle, 9. 11. 1957, 21. 12. 1957, 25. 3. 1958.
209 Schreiben Scherrer und Pauli 23. 10. 1957, zitiert in Enz et al. 1997, 301.
210 Enz et al. 1997, 290.
211 ETH-Arch, SR2, Schulratsprotokoll, 23. 12. 1959; Enz et al. 1997, 327; Pritzker 2014, 24.
212 ETH-Arch, Biografisches Dossier Meitner, Lise (1878–1968); Sime 2011.
213 Scherrer 1945.
214 Kleinknecht 2017, 204 f.
215 Zum Beispiel Boehm 1990, 45.
216 Stössel 1960, 21.
217 Huber 1970, 6.
218 Telegdi 1990.
219 Hardmeier 1928.
220 Jahresbericht Physikalisches Institut 1931, zitiert in Enz et al. 1997, 42.
221 Boehm 1990, 45.
222 Enz 2005, 59.
223 Wildi 2003, 20.
224 Lüscher 1992, 118; Pellaud 1992, 30; Balmer 2005.
225 BAR, E27#1000/721#19038*, Zipfel an Karl Kobelt, 14. 9. 1945.
226 Hug 1987, 96 f.
227 Telegdi 1989, 2.
228 Enz 2012.
229 ETH-Arch, SR2, Schulratsprotokoll, 3. 2. 1951.
230 Frauenfelder et al. 1960; Huber 1970, 6.
231 Boehm 1990, 46.
232 Wäffler 1992, 145.
233 Braun et al. 1937.
234 Pellaud 1992, 32.
235 Wäffler 1992, 147.
236 Ebd., 147–154.
237 ETH-Arch, SR2, Schulratsprotokoll, 17. 2. 1939.
238 Boehm 1990, 52; Wäffler 1992, 154–159.
239 Huber 1970, 6.
240 Blaser 1990.
241 Scherrer 1960, 89.
242 ETH-Arch, SR2, Schulratsprotokoll, 31. 5. 1941.
243 ETH-Arch, SR2, Schulratsprotokolle, 19. 12. 1938, 20. 12. 1941.
244 Zum Beispiel ETH-Arch, SR2, Schulratsprotokoll, 17. 2. 1939.
245 Blaser 1990; Wäffler 1992, 159–174.
246 Boveri 1954; 1964.
247 Catrina 1991, 61–66; Balzli 1997.
248 Wildi 2003, 48.
249 Blaser 1990.
250 Pritzker 2014, 20 f.
251 Blaser 1990; Gugelot 1990.
252 NARA, OSS Personnel Files, 22. 8. 1944.
253 Boveri 1954 (Präsidialrede vom 16. 7. 1946).
254 Baertschi 2012b.
255 Albers-Schönberg 2005, 236–238.
256 Blaser 1990, 69.
257 Boehm 1990, 58.
258 Scherrer 1960, 90.
259 Scherrer, zitiert in Blaser 1990, 70.

260 Völkle 1975.
261 Boehm 1990, 59.
262 ETH-Arch, SR2, Schulratsprotokoll, 26. 9. 1958.
263 Pritzker 2014, 24 f.
264 ETH-Arch, SR2, Schulratsprotokoll, 23. 12. 1959.
265 ETH-Arch, SR2, Schulratsprotokoll, 6. 2. 1960.
266 Pritzker 2014, 27–29.
267 Ebd., 135–138.
268 Livingston 1980; Heilbron/Seidel 1989, xvii–xxi; Pritzker 2014, 17–19.
269 Scherrer 1945.
270 Pellaud 1992, 35.
271 Auf der Maur 2008.
272 Scherrer 1945.
273 Scherrer 1936, zitiert in Huber 1990, 28.
274 Scherrer 1945.
275 Pellaud 1992, 36.
276 Hoffmann 1993, 10.
277 BAR, E27#1000/721#19038*, Protokoll der Konferenz über die Verwendung der Atomenergie, 5. 11. 1945; Scherrer 1945.
278 Pellaud 1992, 36.
279 BAR, E27#1000/721#19038*, Protokoll der Konferenz über die Verwendung der Atomenergie, 5. 11. 1945.
280 Hug 1987, 75.
281 BAR, E27#1000/721#19038*, Protokoll der Konferenz über die Verwendung der Atomenergie, 5. 11. 1945.
282 Enz et al. 1997, 77.
283 BAR, E27#1000/721#19040*, Protokoll, 14. 9. 1946.
284 Albers-Schönberg 1990, 83.
285 Suits 1960; Pellaud 1992, 37.
286 Engineering and Technology History Wiki 1984: Interview von A. Michal McMahon mit Chauncey Guy Suits, 5. 11. 1984; https://ethw.org/Oral-History:Guy_Suits, 27. 7. 2022.
287 ETH-Arch, SR3, 1945, Nr. 221/1945, Scherrer an Rohn, 29. 8. 1945.
288 Wildi 2003, 21 f.
289 BAR, E27#1000/721#19038*, Protokoll der Konferenz über die Verwendung der Atomenergie, 5. 11. 1945.
290 Scherrer, zitiert in Huber 1990, 28.
291 Scherrer 1956, zitiert in SRF 2011; https://m.srf.ch/audio/tagesgespraech/sommerserie-1953-aera-der-atom-utopie-beginnt?id=10187482, 27. 7. 2022.
292 BAR, E27#1000/721#19040*, Protokoll, 14. 9. 1946.
293 Scherrer 1945.
294 Scherrer 1962a.
295 Hoffmann 1993; Raudkau/Hahn 2013.
296 Heisenberg 1980, 98 f.; Powers 1993, 127; siehe auch Baur 2011.
297 Quitmann/Lissner 2017.
298 NARA, OSS Personnel Files, 24. 3. 1944; Powers 1993.
299 Powers 1993, 397.
300 Ebd., 13.
301 Von Schirach 2013, 56.
302 Hoffmann 1993, 16 f.
303 Radkau/Hahn 2013, 24.
304 Powers 1993, 107–110; Walker 2002; Radkau/Hahn 2013, 24–27.
305 Hoffmann 1993, 17.
306 NARA, OSS Personnel Files, 19. 11. 1943, 16. 12. 1943.
307 Petersen 1996, 37 f., 43 f.; Mauch 1999, 171 f.
308 NARA, OSS Personnel Files, 19. 11. 1943.

309 NARA, OSS Personnel Files, 16. 12. 1943. Übersetzung: «Der grösste Teil der obigen Angaben stammt von Flute [Scherrer], zu dem ich einen ausgezeichneten Draht habe. Ich habe den Eindruck, dass er bereit ist, so viel wie möglich vor Ort zu helfen, und ich kann mir vorstellen, dass dies für Sie von Interesse sein wird.»
310 Powers 1993, 225 f.
311 NARA, OSS Personnel Files, 16. 12. 1943.
312 NARA, OSS Personnel Files, 20. 6. 1944.
313 NARA, OSS Personnel Files, 2. 8. 1944, 22. 8. 1944.
314 NARA, OSS Personnel Files, 15. 5. 1944, 20. 6. 1944.
315 NARA, OSS Personnel Files, 24. 3. 1944; Powers 1993, 272.
316 NARA, OSS Personnel Files, 24. 3. 1944.
317 NARA, OSS Personnel Files, 8. 12. 1944 (sic).
318 NARA, OSS Personnel Files, 11. 5. 1944; Powers 1993, 395.
319 NARA, OSS Personnel Files, 5. 4. 1944.
320 NARA, OSS Personnel Files, 8. 12. 1944; Höner 2009, 52–57.
321 Hoffmann 1993, 118.
322 ETH-Arch, Hs 911:59, Dällenbach an Scherrer, 30. 6. 1945; Weiss 2011.
323 NARA, OSS Personnel Files, 15. 2. 1945, 23. 3. 1945.
324 ETH-Arch, Hs 911:59, Dällenbach an Scherrer, 30. 6. 1945.
325 NARA, OSS Personnel Files, 30. 9. 1946.
326 Powers 1993, 564.
327 NARA, OSS Personnel Files, 16. 12. 1943.
328 Powers 1993, 396.
329 Ebd., 397.
330 Heisenberg 1945, zitiert in Hoffmann 1993, 140.
331 Powers 1993, 190–193.
332 Ebd., 382–393.
333 Zum Folgenden auch Dawidoff 1995.
334 NARA, OSS Personnel Files, 30. 9. 1946; Powers 1993, 399.
335 American Institute of Physics (1964), Interview von Thomas S. Kuhn mit Gregor Wentzel, 3.–5. 2. 1964, www.aip.org/history-programs/niels-bohr-library/oral-histories/4953, 27. 7. 2022; Scharf 2014.
336 Powers 1993, 350.
337 Persönliche Mitteilung von Jürg Stüssi-Lauterburg, 3. 9. 2020.
338 Powers 1993, 397–399.
339 Ebd., 401–406.
340 Ebd., 399 f.
341 Hoffmann 1993, 35 f.
342 CAC, GBR/0014/MTNR 5/17, Scherrer an Meitner, 18. 3. 1945.
343 AMPG, III/093 III. Abt. Rep. 93, Scherrer an Heisenberg, 6. 11. 1953.
344 AMPG, III/093 III. Abt. Rep. 93, Heisenberg an Scherrer, 12. 11. 1953.
345 AMPG, III/093 III. Abt. Rep. 93, div. Schreiben.
346 Heisenberg 1969.
347 NARA, OSS Personnel Files, 23. 12. 1944; Powers 1993, 399 f.
348 Dawidoff 1995, 210 f.
349 Heisenberg 1980, 121.
350 NARA, OSS Personnel Files, 20. 2. 1945. Übersetzung: «[...] wünscht, dass Flute [Scherrer] seine wertvolle Unterstützung fortsetzt.»
351 NARA, OSS Personnel Files, 16. 2. 1945, 20. 2. 1945, 28. 2. 1945, 3. 3. 1945, 8. 3. 1945, 23. 3. 1945.
352 NARA, OSS Personnel Files, 19. 5. 1945.
353 Del Sesto 1986; Radkau/Hahn 2013.
354 BAR, E27#1000/721#19040*, Protokoll, undatiert [1946].
355 Zitiert in von Falkenstein 1997, 211.
356 Kupper 2006, 155.

357 Eisenhower 1953; siehe auch Krige 2006. Übersetzung: «Die Vereinigten Staaten wissen, dass die friedliche Nutzung der Atomenergie kein Zukunftstraum ist.»
358 Joye-Cagnard 2010, 199; Stöver 2012, 53 f.
359 Wildi 2003, 58.
360 Zwicky 1972, 150 f.
361 Fischer 2019, 24.
362 Eisenhower 1953.
363 ETH-Arch, SR2 Schulratsprotokoll, 10. 11. 1945.
364 BAR, E3001B#1970/157#38*, ETH-Schulrat an EDI, 20. 2. 1946.
365 Von Falkenstein 1997, 231.
366 BAR, E27#1000/721#19038*, Frick an Kobelt, 15. 8. 1945.
367 BAR, E27#1000/721#19038*, von Wattenwyl an Kobelt, 4. 9. 1945.
368 BAR, E27#1000/721#19040*, Protokoll, 13. 11. 1946.
369 BAR, E27#1000/721#19038*, Schreiben Kobelt, 26. 10. 1945.
370 BAR, E27#1000/721#19038*, Protokoll, 5. 11. 1945, Anhang.
371 Schweizerischer Bundesrat 1946a; Pellaud 1992, 41.
372 BAR, E27#1000/721#19038*, Bericht an das eidg. Post- und Eisenbahndepartement von Prof. Dr. Bruno Bauer und Prof. Dr. Franz Tank, 18. 9. 1945; Pellaud 1992, 39.
373 Wildi 2003, 34 f.
374 Krethlow 1960, 11; Hochstrasser 1992, 62.
375 BAR, E27#1000/721#19038*, Zipfel an Kobelt, 20. 8. 1945.
376 BAR, E27#1000/721#19038*, Zipfel an Kobelt, 20. 8. 1945; E27#1000/721#19039*, Protokoll, 5. 11. 1945; Wildi 2003, 35–37.
377 BAR, E27#1000/721#19038*, Protokoll, 13. 11. 1946.
378 BAR, E27#1000/721#19040*, Protokoll, 14. 9. 1946.
379 BAR, E27#1000/721#19040*, Vortragsprotokoll (ständerätliche Kommission), 16. 9. 1946.
380 Wildi 2003, 35.
381 BAR, E27#1000/721#19038*, Zipfel an Kobelt, 14. 9. 1945.
382 Leder 2022, 336–345.
383 BAR, E7181A#1978-72#1256*, Wegmann, Bericht, 1947, 20–24.
384 Ebd., 12; Joye-Cagnard 2010, 60 f.; Metzler 1997, 127 f.
385 Schweizerischer Bundesrat 1946a; Hug 1987, 81.
386 BAR, E27#1000/721#19040*, Botschaft, 17. 7. 1946.
387 Amtliches Bulletin der Bundesverfassung 1946, Bd. IV, 16. 10. 1946, 295.
388 BAR, E27#1000/721#19039*, Protokoll, 5. 11. 1945.
389 BAR, E27#1000/721#19038*, Schreiben des EMD an den Bundesrat, 1. 2. 1946.
390 Scherrer 1960, 89–96.
391 Huber 1960; Kuhn et al. 1960, 30–34.
392 Marti 2017, 88–90, siehe auch Marti 2020.
393 Borner 2009, 39–46.
394 Meili 2008, 9.
395 Pellaud 1992, 40.
396 BAR, E27#1000/721#19039*, Protokoll, 30. 6. 1947.
397 BAR, E27#1000/721#19038*, Scherrer an Kobelt, 12. 3. 1948.
398 Hug 1987, 86.
399 Schweizerischer Bundesrat 1946b; Leder 2022, 337.
400 Wollenmann 2004, 26 f.
401 BAR, E27#1000/721#19038*, Protokoll der Konferenz über die Verwendung der Atomenergie, 5. 11. 1945.
402 Wollenmann 2004, 26 f.
403 Amtliches Bulletin der Bundesverfassung 1946, Bd. IV, 16. 10. 1946, 295.
404 BAR, E27#1000/721#19039*, EMD, Richtlinien für die Arbeiten der SKA auf militärischem Gebiet, 26. 12. 1945.
405 BAR, E27#1000/721#19038*, von Wattenwyl an Scherrer, 13. 2. 1946.
406 BAR, E27#1000/721#19039*, Schreiben des EMD an von Wattenwyl, 24. 1. 1947.

407 BAR, E27#1000/721#19039*, Schreiben von Wattenwyl an den Direktor der Eidg. Militärverwaltung [Burgunder], 31. 1. 1947.
408 BAR, E27#1000/721#19039*, Notiz Kobelts, 10. 3. 1947.
409 Hug 1987, 77.
410 BAR, E27#1000/721#19040*, Protokoll, 14. 9. 1946.
411 Stöckli/Müller 2008, 79–81, 111–113.
412 BAR, E27#1000/721#19039*, Protokoll, 12. 3. 1946; siehe auch Metzler 1997, 127.
413 BAR, E27#1000/721#19039*, Schreiben Scherrers an Kobelt, 11. 10. 1947.
414 BAR, E27#1000/721#19039*, Bericht, 11. 10. 1947.
415 BAR, E27#1000/721#19039*, Protokoll, 31. 1. 1948.
416 BAR, E27#1000/721#19039*, Bericht, 9. 7. 1948.
417 BAR, E27#1000/721#19039*, Bericht, 24. 10. 1949.
418 BAR, E27#1000/721#19039*, Bericht, 12. 5. 1950.
419 Buomberger 2017, S. 324; Fischer 2019, S. 23.
420 Hug 1987, 85.
421 BAR, E27#1000/721#19038*, Aktennotiz Kobelt, 8. 8. 1946.
422 Scherrer 1945.
423 Rossel 1978.
424 Rossel zitiert in Buomberger 1996.
425 Buomberger 2017, 133.
426 BAR, E7170B#1968/105#70*, Protokoll, 23. 1. 1956.
427 BAR, E27#1000/721#19039*, Tätigkeitsbericht der SKA (sig. Scherrer), 7. 11. 1949.
428 Ebd.
429 BAR, E27#1000/721#19039*, Scherrer an Kobelt, 5. 1. 1946.
430 Scherrer 1945.
431 BAR, E27#1000/721#19039*, Protokoll, 12. 3. 1946.
432 Metzler 1997, 151; Bundesamt für Energiewirtschaft 1981, 139.
433 De Quervain/Hügi 1960, 63–68; Metzler 1997, 133 f., 153–155; Pellaud 2013, 45 f.; Huber 1960, 28 f.; Wollenmann 2004, 27 f.
434 BAR, E27#1000/721#19039*, Protokoll, 12. 3. 1946.
435 BAR, E27#1000/721#19039*, Protokoll, 10. 1. 1949.
436 BAR, E27#1000/721#19038*, Scherrer an Burgunder (EMD), 29. 11. 1946.
437 BAR, E27#1000/721#19043*, von Wattenwyl an EMD, 25. 8. 1947; Müller 1986, 277–279.
438 BAR, E27#1000/721#19043*, Angebote von Uran und Radium aus Deutschland, angeblich aus Beständen des 3. Reiches, 1949/50 (verschiedene Schreiben).
439 BAR, E27#1000/721#19043*, Mitteilung an die Presse, 5. 1. 1949.
440 Metzler 1997, 130–137; von Falkenstein 1997, 240–242.
441 Metzler 1997, 130–137; Winkler 1981, 57–60.
442 Scherrer 1952, zitiert in Höner 2009, 62 f.
443 Huber 1958, 22; Trefas 2010; Balmer 2005.
444 BAR, E27#1000/721#19039*, Protokoll, 12. 7. 1946.
445 Albers-Schönberg 1990, 81 f.
446 Pellaud 1992, 44.
447 Wildi 2003, 50–52.
448 BAR, E7170B#1968/105#57*, Protokoll, 5. 11. 1951.
449 Lüscher 1992.
450 Von Falkenstein 1997, 240–242.
451 Schweizerischer Bundesrat 1954.
452 Zünti 1960; Hochstrasser 1992.
453 ETH-Arch, ARK-NA-Bo 2.1, Ansprache Sontheim, 26. 8. 1960.
454 Tempus 1992, 98–101.
455 Wildi 2005, 78–80.
456 ETH-Arch, ARK-NA-Bo 1.7, Protokoll vom 26./27. 8. 1958.
457 Pellaud 1992, 44 f.; Krethlow 1960.
458 ETH-Arch, ARK-NA-Bo 1.7, Protokoll vom 21. 5. 1958.

459 Hufschmid 1995; Stauffer 1996; Hug 1987; Powers 1993.
460 Metzler 1997; Wildi 2003.
461 Wildi 2003, 74.
462 AfZ, FD Peter Hufschmid 18, Interview mit Walter Winkler, o. D.
463 Ebd.
464 Tribelhorn 2018.
465 Metzler 1997, 159–161.
466 Pellaud 1992, 41 f.; Stüssi-Lauterburg 1996.
467 Dessauer 1947, zitiert in Strasser 2006, 10.
468 Strasser 2009; siehe auch Gerster 1956.
469 Von Euw 1990.
470 Hermann et al. 1987, 136, 145. Übersetzung: «Einen, den wir bei diesem Projekt unbedingt dabei haben müssen, ist Scherrer.»
471 BAR, E5150B#1968/10#1638*, Scherrer an Paul Karrer (Gutachten), 15. 9. 1951.
472 Scherrer, zitiert in Blaser 1990, 74.
473 BAR, E5150B#1968/10#1638*, Scherrer an Paul Karrer (Gutachten), 15. 9. 1951.
474 Schweizerischer Bundesrat 1951a; 1951b.
475 Strasser 2006, 12–18; siehe auch Pestre/Krige 1992.
476 Krige, zitiert in Strasser 2009, 175.
477 Steiger 2011, 83–94.
478 Strasser 2006; 2009; Fleury 2011; Pritzker 2014.
479 Blaser 1990, 71–74.
480 Hermann et al. 1987, 561 f.
481 ETH-Arch, SR2, Schulratsprotokoll, 6. 2. 1960.
482 Im Folgenden Wildi 2003, 58–62.
483 Ebd., 60 f.
484 Boveri 1954 (Präsidialrede vom 16. 7. 1953); Albers-Schönberg 2005, 236; Wildi 2005.
485 BAR, E27#1000/721#19040*, verschiedene Protokolle.
486 Leder 2022, 341.
487 Boveri 1964 (Präsidialrede vom 1. 3. 1955).
488 Wildi 2005, 75.
489 Krethlow 1960, 12.
490 Pictet 1992.
491 Albers-Schönberg 2005, 237.
492 Wollenmann 2004, 29 f.
493 Wildi 2003.
494 Boveri 1964 (Ansprache vom 17. 5. 1957).
495 Wildi 2005, 80 f.; Tempus 1992, 98–101.
496 Fischer 2019, 112.
497 Winiger 1961; Wildi 2003, 180.
498 Zipfel 1957, 21.
499 Leder 2022, 338.
500 Kupper 2003, 90 f.; Gisler 2014.
501 ETH-Arch, ARK-NA-Bo 1.7, Zipfel an Boveri, 9. 10. 1958.
502 Tempus 1992, 98.
503 ETH-Arch, ARK-NA-Bo 1.9, Protokoll vom 7. 7. 1960.
504 Winkler 1981; Hug 1987; Wildi 2003.
505 Fischer 2019, 93.
506 Arbeitsgemeinschaft Lucens 1969; Kommission für die sicherheitstechnische Untersuchung 1979.
507 Wildi 2003.
508 Ebd.
509 Ebd., 216.
510 Hans Pallmann, zitiert in Burckhardt 1969, 16.
511 ETH-Arch, SR3, 1960, Nr. 624 f., Scherrer an Pallmann, 8. 4. 1960; Enz et al. 1997, 289.

512 Staub 1960.
513 ETH-Arch, SR2, Schulratsprotokoll, 2. 4. 1960.
514 ETH-Arch, Nachlass Paul Scherrer (1890–1969), 20. 2. 1960.
515 Staub 1960.
516 Boveri 1964 (Geburtstagsansprache vom 3. 2. 1960).
517 AMPG, III/093 III. Abt. Rep. 93, Scherrer an Heisenberg, 16. 11. 1960; Heisenberg an Scherrer, 22. 11. 1960.
518 ETH-Arch, Hs 1377, 631, 849 f., 30. 3. 1960.
519 ETH-Arch, Hs 1377, 631, 849 f., 11. 2. 1961.
520 Völkle 1975, 46.
521 Huber 1969, 24 f.
522 Leibundgut 1969.
523 Zwicky, 2. 12. 1965, zitiert in Müller 1986, 493. Übersetzung: «Jetzt glaube ich, dass ich einen Beweis dafür habe, dass solche seltsamen Objekte tatsächlich im morphologischen Schema der kompakten Körper enthalten sind.»
524 Fritz Zwicky-Stiftung, A 1646, Scherrer an Zwicky, 20. 2. 1965.
525 Pritzker 2019.
526 Weisskopf 1991, 88.
527 PSI 1988.
528 Hausmann 2016.
529 Scherrer 1962a.
530 Staub 1969.

Chronologie

1890	3. Februar: Paul Scherrer wird in St. Gallen geboren; erste Experimente zur Radioaktivität von Antoine Henri Becquerel, Marie Skłodowska-Curie und Pierre Curie
1908	Immatrikulation an der ETH
1912	Studienaufenthalt in Königsberg; Heirat mit Ina Sonderegger; Übersiedlung nach Göttingen
1916	Promotion bei Peter Debye in Göttingen
1918	Habilitation in Göttingen
1920	Antritt an der ETH, ab 1922 Ordinarius
1925	Erster Physikerkongress in Zürich
1927	Scherrer wird Vorsteher des physikalischen Instituts der ETH (bis zur Emeritierung 1960); Berufung von Wolfgang Pauli an die ETH
1929	Scherrer folgt einer Einladung an die Universität Madrid
Anfang 1930er-Jahre	Beginn der kernphysikalischen Forschung an Scherrers Institut
1930	Herbstsemester: Scherrer folgt einer Einladung ans Massachusetts Institute of Technology (MIT, USA)
1931	Ehrenmitglied der Royal Institution of Great Britain
1932	Ehrenmitglied der Real Sociedad Española de Física y Química; weltweit Beginn der Arbeiten zum Atomkern
1934	Scherrer wird Dr. h. c. an der Medizinische Fakultät der Universität Zürich
1935	Publikation der ersten kernphysikalischen Arbeit an Scherrers Institut
1936	Debye erhält den Nobelpreis für Chemie
1937	Spaltung von Thoriumkernen durch Arnold Braun, Peter Preiswerk und Scherrer (nicht als solche erkannt)
1938	Scherrer wird Ehrenmitglied der St. Gallischen Naturwissenschaftlichen Gesellschaft und korrespondierendes Mitglied der Gesellschaft der Wissenschaften Göttingen; Entdeckung und theoretische Erklärung der Kernspaltung durch Otto Hahn, Fritz Strassmann, Lise Meitner und Otto Frisch
1939	Erster Teilchenbeschleuniger (Tensator) an der ETH, Präsentation an der Landesausstellung; Start des Uranprojekts in Deutschland
1940	Scherrer wird Ehrenmitglied der Société de physique et d'histoire naturelle Genève; Inbetriebnahme des Bandgenerators nach van de Graaff an der ETH (Hermann Wäffler); Übersiedlung Wolfgang Paulis nach Princeton (USA), Rückkehr an die ETH 1946
1941	Start der Zyklotrongruppe unter Scherrer
1942	November: Erster Besuch Werner Heisenbergs in Zürich; Start des Manhattan-Projekts (USA, bis 1945); erste kontrollierte Kernreaktion (USA)
1943	Scherrer erhält Marcel-Benoist-Preis; ab Dezember Informant des Office of Strategic Services (bis Sommer 1945)

1944	Inbetriebnahme des Zyklotrons an der ETH (bis 1964 in Betrieb); Dezember: zweiter Besuch Heisenbergs in Zürich; Gründung der Kommission für Wissenschaftliche Forschung durch den Bundesrat
1945	September: Aufenthalt Scherrers in den USA; November: Artikel zur Atomenergie in der «Neuen Zürcher Zeitung»; Gründung der SKA, Ernennung Scherrers zum Vorsteher (offizielle Gründung Juni 1946, 1958 Überführung in die Kommission für Atomwissenschaft)
1947	Scherrer wird Dr. h. c. der Universität Löwen (Belgien)
1948	Dr. h. c. der Universität Toulouse (Frankreich)
1950	Herbstsemester: zweiter Aufenthalt am MIT; Beginn der Planung eigener Reaktoren in der Schweiz (P1, P2, Diorit)
1952	Scherrer wird Dr. h. c. an der Universität Genf; Ehrenmitglied der Société des arts de Genève; Gründung des Schweizerischen Nationalfonds zur Förderung der wissenschaftlichen Forschung (SNF)
1953	Rede Dwight D. Eisenhowers vor der UNO («Atoms for Peace»)
1954	Scherrer wird assoziiertes Mitglied der Académie royale des sciences de Belgique; Gründung des Conseil européen pour la recherche nucléaire (CERN)
1955	Gründung der Reaktor AG; wissenschaftlicher Kongress über die friedliche Nutzung der Kernenergie in Genf
1956	Scherrer wird Dr. h. c. der Universität Athen; Grundsteinlegung des Saphir in Würenlingen; Kritik an Scherrers Leitung des Physikalischen Instituts seitens ehemaliger Mitarbeitender (erneut 1959)
1957	Scherrer wird Dr. h. c. der Universität Freiburg im Breisgau; Dr. h. c. der Hochschule St. Gallen; Ehrenmitglied der Société vaudoise des sciences naturelles
1958	Tod Wolfgang Paulis, sein Nachfolger an der ETH ist Markus Fierz, ehemaliger Assistent Scherrers
1959	Ernennung Scherrers zum ausländischen Mitglied der Schwedischen Akademie der Wissenschaften in Stockholm
1960	Emeritierung Scherrers, Nachfolger auf dem Lehrstuhl wird Werner Känzig, sein Nachfolger als Leiter der Zyklotrongruppe Jean-Pierre Blaser; Scherrer wird Dr. h. c. der Technisch-Naturwissenschaftlichen Universität Norwegens in Trondheim; der Reaktor Diorit wird in Betrieb gesetzt; die Reaktor AG wird zum Eidgenössischen Institut für Reaktorforschung (EIR); Vereinbarung von Privaten und Bund über den gemeinsamen Bau eines Versuchsreaktors in Lucens (Kanton Waadt)
1961	Scherrer erhält einen Lehrauftrag von der Universität Basel (bis 1969)
1967	Dr. h. c. der Universität Madrid
1968	Grundsteinlegung des Schweizerischen Instituts für Nuklearforschung
1969	Januar: Explosion des schweizerischen Versuchsreaktors in Lucens; 25. September: Tod Paul Scherrers; Dezember: Start des Netzbetriebs des ersten kommerziellen Kernkraftwerks in der Schweiz, Beznau I
1988	Fusion von EIR und SIN zum Paul Scherrer Institut

Paul Scherrers Netzwerk

Heinz Albers-Schönberg (* 1926)
Ab 1945 Studium der Physik bei Paul Scherrer an der ETH Zürich, Promotion ebenda; erster Direktor des Kernkraftwerks Beznau.

Fritz Alder (1916–2001)
Physikstudium an der ETH Zürich bei Paul Scherrer, Promotion bei Paul Huber an der Universität Basel; anschliessend Postdoc an der Stanford University, ab 1945 Assistent in Basel; hier stellte er Berechnungsmodelle für die Dimensionierung von Reaktoren auf, später war er mit dem Betrieb von Forschungsreaktoren beschäftigt; ab 1960 Präsident der neu gegründeten Kommission für die Sicherheit von Kernanlagen.

Kurt Alder (1927–?)
Promotion über Richtungskorrelationen von Kernstrahlungen; in der Folge Studienaufenthalte am Niels-Bohr-Institut in Kopenhagen und in Amerika, ab 1957 bei Paul Scherrer als «Haustheoretiker» tätig, anschliessend Professor für theoretische Physik an der Universität Basel bis 1992; Forschungsschwerpunkte in der Kern- und der Teilchenphysik.

Kessar D. Alexopoulos (1909–2010)
Studium der Maschineningenieurwissenschaften und der Elektrotechnik an der ETH Zürich, 1936 Promotion bei Paul Scherrer; die Arbeit stellt die erste kernphysikalische Arbeit an Scherrers Institut dar.

Walter Baade (1893–1960)
Astronom und Astrophysiker; Studium an den Universitäten Münster und Göttingen, Promotion 1911 in Göttingen; ab 1925 hauptsächlich in den USA tätig, ab 1931 am Mount-Wilson-Observatorium, 1958 emeritiert; gemeinsam mit Fritz Zwicky prägte er den Begriff der Supernova, 1951 beschrieb er das baadesche Fenster.

Ernst Baldinger (1911–1970)
Promotion 1938 bei Paul Scherrer; ab 1952 Ordinarius für angewandte Physik an der Universität Basel.

Bruno Bauer (1887–1972)
Elektroingenieurstudium an der ETH Zürich, 1915 Promotion ebenda; ab 1927 Professur für angewandte Elektrotechnik an der ETH; Mitglied der Studienkommission für Atomenergie.

Moe Berg (1902–1972)
Ab 1923 US-amerikanischer Baseballspieler, gleichzeitig Studium des Rechts, Abschluss 1930; ab 1943 Arbeit für das Office of Strategic Services, ab 1944 in Europa; erhielt 1944 den Auftrag, Werner Heisenberg im Rahmen eines Vortrags an der ETH Zürich zu erschiessen, falls sich dieser optimistisch zur Entwicklung der deutschen Atombombe äussern würde; da dies nicht eintrat, wurden beide Männer verschont.

Patrick M. S. Blackett (1897–1974)
Britischer Physiker, Professuren an verschiedenen britischen Universitäten; 1948 Nobelpreis für Physik.

Jean-Pierre Blaser (1923–2019)
1952 Promotion nach Physikstudium an der ETH Zürich; anschliessend bis 1955 Forschungen am Carnegie Institute of Technology, 1955–1960 Direktor des Observatoriums Neuenburg, danach Professor für Astrophysik an der Universität Neuenburg, ab 1959 Professor für Experimentalphysik an der ETH Zürich; entwickelte Krebstherapien durch Teilchenstrahlung und setzte sich für die Gründung des Schweizerischen Instituts für Nuklearforschung ein.

Ernst Bleuler (1916–2017)
Promotion in Kernphysik bei Paul Scherrer 1942, anschliessend Professur in den USA; arbeitete gemeinsam mit Werner Zünti Ende der 1930er-Jahre am Tensator.

Konrad Bleuler (1912–1992)
1931–1936 Studium der Physik an der ETH Zürich, 1942 Promotion ebenda; Assistenzen in Genf und an der ETH, ab 1957 Professur in Neuenburg, später Bonn; Schwerpunkt in der Teilchenphysik und der Quantenfeldtheorie.

Felix Bloch (1905–1983)
Studium der Mathematik und Physik an der ETH Zürich, Promotion 1928 in Leipzig bei Werner Heisenberg; 1928/29 Assistent von Wolfgang Pauli an der ETH, ab 1934 Professor an der Stanford University, ab 1942 am Manhattan-Projekt beteiligt, 1954/55 erster Generaldirektor des CERN; Begründer der Quantenphysik des Festkörpers durch das Bändermodell; Dr. h. c. der Universitäten Grenoble, Oxford, Jerusalem und Zürich; 1952 Nobelpreis für Physik.

Felix Boehm (1924–2021)
Physikstudium an der Universität Genf und der ETH Zürich, Promotion 1951 ebenda; ab 1952 Gastprofessuren in New York, Kalifornien, Heidelberg und Kopenhagen, weitere Tätigkeiten in Genf am CERN sowie in Grenoble, München und am Paul Scherrer Institut; beschäftigte sich vor allem mit Experimenten zur Paritätsverletzung, später mit der Röntgenspektroskopie in der Kernphysik.

Niels Bohr (1885–1962)
Entwickelte in den 1910er-Jahren das nach ihm benannte, heute überholte Atommodell zur Erklärung des Periodensystems, indem er die Theorien der Quantenphysik mit den Gesetzen der klassischen Physik verband; 1921 Hughes-Medaille der Royal Society; 1922 Nobelpreis für Physik.

Max Born (1882–1970)
Studien in Breslau, Heidelberg, Zürich und Göttingen, Promotion 1906 in Göttingen, Habilitation 1909 ebenda; lieferte grundlegende Beiträge zur Quantenmechanik; 1954 Nobelpreis für Physik.

Walther Bothe (1891–1957)
Mitbegründer der modernen Kernphysik; grundlegende Arbeiten zur Koinzidenzmessung in der Atomforschung; 1954 Nobelpreis für Physik.

Walter E. Boveri (1894–1972)
Studium der Volkswirtschaft in Oxford, Genf und Zürich, 1921 Promotion; im selben Jahr Eintritt bei der BBC (bis 1924), 1925–1931 Mitarbeiter eines Bankhauses und 1932 Gründung einer eigenen Privatbank und Verwaltungsgesellschaft in Zürich, 1930 Rückkehr in die BBC als Verwaltungsrat, 1938–1966 Verwaltungsratspräsident; nach 1945 industrieller Promotor der Nuklearforschung in der Schweiz; 1955 initiierte er die privatwirtschaftliche Reaktor AG; Dr. h. c. der Universität Bern und der ETH Zürich.

Helmut Bradt (1917–1950)
Nahm 1935 als Staatenloser das Studium an der ETH Zürich auf, ab 1939 Doktorat bei Paul Scherrer; ab 1941 zunächst dessen Assistent, dann wissenschaftlicher Mitarbeiter, 1944–1946 Arbeit in der Zyklotrongruppe, anschliessend Professuren in den USA.

Arnold Braun (1913–?)
Wissenschaftlicher Mitarbeiter am Institut für Hochfrequenztechnik bei Franz Tank, arbeitete zeitweilig mit Paul Scherrer zusammen.

Georg Busch (1908–2000)
Studium der Physik an der ETH Zürich, Promotion 1938 ebenda; ab 1949 Professur für Physik an der ETH, 1956 Gründung des Laboratoriums für Festkörperphysik ebenda; verschiedene Ehrungen.

Constantin Carathéodory (1873–1950)
Griechischer Mathematiker; Studien in Brüssel, Promotion und Habilitation in Göttingen 1904 respektive 1905; nach 1909 Professuren in Hannover, Breslau, Göttingen, Berlin, Smyrna und Athen, Gastprofessuren in den USA; Lehrer Paul Scherrers in Göttingen.

Marie Curie, siehe Marie Skłodowska-Curie

Walter Dällenbach (1892–1990)
Studium an der ETH Zürich; ab 1920 Arbeit bei der BBC, 1931 Auswanderung nach Berlin und Arbeit für deutsche Unternehmen; ab 1943 baute er für die Kaiser-Wilhelm-Gesellschaft eine Forschungsstelle für Hochspannungskaskadenforschung auf.

Peter Debye (eigentlich Petrus Debije) (1884–1966)
Studium in Deutschland, 1908 Promotion in München; ab 1911 Professor für theoretische Physik an der Universität Zürich als Nachfolger Albert Einsteins, anschliessend Professuren in Utrecht und Göttingen sowie 1920–1927 an der ETH Zürich; anschliessend in Leipzig und ab 1934 in Berlin, ab 1940 an der Cornell University in den USA. Debye leistete herausragende Beiträge in verschiedenen Gebieten, in der Röntgenstrukturanalyse entwickelte er gemeinsam mit Paul Scherrer das Debye-Scherrer-Verfahren; 1936 Nobelpreis für Chemie.

Verena De Haas-Kupfer (Lebensdaten unbekannt)
Ab 1939 Studium am physikalischen Institut der ETH Zürich, Diplom bei Paul Scherrer 1942; anschliessend Tätigkeiten bei der BBC im Radonlabor sowie bei der Hovag als Bibliothekarin, später Übersiedelung in die USA.

Monica Eder (1922–2008)
Studium der Physik an der ETH Zürich, Diplom 1949; ab 1951 wissenschaftliche Mitarbeiterin am physikalischen Institut bei Paul Scherrer, ab 1965 Tätigkeit als Programmiererin im Rechenzentrum der ETH.

Albert Einstein (1879–1955)
1896–1900 Studium der Naturwissenschaft an der ETH Zürich; anschliessend bis 1909 Gutachter im Eidgenössischen Amt für Geistiges Eigentum (Patentamt) in Bern, gleichzeitig 1906 Promotion an der Universität Zürich; in dieser Zeit entstanden seine wichtigsten Arbeiten zur Lichtquantenhypothese und der speziellen Relativitätstheorie; ab 1909 ausserordentlicher Professor an der Universität Zürich, 1911 Wechsel nach Prag, 1912 Rückkehr für zwei Jahre nach Zürich, nun an die ETH, anschliessend bis 1933 an der Preussischen Akademie der Wissenschaften in Berlin; 1933 Emigration in die USA, ab 1935 Professur für Physik am Institute for Advanced Study in Princeton; 1921 Nobelpreis für Physik.

Walter Elsasser (1904–1991)
Studium in Heidelberg, München und Göttingen, Promotion 1927 ebenda; danach Arbeit an der Universität Leiden, der ETH Zürich und der Technischen Hochschule Berlin, anschliessend an der Universität Frankfurt am Main und am Institut Henri Poincaré in Paris; ab 1939 Professuren an verschiedenen Universitäten in den USA.

Paul Erdös (1913–1996)
Studium der Mathematik in Budapest, Promotion 1934; anschliessend vier Jahre als Gastdozent in Manchester, ab 1938 an verschiedenen Universitäten der USA; arbeitete auf den Gebieten der Kombinatorik, der Graphentheorie sowie der Zahlentheorie; zahlreiche Ehrungen.

C. Richard Extermann (1911–2002)
Promotion 1938 an der Universität Genf; anschliessend 1940–1945 wissenschaftlicher Mitarbeiter bei Paul Scherrer an der ETH Zürich, ab 1946 erneut in Genf als Professor für Physik sowie Vorsteher des Instituts für Physik.

Markus Fierz (1912–2006)
1931–1936 Studium der Mathematik, Physik, Zoologie und Philosophie in Zürich und Göttingen, 1936 Promotion; 1936–1940 Forschungsassistent bei Wolfgang Pauli, ab 1940 Privatdozent und anschliessend bis 1959 Professor in Basel; 1959/60 Leiter der Theory Division am CERN in Genf; 1960 wurde er Nachfolger Wolfgang Paulis auf dessen Lehrstuhl für theoretische Physik; Arbeiten zu Teilchen mit höherem Spin und zur allgemeinen Quantenmechanik; 1979 Max-Planck-Medaille der Deutschen Physikalischen Gesellschaft, 1989 Albert-Einstein-Medaille.

Hans Frauenfelder (1922–2022)
Studium an der ETH Zürich, Promotion 1950 bei Paul Scherrer; ab 1952 an der University of Illinois at Urbana-Champaign und später am Los Alamos National Laboratory, ausserdem zu verschiedenen Zeitpunkten am CERN in Genf.

Wolfgang Gentner (1906–1980)
Studium der Physik, Promotion 1930 in Frankfurt; 1932–1935 arbeitete er im Radiuminstitut von Marie Skłodowska-Curie in Paris, kehrte 1935 ans Kaiser-Wilhelm-Institut in Heidelberg zurück; während des Kriegs Mitglied im Uranverein, dabei ab 1940 in Paris, wo er Frédéric Joliot-Curie und andere vor Verfolgung schützen konnte; nach einer Denunziation aus Paris abberufen; leitete anschliessend den Weiterbau des Heidelberger Zyklotrons, nach dem Krieg Professuren an den Universitäten Freiburg und Heidelberg, ab 1955 Leitung der Abteilung Synchrozyklotron am CERN.

Heinrich Gränicher (1924–2004)
Studium bei Paul Scherrer; 1970–1995 Professor für Experimentalphysik an der ETH Zürich, 1974–1988 Direktor des Eidgenössischen Instituts für Reaktortechnik.

Heinrich Greinacher (1880–1974)
Physikstudium in Zürich, Genf und Berlin, hier 1904 Promotion, Habilitation 1907; anschliessend Titularprofessur an der Universität Zürich, 1924–1952 Professor für Experimentalphysik in Bern; entwickelte 1914 die heute noch verwendete Greinacher-Schaltung.

Marcel Grossmann (1878–1936)
Mathematiker; Ordinarius für Geometrie an der ETH Zürich, Lehrer Paul Scherrers in Zürich.

Leslie Richard Groves (1896–1970)
Militärischer Leiter des Manhattan-Projekts.

Piet Cornelis «Kees» Gugelot (1918–2005)
Studium an der ETH Zürich, Promotion 1945; Arbeit bei Paul Scherrer in der Zyklotrongruppe, 1947 Emigration in die USA.

Walter Hälg (1917–2011)
Studium der Physik, Promotion 1943 in Basel; anschliessend Wechsel zur BBC, wo er an der Entwicklung des Schwerwasserreaktors Diorit teilhatte, 1960–1984 Ordinarius für Reaktortechnik an der ETH Zürich.

Otto Hahn (1879–1968)
Ab 1912 am Kaiser-Wilhelm-Institut für Chemie in Berlin, 1928–1946 dessen Direktor; hier Arbeiten zur Uranspaltung gemeinsam mit Fritz Strassmann; 1944 Nobelpreis für Chemie.

Hans Gerhard Heine (1916–1987)
Studium an ETH und Universität Zürich, Promotion an der ETH 1943; anschliessend Emigration in die USA.

Werner Heisenberg (1901–1976)
Physikstudium in München, Promotion 1923 ebenda; ab 1927 Professor an der Universität Leipzig, 1942–1945 Leiter des Kaiser-Wilhelm-Instituts, wo er führend am deutschen Uranprojekt beteiligt war, 1946 Direktor des Max-Planck-Instituts in Göttingen und 1958–1970 Direktor des Max-Planck-Instituts für Physik in München, 1952 zudem Vorsitzender des Wissenschaftlichen Komitees des CERN; 1927 Formulierung der nach ihm benannten Unschärferelation, die eine der fundamentalen Aussagen der Quantenmechanik trifft; 1932 Nobelpreis für Physik.

David Hilbert (1862–1943)
Studium der Mathematik in Königsberg und Heidelberg, 1885 Promotion in Königsberg; ab 1892 Professur an der Universität Königsberg, ab 1895 in Göttingen; begründete die formalistische Auffassung von den Grundlagen der Mathematik; um 1900 stellte er eine berühmte Liste von 23 ungelösten mathematischen Problemen zusammen; 1912 neben Hermann Simon Kogutachter von Scherrers Dissertation; zahlreiche Ehrungen.

Arthur Hirsch (1866–1948)
Deutscher Mathematiker und Physiker, Lehrer Paul Scherrers in Zürich.

Otto Huber (1916–2008)
Physikstudium an der ETH Zürich; 1953–1983 Leiter des Physikinstituts der Universität Freiburg, 1961/62 Dekan der mathematisch-naturwissenschaftlichen Fakultät und 1971–1986 Präsident der Eidgenössischen Kommission zur Überwachung der Radioaktivität.

Paul Huber (1910–1971)
Studium an der ETH Zürich bei Paul Scherrer; 1941 Privatdozent ebenda, danach bis 1971 Ordinarius für Experimentalphysik in Basel sowie Direktor des physikalischen Instituts, 1958 Rektor der Universität; neben Paul Scherrer einer der Pioniere der schweizerischen Kernphysik.

Rudolf Jakob Humm (1895–1977)
Studium an der ETH Zürich, ohne Abschluss; ab 1922 freier Journalist und Autor.

Adrien Jaquerod (1877–1957)
Professor für Experimentalphysik an der Universität Neuenburg; Mitglied der Studienkommission für Atomenergie.

Josef-Maria Jauch (1914–1974)
Studium der Mathematik und Physik an der ETH Zürich bei Wolfgang Pauli, 1940 Promotion an der Universität von Minnesota; ab 1943 Professuren der theoretischen Physik in Princeton, Iowa und ab 1960 in Genf.

Frédéric Joliot-Curie (1900–1958)
Studium am Institut du radium; 1925–1937 weitere Arbeiten ebenda, anschliessend Professor am Collège de France, ab 1939 mit dem Centre national de la recherche scientifique verbunden; 1946 wurde ihm das Hochkommissariat für Atomenergie übertragen; 1950 lan-

cierte er den Stockholmer Appell zum Verbot der Atombombe; 1935 Nobelpreis für Chemie, gemeinsam mit Irène Joliot-Curie.

Irène Joliot-Curie (1897–1956)
Französische Physikerin und Chemikerin, Promotion 1925, ab 1937 mit Unterbrüchen Dozentin an der Sorbonne, ab 1945 eine von drei Kommissarinnen im französischen Kommissariat für Atomenergie; 1935 Nobelpreis für Chemie, gemeinsam mit Frédéric Joliot-Curie.

Res Jost (1918–1990)
Studium in Bern und Zürich, Promotion 1946 an der Universität Zürich, 1947/48 Assistent bei Wolfgang Pauli, anschliessend in Princeton, ab 1959 Ordinarius für theoretische Physik an der ETH Zürich; Schwerpunkt in der quantenmechanischen Streutheorie.

Werner Känzig (1922–2002)
Physikstudium an der ETH Zürich, Promotion 1952 ebenda; 1954–1961 Privatdozent, ab 1961 als Nachfolger Scherrers Ordinarius für Experimentalphysik an der ETH (bis 1987).

Theodore von Kármán (1881–1963)
Ungarisch-amerikanischer Physiker und Luftfahrttechniker; Lehrer Paul Scherrers in Göttingen.

Paul Karrer (1889–1971)
Chemiker, ab 1918 Professur an der Universität Zürich; Mitglied der Studienkommission für Atomenergie.

Claus Klusius (1903–1963)
Chemiestudium in Breslau, 1928 Promotion, 1930 Habilitation in Göttingen, ab 1934 Professor für physikalische Chemie in Würzburg, später München, ab 1947 an der Universität Zürich; grundlegende Untersuchungen zur Reaktionskinetik; 1958 Marcel-Benoist-Preis, Dr. h. c. der Technischen Hochschule Hannover.

Karl Kobelt (1891–1968)
1940–1954 Bundesrat, ab 1941 Vorsteher des Militärdepartements.

Alfred Krethlow (1897–1978)
Ingenieur; 1946–1958 Kommissionssekretär der Studienkommission für Atomenergie.

Ralph Kronig (1904–1995)
Studium an der Columbia University, Promotion 1925; anschliessend Anstellungen ebenda, ab 1927 in Kopenhagen, London und Zürich, wo er 1928 Assistent von Pauli war, später in den Niederlanden mit Professuren in Groningen und an der Technischen Hochschule von Delft; 1962 Max-Planck-Medaille.

Walter Kündig (1932–2005)
Studium und Promotion der Physik an der ETH Zürich bei Paul Scherrer; 1969–1999 Professur für Experimentalphysik an der Universität Zürich.

Werner Kuhn (1899–1963)
Chemiestudium an der ETH Zürich, 1923 Doktorat ebenda; 1924–1926 an der Universität Kopenhagen, später Professuren in Heidelberg, Karlsruhe, Kiel, ab 1939 Professur in Basel, 1955 Rektor der Universität Basel.

Lew D. Landau (1908–1968)
Sowjetischer Physiker, Studium der theoretischen Physik unter anderem bei Wolfgang Pauli an der ETH; 1962 Nobelpreis für Physik.

Wilhelm Lenz (1888–1957)
Promotion 1911 in München, bis 1920 ebenda Assistent, 1921 Ruf an die Universität Hamburg; baute hier zusammen mit Otto Stern ein Zentrum für Atomphysik auf.

Pierre Marmier (1922–1973)
1941–1947 Studium der Physik und Mathematik an der ETH Zürich; anschliessend Assistent am Physikalischen Institut ebenda und Mitglied der Zyklotrongruppe, ab 1957 Professor für Kernphysik an der ETH sowie 1969–1973 Rektor ebenda.

Julio Palacios Martínez (1891–1970)
Spanischer Physiker; ab 1916 Ordinarius für Thermodynamik an der Universität Madrid; Arbeit an den kristallinen Strukturen mittels Röntgenbeugung.

Heinrich Medicus (1918–2017)
Physikstudium an der ETH Zürich; in den 1940er-Jahren Teil der Zyklotrongruppe Paul Scherrers, anschliessend Übersiedelung in die USA, Professor für Kernphysik am Rensselaer Polytechnic Institute.

Ernst Meissner (1883–1939)
Schweizer Mathematiker, Lehrer Paul Scherrers in Zürich.

Lise Meitner (1878–1968)
Studium der Physik, Mathematik und Philosophie in Wien, Promotion 1906 ebenda; ab 1907 Zusammenarbeit mit Otto Hahn an der Friedrich-Wilhelms-Universität in Berlin, 1922 Habilitation in Berlin, ab 1926 ausserordentliche Professorin für experimentelle Kernphysik ebenda und damit Deutschlands erste Professorin für Physik, 1938 Flucht über die Niederlande und Dänemark nach Stockholm, wo sie bis zu ihrer Emeritierung die kernphysikalische Abteilung des Physikalischen Instituts der Königlich Technischen Hochschule leitete, daneben diverse Gastprofessuren an US-amerikanischen Universitäten; unter anderem veröffentlichte sie im Februar 1939 zusammen mit ihrem Neffen Otto Frisch die erste physikalisch-theoretische Erklärung der Kernspaltung, die Otto Hahn und dessen Assistent Fritz Strassmann im Dezember 1938 ausgelöst und mit radiochemischen Methoden nachgewiesen hatten; zahlreiche Ehrungen.

Walter J. Merz (1920–?)
Studium an der ETH Zürich, 1947 Promotion ebenda; ab 1948 Postdoc am Massachusetts Institute of Technology und an der Pennsylvania State University, ab 1951 Tätigkeit in den Bell Telephone Laboratories, USA, 1957 Rückkehr in die Schweiz und Engagement in den Laboratorien des Zürcher Ablegers der Radio Corporation of America, ab 1968 als wissenschaftlicher Direktor.

Hans Pallmann (1903–1965)
Chemiker; Präsident des Schweizerischen Schulrats 1949–1965.

Wolfgang Pauli (1900–1958)
Physikstudium in München, Promotion 1921 ebenda, Habilitation 1924 in Hamburg; anschliessend Assistent in Göttingen und Hamburg, ab 1922 Beschäftigung mit der Quantentheorie im Rahmen eines Studienjahrs bei Niels Bohr in Kopenhagen, ab 1928 an der ETH Zürich, Gastprofessuren in den USA; formulierte 1924 das nach ihm benannte Ausschliessungsprinzip für Elektronen im Atom («Pauli-Prinzip») und 1930 die Hypothese von der Existenz des Neutrinos; 1945 Nobelpreis für Physik; 1958 Dr. h. c. der Universität Hamburg.

Rudolf Peierls (1907–1995)
Studium in Berlin, München und Leipzig, Promotion ebenda 1928; 1929 Assistent bei Wolfgang Pauli an der ETH Zürich, wo nach Leipzig seine Arbeiten zur Festkörperphysik entstanden, während des Zweiten Weltkriegs als Fellow in den USA, anschliessend in Grossbritannien, wo er Professuren in Birmingham, später Oxford innehatte; verfasste 1940 gemeinsam mit Otto Frisch das Frisch-Peierls-Memorandum, das vor einem Atombombenbau im nationalsozialistischen Deutschland warnte und zur verstärkten Forschung in Hinsicht auf die Konstruktion einer britischen Atombombe aufforderte.

Max Petitpierre (1899–1994)
1944–1961 Bundesrat, Vorsteher des Politischen Departements (heute Eidgenössisches Departement für auswärtige Angelegenheiten).

Albert Picot (1882–1966)
Jurist, setzte sich für die Niederlassung des CERN im Kanton Genf ein.

Ludwig Prandtl (1875–1953)
Deutscher Ingenieur, Lehrer Paul Scherrers in Göttingen.

Peter Preiswerk (1907–1972)
Studium der Physik in Basel und Berlin, Promotion 1933, Habilitation 1946; 1934–1936 Mitarbeit am Laboratorium Curie in Paris, anschliessend wissenschaftlicher Mitarbeiter bei Paul Scherrer an der ETH Zürich und Mitarbeiter in der Zyklotrongruppe, ab 1950 als Titularprofessor für Experimentalphysik; 1954 übernahm er die Leitung der Abteilung Sites et bâtiments des CERN und zwischen 1961 und 1971 amtete er als Leiter der Abteilung für Kernforschung ebenda; Forschungsschwerpunkt in der nuklearen Spektroskopie.

Arthur Rohn (1878–1956)
Bauingenieur; Präsident des Schweizerischen Schulrats 1926–1948.

Jean Rossel (1918–2006)
Studium an der ETH Zürich, Promotion 1946 ebenda; 1947–1983 Professor sowie Vorsteher des physikalischen Instituts an der Universität Neuenburg; ab 1960 Forschungen in Kern- und Festkörperphysik.

Nikolaus Rott (1917–?)
Studium bei Paul Scherrer, Promotion 1945 ebenda; anschliessend Vorlesungsassistent bei Scherrer, 1947–1967 Privatdozent für theoretische Aerodynamik, 1967–1983 Ordinarius für Strömungslehre an der ETH.

Julius Pawel Schauder (1899–1943)
Polnischer Mathematiker; bekannt für seine Arbeiten in den Bereichen Funktionsanalyse, partielle Differenzialgleichungen und mathematische Physik, 1939 bis zu seinem Tod Professor an der Universität in Lwow (Lemberg).

Helmut Schneider (1919–2011)
Studium an der ETH Zürich bei Paul Scherrer; ab 1960 an der Universität Freiburg im Üechtland, 1980–1986 als Professor für Plasmaphysik.

Erwin Schrödinger (1887–1961)
Studium der Mathematik und Physik in Wien, 1910 Promotion ebenda, 1914 Habilitation; ab 1920 Professuren für theoretische Physik in Jena, Stuttgart und Breslau, ab 1921 an der Universität Zürich, hier 1926 Formulierung der Wellenmechanik (Schrödinger-Gleichung), die eine der Grundlagen der neuen Quantenmechanik bildete; 1927 Wechsel nach Berlin sowie Gastprofessur in Oxford, 1936–1938 in Graz, ab 1940 am Institute for Advanced Studies in Dublin sowie 1956–1958 in Wien; zahlreiche Ehrungen, 1933 Nobelpreis für Physik.

Hermann Theodor Simon (1870–1918)
Studium in Heidelberg und Berlin, 1894 Promotion ebenda, Habilitation 1896; ab 1898 in Göttingen, ab 1901 als Professor für angewandte Elektrizitätslehre; Beitrag zur Entwicklung der Bogenlampe; 1912 neben David Hilbert Kogutachter von Scherrers Dissertation.

Marie Skłodowska-Curie (1867–1934)
Polnische Physikerin und Chemikerin; ab 1908 Professorin für Physik an der Sorbonne, untersuchte die Strahlung von Uranverbindungen und prägte für diese den Begriff «radioaktiv», entdeckte gemeinsam mit Pierre Curie die chemischen Elemente Polonium und Radium; 1903 Nobelpreis für Physik, 1911 Nobelpreis für Chemie.

Rudolf Sontheim (1916–2007)
Studium der Elektroingenieurwissenschaften an der ETH Zürich, Promotion in Lausanne; Entwicklungsingenieur bei General Electric in Boston, 1955 erster Direktor der Reaktor AG, ab 1960 bei der BBC.

Peter Stähelin (1925–2014)
Ab den 1950er-Jahren an der University of Illinois in Urbana, ab 1960 am Institut für Experimentalphysik der Universität Hamburg; Arbeitsschwerpunkte in der Elektron-Neutrino-Rückstosskorrelation beim Betazerfall sowie in der Strahldynamik von Zyklotronen.

Hans Staub (1908–1980)
Studium der Physik an der ETH Zürich; 1931–1937 Assistent bei Paul Scherrer, 1933 Promotion, anschliessend am California Institute of Technology; 1938–1949 Professur in Standford, unterbrochen von der Mitarbeit am Manhattan Projekt, 1949–1973 Professor für Physik an der Universität Zürich sowie Direktor des Physikinstituts; Forschungsschwerpunkte in der Festkörperphysik.

Rolf M. Steffen (1922–2000)
Studium der Physik an der ETH Zürich, Promotion 1948 bei Paul Scherrer; ab 1949 an der Purdue University; Forschungsschwerpunkt in der Kernphysik.

Otto Stern (1888–1969)
Physiker, Promotion in physikalischer Chemie in Breslau, Habilitation 1913 bei Albert Einstein an der ETH Zürich, ab 1923 Ordinarius in Hamburg, 1933 Emigration in die USA, fortan Forschungsprofessor für Physik am Carnegie Institute of Technology in Pittsburgh; Nobelpreis für Physik 1943.

Rudolf Stössel (1903–1998)
Studium der Mathematik und Physik an der ETH Zürich; anschliessend Assistent bei Paul Scherrer, 1931 Promotion in mathematischen Naturwissenschaften, ab 1932 Fachlehrer für Mathematik und Physik in Rorschach.

Norbert Straumann (* 1936)
Studium der Physik und Mathematik an der ETH Zürich, unter anderem bei Paul Scherrer; 1969–2001 Professur für theoretische Physik an der Universität Zürich; Dr. h. c. der Universität Bern.

Ernst Carl Gerlach Stückelberg von Breidenbach (1905–1984)
Experimentalphysiker; studierte bei Sommerfeld in München und promovierte 1927 in Basel; ab 1930 Assistant Professor in Princeton, 1935–1975 Professor an der Universität Genf, ab 1956 zudem Professor an der Universität Lausanne; befasste sich unter anderem mit Molekularphysik, der Quantentheorie und der Relativitätstheorie; Dr. h. c. der Universitäten Neuenburg und Bern; Max-Planck-Medaille.

Chauncey Guy Suits (1905–1991)
Physiker, Promotion 1929 an der ETH Zürich bei Paul Scherrer; Generaldirektor der General Electric in Schenectady.

Franz Tank (1890–1981)
Ab 1908 Studium der Physik und Mathematik an der ETH Zürich, 1915 Promotion; 1922–1960 Professor für Physik an der ETH Zürich, ab 1934 auch für Hochfrequenztechnik, 1943–1947 Rektor; Forschungsschwerpunkte in der drahtlosen Telefonie und den Elektronenröhren; Dr. h. c. der ETH Lausanne.

Valentin Telegdi (1922–2006)
Nach seiner Flucht in die Schweiz 1943 Studium der Chemie an der École polytechnique de l'Université de Lausanne (heute ETH Lausanne), Promotion 1950 bei Paul Scherrer an der ETH Zürich; ab 1946 wissenschaftlicher Mitarbeiter ebenda, 1948–1950 zudem Assistent für Physik bei Paul Scherrer, ab 1951 «instructor», ab 1956 Professor an der University of Chicago, daneben zahlreiche Gastprofessuren, 1976–1989 Professor für Physik an der ETH Zürich und 1981–1983 Vorsitzender des CERN-Wissenschaftsrats; wichtigste Arbeiten im Gebiet der schwachen Wechselwirkung, vor allem der Leptonen, wofür er den Wolf-Preis erhielt; zahlreiche Ehrendoktorate und weitere Ehrungen.

Hans Peter Tschudi (1913–2002)
1959–1973 Bundesrat, Vorsteher des Departements des Innern.

Woldemar Voigt (1850–1919)
Studium in Königsberg, 1874 Promotion; ab 1875 Professor für Physik in Königsberg, ab 1883 für theoretische Physik in Göttingen; zahlreiche Ehrungen.

Paul Volkmann (1856–1938)
Ab 1894 ordentlicher Professor für Physik an der Universität Königsberg.

Max von Laue (1879–1960)
Studium der Physik und Mathematik, Promotion 1903 in Berlin; ab 1909 Privatdozent an der Ludwig-Maximilians-Universität München, ab 1914 am Lehrstuhl der Universität Frankfurt am Main und ab 1919 als stellvertretender Direktor am Kaiser-Wilhelm-Institut; 1914 Nobelpreis für Physik, Max-Planck-Medaille 1932.

Alexander von Muralt (1903–1990)
1936–1968 Professor für Physiologie in Bern; Mitglied der Studienkommission für Atomenergie, Initiant des Schweizerischen Nationalfonds; 1946 Marcel-Benoist-Preis; Dr. h. c. verschiedener Hochschulen.

Hermann Wäffler (1910–2003)
Promotion und Habilitation bei Scherrer an der ETH Zürich; ab 1949 Professor für Experimentalphysik an der ETH und der Universität Zürich, 1959 zum Direktor der Abteilung Kernphysik am Max-Planck-Institut für Chemie ernannt.

René von Wattenwyl (1899–1984)
Chef der Kriegstechnischen Abteilung des Militärdepartements, Mitglied der Studienkommission für Atomenergie.

Jean Weigle (1901–1968)
Studium der Chemie und der Physik in Genf, 1923 Promotion ebenda; 1924–1930 Professur für Physik an der Universität Pittsburgh, 1930–1948 Professur für Experimentalphysik in Genf, 1949–1968 Research Fellow am California Institute of Technology in Pasadena; Weigle trug zur Entwicklung des ersten Elektronenmikroskops in der Schweiz bei; Dr. h. c. des Case Institute of Technology in Cleveland, 1962 Prix des trois physiciens.

Victor F. Weisskopf (1908–2002)
Studium der Physik in Wien und Göttingen, Promotion 1931 ebenda; anschliessend als Postdoc in Leipzig bei Heisenberg, in Berlin bei Schrödinger sowie in Kopenhagen bei Bohr und in Cambridge bei Dirac, 1933–1935 Assistent bei Pauli an der ETH Zürich, ab 1937 in den USA, hier Teilnahme am Manhattan-Projekt, anschliessend Professur am MIT, dazwischen 1961–1965 Direktor des CERN; wichtige frühe Untersuchungen zur Quantenelektrodynamik sowie Beiträge zur theoretischen Kernphysik; zahlreiche Ehrungen, darunter die Max-Planck-Medaille und die Albert-Einstein-Medaille.

Carl Friedrich von Weizsäcker (1912–2007)
Studium der Physik und der Philosophie in Berlin, Göttingen und Leipzig, Promotion ebenda 1933; Mitarbeit am deutschen Uranprojekt; diverse Ehrungen.

Gregor Wentzel (1898–1978)
Studium der Mathematik und Physik in Freiburg im Breisgau, Greifswald und München, ebenda 1921 Promotion und 1922 Habilitation; ab 1926 Professor für mathematische Physik in Leipzig, 1928–1948 Professor an der Universität Zürich als Nachfolger Erwin Schrödingers, 1948–1970 Professor an der University of Chicago, anschliessend Rückkehr in die Schweiz; während der Kriegsjahre Übernahme der Vorlesungen Paulis an der ETH Zürich; Wentzel war hauptsächlich auf dem Gebiet der Quantentheorie aktiv, seine «Einführung in die Quantentheorie der Wellenfelder» galt lange als führendes Lehrbuch; 1966 Dr. h. c. der ETH Zürich, Max-Planck-Medaille 1975.

Hermann Weyl (1885–1955)
Studium der Mathematik und Physik in Göttingen, 1908 Promotion bei David Hilbert, 1910 Habilitation; ab 1913 Professor für Geometrie an der ETH Zürich, kurze Zwischenstation in Göttingen, anschliessend in Princeton bis 1952; Beschäftigung mit den mathematischen Grundlagen der allgemeinen Relativitätstheorie und deren möglicher Erweiterung; zahlreiche Ehrungen, unter anderem Dr. h. c. der ETH Zürich sowie der Universitäten Oslo, Pennsylvania, Sorbonne (Paris) und Columbia.

Rolf Wideröe (1902–1996)
Norwegischer Ingenieur, 1927 Promotion in Aachen; 1946–1975 bei der BBC in Baden tätig und zuständig für den Bau von Betatrons für die Medizin; erkannte 1928, dass in einem homogenen Magnetfeld die Umlauffrequenz der Teilchen unabhängig von ihrer Energie ist; darauf aufbauend entwickelte Lawrence das erste Zyklotron; Wideröe selbst baute ab 1943 als Zwangsverpflichteter im Auftrag des deutschen Luftfahrtministeriums das erste Betatron Europas, das 1944 in Betrieb ging; Dr. h. c. der Technischen Hochschule Aachen und der Universität Zürich.

Otto Zipfel (1888–1966)
Ab 1939 stellvertretender Sektionschef im Kriegsindustrie- und Kriegsarbeitsamt, 1942–1948 Delegierter des Bundesrats für Arbeitsbeschaffung; erstellte ein Programm für die wirtschaftliche Landesverteidigung (Plan Zipfel); 1945–1958 Mitglied der Studienkommission für Atomenergie, 1948–1955 Delegierter des Bundesrats für die wirtschaftliche Kriegsvorsorge und 1956–1958 für Atomfragen; Dr. h. c. der Universitäten Basel und Lausanne.

Richard Zsigmondy (1865–1929)
Ab 1908 Chemieprofessur in Göttingen; 1912 Konstruktion des Immersionsultramikroskops; 1925 Nobelpreis für Chemie.

Werner Zünti (1913–1993)
Maschinenbau-, später Mathematik- und Physikstudium an der ETH Zürich; anschliessend Anstellung ebenda, ab 1945 bei der BBC und ab 1956 Chefphysiker der Reaktor AG in Würenlingen, 1960–1972 wissenschaftlicher Direktor des Eidgenössischen Instituts für Reaktorforschung.

Fritz Zwicky (1898–1974)
1917–1925 Studium der Mathematik und experimentellen Physik an der ETH Zürich, 1922 Dissertation über die Festigkeit von heteropolaren Kristallen; nach einer Assistenzzeit bei Scherrer kam er 1925 mit einem Stipendium ans California Institute of Technology, erhielt dort eine Assistenzprofessur und 1942 eine ordentliche Professur für Astronomie.

Glossar

Alphateilchen
Kern des Heliumatoms, bestehend aus zwei Protonen und zwei Neutronen.

Atom
Kleinste Einheit eines chemischen Elements, bestehend aus einem positiv geladenen Atomkern und der negativ geladenen Atomhülle. Die Zahl der Protonen im Atomkern wird als Ordnungszahl bezeichnet und definiert die Zugehörigkeit zum entsprechenden chemischen Element.

Atomkern
Im Vergleich zur Atomgrösse sehr kleiner zentraler Teil eines Atoms, der jedoch den grössten Teil der Atommasse umfasst. Der Atomkern besteht aus Protonen und Neutronen, die durch die Kernkraft gebunden sind (siehe Kernmodelle, Kernkraft).

Atomofen
Veraltet für Kernreaktor.

Atomumwandlung
Veraltet für Transmutation. Veränderung der Zahl der Protonen und/oder Neutronen im Atomkern durch natürlichen Zerfall oder durch Beschuss mit Teilchen hinreichend grosser Energie, zum Beispiel Neutronen, Protonen, Photonen oder Pionen.

Baryonen
Subatomare Teilchen mit relativ grosser Masse, im Gegensatz zu den leichten Leptonen und den mittelschweren Mesonen; zu den Baryonen gehören das Proton und das Neutron (Sammelbegriff: Nukleonen, siehe dort) sowie eine Reihe weiterer, noch schwererer Teilchen.

Beschleuniger
Auch Teilchenbeschleuniger. Ein Beschleuniger bringt geladene Teilchen (Elektronen, Protonen, Atomkerne) auf hohe kinetische Energie. Die Beschleunigung erfolgt durch starke elektrische Felder, die Bahn der Teilchen wird durch magnetische Felder bestimmt. Entsprechend dem zeitlichen Verhalten des elektrischen Feldes wird unterschieden zwischen elektrostatischen Beschleunigern (Kaskadenschaltung nach Greinacher beziehungsweise Cockcroft-Walton; Bandgenerator nach van de Graaff; Tensator) und Beschleunigern mit Hochfrequenzwechselfeldern (nach Wideröe: Linearbeschleuniger; Zyklotron mit spiralförmigen Teilchenbahnen in konstantem Magnetfeld). Im Betatron (Wideröe) wird das elektrische Feld mittels Induktion durch das veränderliche magnetische Führungsfeld erzeugt. Für Geschwindigkeiten nahe der Lichtgeschwindigkeit kommen Synchrotrone zur Anwendung, bei denen die kreisförmige Teilchenbahn gleich bleibt, dafür das magnetische Führungsfeld während der Beschleunigung erhöht wird. Beim von Blaser initiierten Beschleuniger am Schweizerischen Institut für Nuklearforschung handelt es sich um ein Isochronzyklotron, eine Mischform zwischen Zyklotron und Synchrotron.

Betastrahlen
Siehe Radioaktivität.

Betazerfall
Radioaktive Umwandlung eines Atomkerns, mit Aussendung eines Elektrons (das «Betateilchen») und eines Antineutrinos.

Bosonen
Teilchen, die der Quantenstatistik nach Bose-Einstein unterliegen. Bosonen haben einen ganzzahligen Eigendrehimpuls; Mesonen und Photonen sind Bosonen, generell alle Teilchen, die Träger einer Wechselwirkung sind.

Debye-Scherrer-Verfahren
Dient der Untersuchung und Identifikation der Struktur pulverförmiger kristalliner Substanzen durch Röntgenstreuung (siehe dort). Die Methode erlaubt auch die Bestimmung der Grösse der Kristalle im Präparat.

Deuteron
Gebundener Zustand von Proton und Neutron, Kern des Deuteriumatoms, des schweren Wasserstoffs.

Elektronenvolt (eV)
Einheit der Energie, die in der Atom-, Kern- und Teilchenphysik benutzt wird. Ein mit einer elektrischen Elementarladung geladenes Teilchen, das durch eine Spannung von 1 Volt beschleunigt wird, erhält eine kinetische Energie von 1 eV.

Elementarteilchen
Unteilbares subatomares Teilchen. Was als unteilbar gilt, veränderte sich im Laufe der Zeit; so weiss man seit den 1970er-Jahren, dass Protonen, Neutronen und Mesonen aus Quarks bestehen und somit nicht mehr als Elementarteilchen gelten. Heute werden Leptonen (zum Beispiel Elektronen und Myonen) und Quarks als Elementarteilchen betrachtet.

Energieerhaltungssatz
Prinzip von der Erhaltung der Energie, demzufolge bei einem physikalischen Vorgang Energie weder vernichtet noch erzeugt, sondern lediglich von einer Form in eine andere umgewandelt werden kann.

Feldstärke, elektrische
Physikalische Grösse, die die Stärke und Richtung eines elektrischen Feldes beschreibt. Ein elektrisches Feld übt eine Kraft auf elektrische Ladungen aus und wird für die Beschleunigung geladener Teilchen verwendet.

Fermionen
Teilchen, die der Quantenstatistik nach Fermi-Dirac unterliegen. Fermionen haben einen halbzahligen Eigendrehimpuls und unterliegen dem Pauli-Prinzip. Die Elementarteilchen

Leptonen und Quarks sind Fermionen, ebenso die Baryonen (zum Beispiel Protonen und Neutronen).

Ferroelektrizität
Früher Seignette-Elektrizität. Eine spontane, makroskopische elektrische Polarisation tritt bei Kristallen mit bestimmten Symmetrien auf. Kann diese spontane Polarisation mithilfe eines äusseren elektrischen Feldes die Richtung ändern, spricht man von Ferroelektrizität.

Fusion
Verschmelzung von leichten Atomkernen zu einem schwereren Kern. Klassisches Beispiel dafür ist die Verschmelzung von Protonen zu Heliumkernen in mehreren Schritten unter Energieabgabe in der Sonne.

Gleichrichter
Elektrotechnisches Gerät zur Umwandlung von Wechselstrom in Gleichstrom.

Greinacher-Schaltung
Elektrische Schaltung zur Spannungsverdoppelung beziehungsweise -vervielfachung.

Halbleiter
Festkörper mit einer Leitfähigkeit zwischen Nichtleitern und Leitern, zum Beispiel Silizium oder Germanium. Halbleiter stellen seit den 1950er-Jahren die physikalische Grundlage für die Mikroelektronik dar.

Hochspannungsgenerator
Erzeugt eine hohe Spannung und somit ein starkes elektrisches Feld, zum Beispiel für die Beschleunigung von Teilchen (siehe Beschleuniger).

Höhenstrahlung, kosmische Strahlung
Aus dem Weltraum stammende hochenergetische Teilchenstrahlung.

Immersions(ultra)mikroskop
Lichtmikroskop, bei dem zwischen Präparat und Objektiv eine Flüssigkeit eingebracht wird. Damit kann unter anderem das Auflösungsvermögen verbessert werden.

Interferenz
Strahlung mit Wellencharakter, die an regelmässigen Strukturen (zum Beispiel Kristallen) durch Beugung abgelenkt wird, zeigt eine winkelabhängige Intensitätsvariabilität aufgrund der unterschiedlichen Weglängen. Dieser Effekt heisst Interferenz. Die Interferenz von Röntgenstrahlen verweist auf den Wellencharakter der Röntgenstrahlung und wird genutzt bei der Röntgenstrukturanalyse zur Bestimmung der Anordnung von Atomen und Ionen in Kristallen (siehe Debye-Scherrer-Verfahren).

Isotope
Atome des gleichen chemischen Elements, die sich in der Zahl der Neutronen unterscheiden.

Kaskadenschaltung
Das Hintereinanderschalten mehrerer Einheiten derselben elektrischen Grundschaltung. Für elektrostatische Hochspannungsgeneratoren können mehrere Spannungsverdoppler nach Greinacher hintereinandergeschaltet werden (Hochspannungskaskade nach Greinacher, Cockcroft-Walton) (siehe Tensator).

Kernenergie
Bei der Spaltung eines Urankerns frei werdende Wärmeenergie.

Kernkraft
Kraft, die die Protonen und Neutronen im Kern zusammenhält. Die Kernkraft wird heute als eine Form der starken Wechselwirkung verstanden.

Kernkraftwerk, auch Atomkraftwerk
Wärmekraftwerk zur Gewinnung elektrischer Energie aus Kernenergie durch kontrollierte Kernspaltung; der zentrale Teil eines Kernkraftwerks ist der Kernreaktor.

Kernmodelle
Physikalische Modelle, die Aufbau, Eigenschaften und Stabilität von Atomkernen beschreiben (für Beispiele siehe Tröpfchenmodell, Schalenmodell).

Kernfotoeffekt
Durch Stoss eines Photons ausgelöste Kernreaktion, bei der aus dem Targetkern ein oder wenige Bestandteile herausgeschlagen werden, etwa ein oder zwei Neutronen, ein Proton oder ein Alphateilchen.

Kernphysik
Teilbereich der Physik, der sich mit dem Aufbau und dem Verhalten von Atomkernen beschäftigt. Während die Atomphysik sich mit der Physik der Atomhülle befasst, ist der Gegenstand der Kernphysik die Analyse der Kernstruktur, also der Einzelheiten des Aufbaus der Atomkerne. Historisch aus der Kernphysik herausgebildet haben sich die Hochenergiephysik und die Teilchenphysik.

Kernreaktor
Siehe Reaktor.

Kernspaltung
Auch Fission, früher Atomzertrümmerung. Zerlegen eines Atomkerns in zwei oder mehr Bruchteile, die Spaltprodukte. Kernspaltung kann durch Beschuss mit Teilchen, insbesondere langsamen (thermischen) Neutronen, erreicht werden. Manche Kerne spalten sich von selbst, sogenannte Spontanspaltung (siehe Radioaktivität).

keV, MeV
Kiloelektronenvolt: 10^3 eV; Megaelektronenvolt: 10^6 eV (siehe Elektronenvolt).

Kolloid
Teilchen oder Tröpfchen, die in Dispersionsmedien (Feststoff, Gas oder Flüssigkeit) verteilt sind; die Grösse der einzelnen Teilchen liegt im Nanometer- bis Mikrometerbereich; in diese Grössenbereiche gehören zahlreiche Moleküle.

Komplexsalze
Verbindungen, bei denen die Ionen als Komplexe ausgebildet sind (siehe Koordinationslehre der chemischen Bindung).

Koordinationslehre der chemischen Bindung
Wurde 1893 von Alfred Werner in Zürich entwickelt, womit er die moderne Komplexchemie (auch Koordinationschemie genannt) begründete. Sie beschäftigt sich mit Komplexen (auch Koordinationsverbindungen genannt), die aus einem oder mehreren Zentralteilchen (Atome oder Ionen) und einem oder mehreren Liganden (Atom oder Moleküle) bestehen, wobei im Gegensatz zur kovalenten Bindung die Liganden alle Elektronen zur Bindung beisteuern.

kV, MV
Kilovolt: 10^3 Volt; Megavolt: 10^6 Volt (siehe Volt).

Lichtquantenhypothese
1905 von Albert Einstein formuliert; besagt, dass elektromagnetische Wellen (zum Beispiel Licht) mit Materie nicht beliebige Energiemengen austauschen können, sondern lediglich diskrete «Energiepakete», Lichtquanten (heute Photonen) genannt.

Magnetron
Vakuumlaufzeitröhre mit konzentrischer Anordnung der Elektroden zur Erzeugung elektromagnetischer Wellen im Höchstfrequenzbereich; wird etwa als Senderöhre in Nachrichtensatelliten oder Radarsystemen, aber auch im Mikrowellenherd verwendet.

Mesonen
Teilchen, die ursprünglich als mittelschwer identifiziert wurden. 1935 wurde ein Meson als Träger der Kernkraft vorgeschlagen (heute als Pion bezeichnet) und 1947 in der kosmischen Strahlung nachgewiesen. Heute weiss man, dass es zahlreiche verschiedene Mesonen gibt, dass diese aus einem Quark und einem Antiquark bestehen und oftmals schwerer als Baryonen sind. Deshalb werden die Mesonen heute durch ihre Bestandteile definiert: Mesonen sind Bosonen.

Moderator
Dient dazu, in einem Kernreaktor bei der Kernspaltung frei werdende Neutronen, die energiereich (also schnell) sind, abzubremsen, sodass sie die Spaltung weiterer Kerne bewirken können. Die vom Neutron abgegebene Energie wird als Rückstoss vom getroffenen Atomkern des Moderators aufgenommen, der sie in weiteren Stössen als Wärme an die umgebende Materie abgibt. Beispiele für Moderatoren sind: leichtes (normales) Wasser, schweres Wasser, Grafit.

Neutrino
Elektrisch neutrales Elementarteilchen mit sehr geringer Masse, das Materie nahezu ungehindert durchdringen kann; von Wolfgang Pauli erstmals 1930 zur Erklärung der Energieverteilung beim Betazerfall postuliert, der direkte Nachweis gelang erst 1956.

Neutron
Elektrisch neutrales subatomares Teilchen mit einer dem Proton vergleichbaren Masse. Neutronen und Protonen bilden zusammen die Atomkerne (siehe dort). Ist das Neutron nicht in einem Atomkern gebunden, sondern frei, wird es instabil und wandelt sich durch Betazerfall in ein Proton, ein Elektron und ein Elektron-Antineutrino um. Freie Neutronen finden in Form von Neutronenstrahlung Verwendung und sind entscheidend für den Betrieb von Kernreaktoren. Das Neutron ist ein Fermion, besteht aus drei Quarks und gehört zu den Baryonen.

Nukleonen
Sammelbegriff für Neutronen und Protonen, also die Bestandteile der Atomkerne.

Paritätsverletzung
Bezeichnet in der Physik Prozesse, die in einer spiegelverkehrten Welt anders ablaufen als in der normalen Welt. Anders gesagt: Auch wenn die spiegelbildliche Versuchsanordnung im Übrigen identisch aufgebaut ist, können sich Prozesse unterscheiden. Falls dem so ist, spricht man von Paritätsverletzung.

Pauli-Prinzip
Auch Ausschliessungsprinzip. Besagt, dass sich zwei Fermionen, also Teilchen mit halbzahligem Spin, nicht im gleichen Zustand befinden können; 1925 von Wolfgang Pauli formuliert.

Photon
Heutige Bezeichnung für das Lichtquant (siehe Lichtquantenhypothese). Das Photon ist ein Boson mit Spin 1 und Träger der elektromagnetischen Wechselwirkung. Elektromagnetische Wellen bestehen im Teilchenbild aus Photonen.

Plancksches Wirkungsquantum
Auch Planck-Konstante. Um 1900 von Max Planck eingeführt, begründete die Quantenphysik: bestimmt Verhältnis von Energie und Frequenz eines Photons (siehe Lichtquantenhypothese). Die gleiche Beziehung gilt allgemein zwischen der Energie eines Teilchens und der Frequenz in seinem Wellenbild (de Broglie 1924).

Positron
Positiv geladenes Antiteilchen des Elektrons, das sich von diesem nur durch seine entgegengesetzte Ladung unterscheidet; Elementarteilchen, das zur Familie der Leptonen gehört.

Proton
Elektrisch positiv geladener Bestandteil des Atomkerns. Es ist ein Fermion, besteht aus drei Quarks und gehört zu den Baryonen. Der leichteste Atomkern, der Wasserstoffkern, besteht aus einem Proton.

Quantenmechanik
Teil der Quantenphysik; Theorie der Prozesse im atomaren Bereich; 1925 von Werner Heisenberg als Matrixmechanik, 1926 von Erwin Schrödinger als Wellenmechanik formuliert; Grundlage unter anderem für die Kernphysik, Festkörper- und Teilchenphysik.

Quantenphysik, Quantentheorie
Umfasst alle Phänomene und Effekte, die darauf beruhen, dass bestimmte Grössen nicht jeden beliebigen Wert annehmen können, sondern lediglich feste, diskrete Werte; Quantenphysik beinhaltete alle Beobachtungen, Theorien, Modelle und Konzepte, die auf die von Max Planck um 1900 formulierte Quantenhypothese zurückgehen. Diese war notwendig geworden, weil die klassische Physik zum Beispiel bei der Beschreibung des Lichts oder des Aufbaus der Materie an ihre Grenzen gestossen war.

Quantenstatistik
Teilgebiet der Statistik; wendet zur Untersuchung makroskopischer Systeme die Methoden und Begriffe der klassischen Statistik an und berücksichtigt zusätzlich die quantenmechanischen Besonderheiten im Verhalten der Teilchen.

Radioaktivität
Beim spontanen Zerfall eines Atomkerns (radioaktiver Zerfall) auftretende Strahlung. Nach Art der Strahlung wird unterschieden zwischen Alphastrahlung (bestehend aus Heliumkernen, also gebundener Zustand aus zwei Protonen und zwei Neutronen), Betastrahlung (Elektronen), Beta-Plus-Strahlung (Positronen), Gammastrahlung (elektromagnetische Strahlung, Photonen). Es können auch freie Neutronen oder Protonen auftreten oder ganze Kernbruchteile (Spontanspaltung).

Reaktor
Auch Kern-, Brut-, Fusions-, Atomreaktor. Anlage, in der eine Kernspaltungsreaktion (Fission) kontinuierlich als Kettenreaktion im makroskopischen technischen Massstab abläuft und so einen Teil der Bindungsenergie der Kerne in Wärmeenergie umwandelt. In einem Brutreaktor wird neben der Energiegewinnung gleichzeitig weiteres spaltbares Material erzeugt. Von einem Fusionsreaktor spricht man, wenn es zu einer Kernfusion (also Zusammenschmelzung) kommt; Fusionsreaktoren zur Stromerzeugung existieren aufgrund hoher technischer Hürden allerdings noch nicht.

Relativitätstheorie
Theorie, die sich mit der Struktur von Raum und Zeit sowie dem Wesen der Gravitation befasst; sie umfasst zwei physikalische Theorien, die 1905 von Albert Einstein veröffentlichte spezielle Relativitätstheorie und die 1916 abgeschlossene allgemeine Relativitätstheorie. Die spezielle Relativitätstheorie beruht auf dem Prinzip, dass alle Gesetze der Physik in nicht beschleunigten Bezugssystemen dieselbe Form haben müssen. Daraus folgt unter anderem die Konstanz der Lichtgeschwindigkeit, die Abhängigkeit von Längen und Zeitdauern vom Bewegungszustand des Beobachtenden und die Äquivalenz von Masse und Energie. Darauf aufbauend führt die allgemeine Relativitätstheorie die Gravitation auf eine Krümmung von Raum und Zeit zurück, die unter anderem durch die beteiligten Massen

verursacht wird. Die Relativitätstheorie hat das Verständnis von Raum und Zeit neu ausgerichtet und Zusammenhänge aufgezeigt, die sich der anschaulichen Vorstellung entziehen.

Röntgenstreuung
Beugung von Röntgenstrahlung durch Materie; sie stellt eine der wichtigsten physikalischen Messmethoden in der Kristallstrukturanalyse dar (siehe Debye-Scherrer-Verfahren).

Schalenmodell der Kernphysik
Beschreibt den Atomkern unter Berücksichtigung quantenmechanischer Gesetzmässigkeiten. Da Nukleonen Fermionen sind, muss das Pauli-Prinzip berücksichtigt werden, je für die Protonen und Neutronen separat. Der Drehimpuls ist quantisiert und die Nukleonen bewegen sich in einem gemeinsam erzeugten Kraftfeld. Das Schalenmodell erklärt unter anderem die sogenannten magischen Kerne: Kerne mit einer bestimmten Anzahl Protonen und Neutronen haben eine besonders hohe Stabilität.

Schweres Wasser
Das Molekül des leichten (normalen) Wassers besteht aus zwei Wasserstoffatomen und einem Sauerstoffatom. Im schweren Wasser sind die beiden Wasserstoffatome durch Deuterium ersetzt. Der Atomkern des Deuteriums besteht aus einem Proton und einem Neutron, es ist also ein Isotop des Wasserstoffatoms. Schweres Wasser kann in einem Kernreaktor als Moderator dienen.

Spektrallinien
Voneinander scharf getrennte Linien eines Spektrums elektromagnetischer Wellen, die durch Übergang zwischen diskreten Energieniveaus der Elektronen in einem Atom oder Molekül entstehen.

Spektroskopie
Untersuchungsmethode, die elektromagnetische Strahlung nach Wellenlänge beziehungsweise Energie zerlegt; die dabei auftretende Intensitätsverteilung wird Spektrum genannt. Mithilfe der Massenspektroskopie werden Teilchen gemäss ihrer Masse identifiziert.

Spin
Eigendrehimpuls von Teilchen; durch die plancksche Konstante quantisiert.

Strahlungsgesetz
Sammelbegriff für Gesetze der elektromagnetischen Strahlung, die ein Körper abstrahlt, in Abhängigkeit von dessen absoluter Temperatur.

Tensator
Hochspannungs-Gleichstromgenerator. Es handelt sich um ein von der Firma Micafil für Paul Scherrer entwickeltes Unikat, das aus einer Kaskadenschaltung von zehn Stufen bestand. Jede Stufe enthielt einen isoliert montierten mechanischen Generator und einen Transformator. Über einen synchron zum Generator rotierenden Nadelgleichrichter wurden so die Kondensatoren jeder Stufe aufgeladen, gesamthaft wurden 700 keV erreicht. Soweit bekannt, wurde diese Technik später nicht weiterverfolgt.

Tröpfchenmodell
Beschreibung des Atomkerns als Flüssigkeitstropfen. Lise Meitner und Otto Frisch nutzten das Tröpfchenmodell 1939 zur Erklärung der Kernspaltung und der dabei frei werdenden Energie.

Uran
Schweres Element mit 92 Protonen und 92 Elektronen in einem Atom; die Anzahl der Neutronen bestimmt das jeweilige Isotop: das Isotop mit 146 Neutronen im Kern ist stabil (U 238), das Isotop mit 143 Neutronen (U 235) kann durch langsame Neutronen gespalten werden, es bildet den Brennstoff der Kernreaktoren.

Volt
Einheit der elektrischen Spannung.

Watt
Einheit der (elektrischen) Leistung.

Wellenfeld
Wentzels Quantentheorie der Wellenfelder war ein Vorläufer der von Richard Feynman und anderen entwickelten Quantenfeldtheorie, der heutigen Grundlage aller Theorien der Wechselwirkungen in der Teilchenphysik.

Wirkungsquerschnitt
Mass für die Wahrscheinlichkeit, dass eine Wechselwirkung zwischen zwei Reaktionspartnern stattfindet.

Zeeman-Effekt
Aufspaltung von Spektrallinien eines Atoms im Magnetfeld.

Zerfallsgesetz
Gesetz des zeitlichen Verlaufs des radioaktiven Zerfalls: Die Zahl der ursprünglich vorhandenen Kerne nimmt mit fortschreitender Zeit ab, und zwar so, dass die Rate der Abnahme der Zahl der vorhandenen Kerne proportional ist (Zerfallskonstante).

Zertrümmerung
Veraltet für Kernspaltung.

Quellen: Kleinknecht, 2017; Lexikon der Physik (www.spektrum.de); Wikipedia.

Ausgewählte Schriften Paul Scherrers

Debye, P., P. Scherrer (1916): Interferenzen an regellos orientierten Teilchen im Röntgenlicht I, *Nachrichten von der Gesellschaft der Wissenschaften zu Göttingen, Mathematisch-Physikalische Klasse*, 1–15.

Debye, P., P. Scherrer (1916): Interferenzen an regellos orientierten Teilchen im Röntgenlicht I und II, *Nachrichten von der Gesellschaft der Wissenschaften zu Göttingen, Mathematisch-Physikalische Klasse*, 16–26.

Debye, P., P. Scherrer (1918): Atombau, *Physikalische Zeitschrift* 19/2, 23–27.

Scherrer, P. (1916): *Die Rotationsdispersion des Wasserstoffs. Ein Beitrag zur Kenntnis der Konstitution des Wasserstoffmoleküls*, Leipzig: Pries [Dissertation].

Scherrer, P. (1918): Bestimmung der inneren Struktur und der Grösse von Kolloidteilchen mittels Röntgenstrahlen, *Nachrichten von der Gesellschaft der Wissenschaften zu Göttingen, Mathematisch-Physikalische Klasse*, 98–100; vollständig abgedruckt in: R. Zsigmondy (Hg.): *Kolloidchemie. Ein Lehrbuch*, 3. Auflage, Berlin, Heidelberg: Springer, 387–409 [Habilitation].

Scherrer, P., P. Stoll (1922): Bestimmung der von Werner abgeleiteten Struktur anorganischer Verbindungen vermittelst Röntgenstrahlen, *Zeitschrift für anorganische und allgemeine Chemie* 121/1, 319 f.

Scherrer, P. (1922): Das Raumgitter des Kadmiumoxyds, *Zeitschrift für Kristallographie, Mineralogie und Petrographie* 57/2, 186–189.

Scherrer, P. (1928): Difusión de los rayos Röntgen en el vapor del mercurio, *Anales de la Real Sociedad Española de Química* XXVI, 348.

Scherrer, P., A. Stäger (1928): Zerstreuung von Röntgenstrahlen an Quecksilberdampf, *Helvetica physica acta* 1, 518–533.

Scherrer, P., A. Stäger (1928): Zerstreuung von Röntgenstrahlen durch Quecksilberdampfatome, *Helvetica physica acta* 1, 289 f.

Scherrer, P., J. Palacios (1928): La estructura cristalina del bioxido de praseodimio, *Anales de la Real Sociedad Española de Química* XXVI, 309.

Scherrer, P., H. Staub (1930): Röntgenographische Untersuchung des Koagulationsvorganges bei kolloidem Gold, *Helvetica physica acta* 3, 457 f.

Scherrer, P., R. Stössel (1930): Über das temperaturveränderliche magnetische Moment des Stickoxydmoleküls, *Helvetica physica acta* 3, 455 f.

Scherrer, P., H. Staub (1931): Röntgenographische Untersuchung des Koagulationsvorganges bei kolloidem Gold, *Zeitschrift für physikalische Chemie, Abt. A* 154/3–4, 309–321.

Scherrer, P. (1934): *Gekürzte Vorlesung über Physik*, ausgearbeitet von A. Rusterholz, Zürich: Akad. Masch.-Ing.-Verlag.

Scherrer, P. (1934): Neue Erkenntnisse auf dem Gebiete der Strahlung, *Bulletin des Schweizerischen elektrotechnischen Verein* 25/15, 405–412.

Scherrer, P., H. Staub, H. Wäffler (1935): Apparatur für langdauernde Registrierung des Intensitätsverlaufs der Höhenstrahlung, *Helvetica physica acta* 8, 516 f.

Scherrer, P. (1937): Dielektrische Eigenschaften von Seignettesalz und verwandten Stoffen. Analoga zum Ferromagnetismus, *Verhandlungen der Deutschen physikalischen Gesellschaft*, Serie 3, 18/2, 63 f.
Scherrer, P., H. Staub, H. Wäffler (1937): Dauerregistrierungen der Höhenstrahlung auf Jungfraujoch (3456 M. ü. M.), *Helvetica physica acta* 10, 254, 425–430.
Scherrer, P., E. Zingg (1939): Stabilität der Isobaren Cd–In, In–Sn, Sb–Te, Re–Os, *Helvetica physica acta* 12, 283–285.
Scherrer, P. (1939): Untersuchungen über das dielektrische Verhalten von Seignettesalz und verwandten Stoffen, *Zeitschrift für Elektrochemie* 45, 171–174.
Scherrer, P., H. Wäffler (1941): Statistik grosser Hoffmann'scher Stösse auf Jungfraujoch (3500 M. ü. M.), *Helvetica physica acta* 14, 313 f.
Scherrer, P., H. Wäffler (1941): Über die periodischen Intensitätsschwankungen der harten Komponente der kosmischen Strahlung auf Jungfraujoch (3500 M. ü. M.), *Helvetica physica acta* 14, 144.
Scherrer, P., O. Huber, O. Lienhard, P. Preiswerk, H. Wäffler (1941): Eine Atomumwandlungsanlage für Spannungen bis zu 850 KV, *Helvetica physica acta* 15, 45–52.
Scherrer, P., P. Huber, J. Rossel (1941): Kernreaktionen von Fluor mit schnellen Neutronen, *Helvetica physica acta* 14, 618–624.
Scherrer, P., W. Zünti (1941): Kernstreuung schneller Elektronen am Argon, *Helvetica physica acta* 14, 111–129.
Scherrer, P. (1942): Neuere Ergebnisse kernphysikalischer Forschung, in: Aktiengesellschaft Brown, Boveri & Cie. (Hg.): *Mitteilungen* 12/5, Baden, 436–446.
Scherrer, P., B. Matthias (1944): Au sujet des cristaux piézoélectriques et de leur emploi dans les filtres, *Revue Brown Boveri* 31/9, 316–322.
Scherrer, P. (1954): Die wissenschaftlichen Aufgaben des CERN, *Schweizerische Bauzeitung* 72/37, 538–541.
Scherrer, P. (1955): Neuere Experimente über Richtungskorrelation und Supraleitung, *Angewandte Chemie* 67/19-2, 620.
Scherrer, P. (1957): *Atomenergie*, Zürich (Vierteljahrsschrift der Naturforschenden Gesellschaft in Zürich 101).
Scherrer, P. (1962): Personal Reminiscences, in: P. Ewald (Hg.): *Fifty Years of X-Ray Diffraction*, Utrecht: N. V. A. Oosthoek's Uitgeversmaatschappij, 641–646.

Nicht aufgenommen wurden Lehrbücher und Vorlesungsnachschriften sowie weit über siebzig Publikationen, in denen Paul Scherrer als Koautor auftritt (Ausnahme: mit Peter Debye publizierte Schriften).

Abbildungsnachweise

1 ETH-Bibliothek, Bildarchiv, Hs_0171a.
2 Privatarchiv Karin Mendes de Leon, ohne Signatur.
3 Privatarchiv Karin Mendes de Leon, ohne Signatur.
4 Privatarchiv Karin Mendes de Leon, ohne Signatur.
5 Privatarchiv Karin Mendes de Leon, ohne Signatur.
6 ETH-Bibliothek, Hochschularchiv, Akz_2012-10 8B.
7 Archiv Emil Frey Classics, Safenwil, 2_37.
8 Privatarchiv Karin Mendes de Leon, ohne Signatur.
9 ETH-Bibliothek, Hochschularchiv, Akz_2012-10 8B.
10 ETH-Bibliothek, Hochschularchiv, Akz_2012-10 8B.
11 ETH-Bibliothek, Bildarchiv, Portr_00836.
12 Privatarchiv Karin Mendes de Leon, ohne Signatur.
13 ETH-Bibliothek, Hochschularchiv, Akz. 2012-10 A1_2.
14 ETH-Bibliothek, Bildarchiv, Portr_10750.
15 ETH-Bibliothek, Bildarchiv, Portr_00255.
16 ETH-Bibliothek, Hochschularchiv, HS Prov Einstein.
17 ETH-Bibliothek, Bildarchiv, Portr_14123-001.
18 ETH-Bibliothek, Hochschularchiv, Akz. 2012-10 A/B.
19 CERN-Pauli-Archive, PHO-183-1.
20 CERN-Pauli-Archive, PHO-092-1.
21 ETH-Bibliothek, Bildarchiv, Ans_00458.
22 ETH-Bibliothek, Bildarchiv, Com_M03-0047-0001.
23 ETH-Bibliothek, Bildarchiv, Com_X-S129-002.
24 ETH-Bibliothek, Hochschularchiv, Akz_2012-10 8B.
25 Schweizerisches Bundesarchiv, E3001B#1970/157#38* 1932–1960.
26 ETH-Bibliothek, Bildarchiv, Ans_00539.
27 Sozialarchiv Zürich, Ar 167.10.1-7.
28 ETH-Bibliothek, Hochschularchiv, Akz. 2012-10 A2/2.
29 ETH-Bibliothek, Bildarchiv, Portr_10203.
30 ETH-Bibliothek, Bildarchiv, Portr_14123-002.
31 CERN-Pauli-Archive, PHO-067.
32 ETH-Bibliothek, Bildarchiv, Portr_01686.
33 ETH-Bibliothek, Bildarchiv, Ans_07593.
34 Deutsches Museum, München, Archiv, BN24876.
35 ETH-Bibliothek, Bildarchiv, Portr_16050-FL.
36 ETH-Bibliothek, Bildarchiv, Ans_00849.
37 ETH-Bibliothek, Hochschularchiv, Akz. 2012-10 A2/2.
38 ETH-Bibliothek, Bildarchiv, PI_55-RH-0102-B.
39 ETH-Bibliothek, Bildarchiv, Ans_00858.
40 ETH-Bibliothek, Bildarchiv, Com_M03-0043-0001.
41 ETH-Bibliothek, Hochschularchiv, Akz. 2012-10 A2/2.
42 ETH-Bibliothek, Bildarchiv, Com_X-S168-001.

43 NZZ-Archiv, ohne Signatur.
44 ETH-Bibliothek, Hochschularchiv, SR3 1945 4315 001.
45 Public Library NY, Moe Berg Papers.
46 ETH-Bibliothek, Hochschularchiv, Akz_2012-10 8B.
47 Schweizerisches Bundesarchiv, E27#1000/721#19038.
48 ETH-Bibliothek, Hochschularchiv, ARK Na Bo 6.1.
49 Schweizerisches Bundesarchiv, BAR E27#1000/721#19038 / 09.A.08.a.
50 ETH-Bibliothek, Bildarchiv, Portr_01030.
51 Schweizerisches Bundesarchiv, E27#1000/721#19043.
52 ETH-Bibliothek, Hochschularchiv, ARK Na Bo 1.2.
53 ETH-Bibliothek, Bildarchiv, Com_M05-0153-0004.
54 ETH-Bibliothek, Kunstinventar, Ki_00004.
55 ETH-Bibliothek, Bildarchiv, Ans_04248.
56 CERN-PhotoLab, HI-5210004.
57 CERN-Pauli-Archive, CERN-HI-5506002.
58 ETH-Bibliothek, Bildarchiv, Com_M04-0232-0004.
59 ETH-Bibliothek, Bildarchiv, Com_M04-0231-0007.
60 ETH-Bibliothek, Hochschularchiv, ARK Na Bo 1.3.
61 ETH-Bibliothek, Bildarchiv, Com_M04-0026-0001.
62 ETH-Bibliothek, Hochschularchiv, ARK Na Bo 1.1.
63 ETH-Bibliothek, Bildarchiv, Com_C10-145-003.
64 ETH-Bibliothek, Bildarchiv, Com_M04-0231-0026.
65 ETH-Bibliothek, Bildarchiv, Com_M04-0231-0033.
66 ETH-Bibliothek, Hochschularchiv, Akz. 2014-38.
67 Privatarchiv Karin Mendes de Leon, ohne Signatur.
68 ETH-Bibliothek, Bildarchiv, Portr_14200.
69 ETH-Bibliothek, Bildarchiv, Com_C10-145-002.
70 Schweizerisches Bundesarchiv, E3001B#1970/157#38.
71 ETH-Bibliothek, Hochschularchiv, HS 171a: 44.
72 ETH-Bibliothek, Bildarchiv, Com_F66-07784.

Bibliografie

Archive

Archiv Max-Planck-Gesellschaft, Berlin (AMPG)
III/019 III. Abt. Rep. 19, Nachlass von Peter Debye
III/093 III. Abt. Rep. 93, Nachlass von Werner Heisenberg
Va/043 Va. Abt. Rep. 43, Sammlung von Peter Debye

Archiv für Zeitgeschichte (AfZ)
PA Biographische Sammlung, Scherrer, Paul (3. 2. 1890–25. 9. 1969)
FD Peter Hufschmid 18

ETH-Bibliothek, Hochschularchiv (ETH-Arch)
Akz. 2012-10 A/B Privatnachlass
ARK-NA-Bo 1, Reaktor AG
ARK-NA-Bo 2, Einweihung des Reaktors «Diorit» 1960
Biografisches Dossier Meitner, Lise (1878–1968)
Doktorandendossier Bradt, Helmuth, geb. 11. 12. 1917, staatenlos
Doktorandendossier Gugelot, Piet Cornelis, geb. 24. 2. 1918, aus den Niederlanden
Hs 171+a (Scherreriana), Verena de Haas Kugler.
Hs 1377 631, 849–850, Korrespondenz mit Fritz Medicus (1876–1956)
Hs 1522, Bradt, Helmut (1917–1950), Einzelstücke aus der Korrespondenz mit Albert Einstein, 1939–1942
Hs 911: 59, Korrespondenz mit Walter Dällenbach, Walter (1892–1990)
Hs Prov. Pauli, W.
Hs 304: 992 Einstein, Albert (1879–1955), Schreiben Paul Scherrers an Carl Seelig
Nachlass von Paul Scherrer (1890–1969)
SR2, Schulratsprotokolle, 1920–1960; https://sr.ethz.ch/
SR3, Schulratsakten, 1920–1960

Fritz Zwicky Stiftung, Glarus
A 1646, Scherrer, Paul

Meitner Collection, Churchill Archives Centre, Cambridge (CAC)
GBR/0014/MTNR 5/17, Korrespondenz Lise Meitner – Paul Scherrer, 1938

National Archives, Washington DC (NARA)
OSS Personnel Files 1943–1946

Schweizerisches Bundesarchiv (BAR)
E27#1000/721#19038*, Forschung über die Verwendung der Atomenergie für militärische und zivile Zwecke, Bde. 1–9; 1945–1950
E27#1000/721#19039*, Schweiz. Studienkommission für Atomenergie, Bde. 1–5, 1945–1950
E27#1000/721#19040*, BB vom 18. 12. 1946 betr. die Förderung der Forschung auf dem Gebiete der Atomenergie, 1946
E27#1000/721#19043*, Uran; radioaktive Quellen, 1946–1950
E3001B#1970/157#38*, Scherrer, Paul, 1932–1960
E5150B#1968/10#1638*, Atomkommission und mitarbeitende Institute, 1951
E7170B#1968/105#57*, Schweiz. Studienkommission für Atomenergie, Einladungen und Protokolle, 1947–1952
E7170B#1968/105#70*, Schweiz. Studienkommission für Atomenergie, Einladungen und Protokolle, 1953–1958
E7181A#1978/72#1256*, Bericht über die bisherigen Massnahmen des Bundes zur Förderung der wissenschaftlichen Forschung, von Dr. Karl Wegmann, Februar 1947
E9510.10#1987/32#389*, Prof. Dr. P. Scherrer, Zürich (Preisträger 1943), Studien auf den Gebieten der Kristall- und der Kernphysik; Konstruktion des Cyclotrons

Schweizerisches Sozialarchiv, Zürich (SozA)
Ar 167.10.1, Biographische Dokumente zu Maria Drittenbass
Ar 167.10.3, Biographische Dokumente zu Helmut Bradt
Ar 167.12.6, Korrespondenz zu Helmut Bradt, 1933–1949
Ar 167.12.7, Korrespondenz und Akten von Helmut Bradt, 1939–1945

Universitätsarchiv Göttingen (UAG)
Kur.Alt.4.V.c.297, Personalakte zu Priv.-Doz. Dr. Paul Scherrer (Physiker, 1890–), 1919
Kur.Alt.4.V.h.35, Bd. 1, Besetzung und Verwaltung der Assistentenstellen der Abteilung für Mathematische (bzw. Theoretische) Physik am Physikalischen Institut, 1885–1933
Phil.Prom.Spec.S.7, Promotionszulassungen von Kandidaten mit dem Anfangsbuchstaben S, 1915–1919.

Gedruckte Quellen und Darstellungen

Albers-Schönberg, Heinz (1990): Paul Scherrers Bedeutung für die Entwicklung der Kernenergie in der Schweiz, in: Kurt Alder (Hg.): *Paul Scherrer 1890–1969. Vorträge und Reden gehalten anlässlich der Gedenkveranstaltung zum 100. Geburtstag am 3. Februar 1990*, Villigen: Paul Scherrer Institut, 77–91.
Albers-Schönberg, Heinz (2005): *Notizen eines Zeitzeugen. Jugend in Deutschland (1926–1946), Leben und Arbeit in der Schweiz. Rückblick eines Physikers, Gedanken zur Energiepolitik, zur schweizerischen Europapolitik und zum Wirtschaftsstandort Schweiz*, Stäfa: Th. Gut.

Alder, Kurt (1990): Eröffnungsansprache, in: ders. (Hg.): *Paul Scherrer 1890–1969. Vorträge und Reden gehalten anlässlich der Gedenkveranstaltung zum 100. Geburtstag am 3. Februar 1990*, Villigen: Paul Scherrer Institut, 11 f.
Ammann, Richard (1992): Auf «Panama-Sondereggers» Spuren, *Terra plana* 1/92, unpag.
Amtliches Bulletin der Bundesverfassung, 1946.
Arbeitsgemeinschaft Lucens (1969): *Versuchsatomkraftwerk Lucens – Schlussbericht*, o. O.
Auf der Maur, Jost (2008): Atommacht Schweiz, *NZZ am Sonntag*, 10. 8. 2008.
Baertschi, Christian (2012a): Telegdi, Valentin Louis, in: *Historisches Lexikon der Schweiz*, https://hls-dhs-dss.ch/de/articles/043531/2012-08-15, 12. 6. 2022.
Baertschi, Christian (2012b): Zünti, Werner, in: *Historisches Lexikon der Schweiz*, https://hls-dhs-dss.ch/de/articles/044789/2012-10-22, 24. 6. 2022.
Balmer, Heinz (2005): Huber, Paul, in: *Historisches Lexikon der Schweiz*, https://hls-dhs-dss.ch/de/articles/028856/2005-06-21, 4. 6. 2022.
Balzli, Beat (1997): Vorzeigeindustrieller verunglimpft Juden, *SonntagsZeitung*, 30. 3. 1997.
Baur, Alex (2011): Scherrers Geheimnis, *Die Weltwoche*, 11. 8. 2011.
Blaser, Jean-Pierre (1990): Beschleuniger, in: Kurt Alder (Hg.): *Paul Scherrer 1890–1969. Vorträge und Reden gehalten anlässlich der Gedenkveranstaltung zum 100. Geburtstag am 3. Februar 1990*, Villigen: Paul Scherrer Institut, 61–74.
Boehm, Felix (1990): Anfänge der Kernphysik an der Gloriastrasse, in: Kurt Alder (Hg.): *Paul Scherrer 1890–1969. Vorträge und Reden gehalten anlässlich der Gedenkveranstaltung zum 100. Geburtstag am 3. Februar 1990*, Villigen: Paul Scherrer Institut, 45–60.
Borner, Bruno (2009): *Die Schweizerische Studienkommission für Atomenergie 1945–1958. Von der Expertenkommission zur Koordinationsstelle für Atomenergie*, Lizenziatsarbeit Universität Freiburg im Üchtland.
Boveri, Walter (1954): *Ansprachen und Betrachtungen*, Zürich: Morgarten.
Boveri, Walter (1964): *Ansprachen und Betrachtungen*, Bd. 2: *1954–1964*, Zürich: Morgarten.
Bradt, H. (1939): Bestimmung der mittleren Anzahl der bei der Spaltung eines Urankerns freiwerdenden Neutronen, *Schweizerische Physikalische Gesellschaft*, 553–558.
Braun, Arnold, Peter Preiswerk, Paul Scherrer (1937): Detection of α-Particles in the Disintegration of Thorium, *Nature* 140/682, https://doi.org/10.1038/140682a0.
Bühlmann, Hans (1990): Ansprache anlässlich der Gedenkveranstaltung zum 100. Geburtstag von Paul Scherrer, in: Kurt Alder (Hg.): *Paul Scherrer 1890–1969. Vorträge und Reden gehalten anlässlich der Gedenkveranstaltung zum 100. Geburtstag am 3. Februar 1990*, Villigen: Paul Scherrer Institut, 13 f.
Bundesamt für Energiewirtschaft (1981): *Die Schweizerische Energiewirtschaft 1930–1980. Jubiläumsschrift 50 Jahre Bundesamt für Energiewirtschaft*, Bern.
Buomberger, Thomas (2017): *Die Schweiz im Kalten Krieg 1945–1990*, Baden: hier + jetzt.
Burckhardt, Jakob (1969): Ansprache, in: *Zur Erinnerung an Paul Scherrer-Sonderegger, 3. Februar 1890 bis 25. September 1969*, o. O., 16 f.
Busch, Georg (1980): Physik, in: Jean-François Bergier et al. (Hg.): *Eidgenössische Technische Hochschule Zürich 1955–1980*, Zürich: Neue Zürcher Zeitung, 347–384.

Caloz, René (1946). Kann man statt Atombomben schon Atomkraftwerke bauen?, *Schweizer Illustrierte Zeitung*, 6. 11. 1946.

Catrina, Werner (1991): *BBC – Glanz. Krise. Fusion, 1891–1991*, Zürich: Orell Füssli.

Dawidoff, Nicholas (1995): *The Catcher was a Spy. The Mysterious Life of Moe Berg*, New York: Vintage Books.

Debye, Peter (1960): Paul Scherrer und die Streuung von Röntgenstrahlen, *Helvetica physica acta* 33, 9–13.

Debye, Peter, Paul Scherrer (1916): Interferenzen an regellos orientierten Teilchen im Röntgenlicht I, *Nachrichten von der Gesellschaft der Wissenschaften zu Göttingen, Mathematisch-Physikalische Klasse*, 1–15.

Debye, Peter, Paul Scherrer (1916): Interferenzen an regellos orientierten Teilchen im Röntgenlicht I und II, *Nachrichten von der Gesellschaft der Wissenschaften zu Göttingen, Mathematisch-Physikalische Klasse*, 16–26.

Del Sesto, Stephen L. (1986): Wasn't the Future of Nuclear Energy Wonderful?, in: Joseph J. Corn (Hg.): *Imagining Tomorrow. History, Technology, and the American Future*, Cambridge, London: MIT Press, 58–76.

Eisenhower, Dwight D. (1953): *Atoms for Peace. Dwight D. Eisenhower before the General Assembly of the United Nations on Peaceful Uses of Atomic Energy*, New York City, December 8, 1953.

Elsasser, Walter M. (1978): *Memoirs of a Physicist in the Atomic Age*, New York: Science History Publications.

Enz, Charles P. (2005): *Pauli hat gesagt. Eine Biografie des Nobelpreisträgers Wolfgang Pauli 1900–1958*, Zürich: Neue Zürcher Zeitung.

Enz, Charles P. (2012): Stückelberg, Ernst Carl Gerlach, in: *Historisches Lexikon der Schweiz*, https://hls-dhs-dss.ch/de/articles/043530/2012-07-02, 19. 8. 2022.

Enz, Charles P., Karl von Meyenn (1988): *Wolfgang Pauli. Das Gewissen der Physik*, Braunschweig: Friedr. Vieweg & Sohn Verlagsgesellschaft mbH.

Enz, Charles P., Beat Glaus, Gerhard Oberkofler (Hg.) (1997): *Wolfgang Pauli und sein Wirken an der ETH Zürich. Aus den Dienstakten der Eidgenössischen Technischen Hochschule*, Zürich: vdf.

Etter, Marin, Robert E. Dinnerbier (2014): A Century of Powder Diffraction. A Brief History, *Zeitschrift für anorganische und allgemeine Chemie* 640, 3015–3028.

Euw, René von (1990): Grundsteinleger der Atomwissenschaft, *Brückenbauer*, 31. 1. 1990.

Falkenstein, Rainer von (1997): *Vom Giftgas zur Atombombe. Die Schweiz und die Massenvernichtungswaffen von den Anfängen bis heute*, Baden: Merker im Effingerhof.

Fierz, Markus (1959): Prof. Paul Scherrer zum 70. Geburtstag, *Helvetica physica acta* 32/5, unpag.

Fischer, Michael (2019): *Atomfieber. Eine Geschichte der Atomenergie in der Schweiz*, Baden: hier + jetzt.

Fleury, Antoine (2011): Europäische Organisation für Kernforschung (CERN), in: *Historisches Lexikon der Schweiz*, https://hls-dhs-dss.ch/de/articles/026471/2011-02-24, 25. 1. 2022.

Frauenfelder, Hans, Otto Huber, Peter Stähelin (1960): *Beiträge zur Entwicklung der Physik. Festgabe zum 70. Geburtstag von Professor Paul Scherrer, 3. Februar 1960*, Basel, Stuttgart: Birkhäuser.

Frauenfelder, Hans, Otto Huber, Peter Stähelin (1990): Biographische Notizen, in: Kurt Alder (Hg.): *Paul Scherrer 1890–1969. Vorträge und Reden gehalten anlässlich der Gedenkveranstaltung zum 100. Geburtstag am 3. Februar 1990*, Villigen: Paul Scherrer Institut, 7 f.

Frey-Wissling, Albert (1984): Die Abteilung für Naturwissenschaft, in: Rektor der ETH Zürich (Hg.): *Eidgenössische Technische Hochschule Zürich 1955–1980. Festschrift zum 125jährigen Bestehen*, Zürich: NZZ, 385–403.

Gasser, Michael (2020): *Zum Beispiel Helmut Bradt – Möglichkeiten und Grenzen von Einsteins humanitärer Hilfe*, https://etheritage.ethz.ch/2020/08/07/zum-beispiel-helmut-bradt-moeglichkeiten-und-grenzen-von-einsteins-humanitaerer-hilfe, 27. 4. 2022.

Gerster, Georg (1956): Vom Atomkern zum Meson. Eine Stunde mit Prof. Dr. Paul Scherrer, in: ders.: *Eine Stunde mit C. G. Jung, Adolf Portmann, Leopold Szondi, Karl v. Frisch, Hans Bender, Tadeus Reichstein, Max Lüscher, Walter Baade, Walter Mörikofer, K. Graf v. Dürckheim, Paul Scherrer, Alfred Schifferli, Alexander Mitscherlich, Hugo Krayenbühl, J. H. Schultz*, Berlin: Ullstein, 147–157.

Gisler, Monika (2014): Unternehmerisches Risiko? Schweizer Atompolitik der 1950er-Jahre, *Traverse. Zeitschrift für Geschichte* 21/3, 94–104.

Gross, Raphael, Daniel Wildmann (Hg.) (2022): Welttheater Zürich. Kurt Hirschfeld und das deutschsprachige Theater im Schweizer Exil, Tübingen: Mohr Siebeck.

Gugelot, Kees (1990): The Mystery of the Parity Non-Conserving Beam, in: K. Alder (Hg.): *Paul Scherrer 1890–1969. Vorträge und Reden gehalten anlässlich der Gedenkveranstaltung zum 100. Geburtstag am 3. Februar 1990*, Villigen: Paul Scherrer Institut, 75 f.

Gugerli, David, Patrick Kupper, Daniel Speich (2005): *Die Zukunftsmaschine. Konjunkturen der ETH Zürich 1855–2005*, Zürich: Chronos.

Hardmeier, W. (1928): Zur Streuung von a-Strahlen durch Helium, *Helvetica physica acta* 1, 193–207.

Hausmann, Karl (2016): Vergangenes wird wieder aktuell: Diorit-Plutonium, *energeia plus. Magazin des Bundesamts für Energie*, 24. 3. 2016, https://energeiaplus.com/2016/03/24/vergangenes-wird-wieder-aktuell-diorit-plutonium.

Heilbron, Jon L., Robert W. Seidel (1989): *Lawrence and His Laboratory. A History of the Lawrence Berkeley Laboratory*, Bd. I, Berkeley: University of California Press.

Heine, Hans-Gerhard (1944): *Wilsonkammer-Untersuchung der Emission leichter positiver Teilchen durch* b*-Strahler*, Basel: Birkhäuser.

Heisenberg, Elisabeth (1980): *Das politische Leben eines Unpolitischen. Erinnerungen an Werner Heisenberg*, München, Zürich: Piper.

Heisenberg, Werner (1969): Abschiedsworte, in: *Zur Erinnerung an Paul Scherrer-Sonderegger, 3. Februar 1890 bis 25. September 1969*, o. O., 9–11.

Hermann, Armin, John Krige, Ulrike Mersits, Dominique Pestre (1987/1990): *History of CERN*, 2 Bände, Amsterdam etc.: North-Holland Physics Publishing.

Hochstrasser, Urs (1992): Bundes-Förderung, in: Schweizerische Gesellschaft der Kernfachleute (Hg.): *Geschichte der Kerntechnik in der Schweiz. Die ersten 30 Jahre 1939–1969*, Oberbözberg: Olynthus, 71–88.

Hoffmann, Dieter (Hg.) (1993): *Operation Epsilon. Die Farm-Hall-Protokolle oder Die Angst der Alliierten vor der deutschen Atombombe*, Berlin: Rowohlt.

Hoffmann, Dieter, Mark Walker (2011): Einleitung: Peter Debye, die Debye-Affäre und andere «fremde» Wissenschaftler im Dritten Reich, in: dies. (Hg.): *«Fremde» Wissenschaftler im Dritten Reich. Die Debye-Affäre im Kontext*, Göttingen: Wallstein, 11–52.

Höner, Silvia (2009): Ein verdächtiger Atomphysiker, in: Jürg Schoch (Hg.): *In den Hinterzimmern des Kalten Krieges. Die Schweiz und ihr Umgang mit prominenten Ausländern 1945–1960*, Zürich: Orell Füssli, 52–70.

Huber, Otto (1990): Leben und Wirken von Paul Scherrer, in: Kurt Alder (Hg.): *Paul Scherrer 1890–1969. Vorträge und Reden gehalten anlässlich der Gedenkveranstaltung zum 100. Geburtstag am 3. Februar 1990*, Villigen: Paul Scherrer Institut, 15–30.

Huber, Paul (1941): Untersuchung der Kernreaktionen an Stickstoff und Schwefel unter Einwirkung von Neutronen, *Helvetica physica acta* 14, 163–188.

Huber, Paul (1958): Grundlagen und Möglichkeiten der Atomenergie, in: Universität Basel (Hg.): *Das Problem der Atomenergie. Ein Zyklus von Vorträgen*, Basel: Helbing & Lichtenhahn, 7–24.

Huber, Paul (1960): Physikalische Anstalt der Universität Basel, in: *Bericht über die Tätigkeit der Schweizerischen Studienkommission für Atomenergie von 1946 bis 1958*, Basel, Stuttgart: Birkhäuser, 17–29.

Huber, Paul (1969): Ansprache, in: *Zur Erinnerung an Paul Scherrer-Sonderegger, 3. Februar 1890 bis 25. September 1969*, o. O., 22–27.

Huber, Paul (1970): Prof. Dr. Paul Scherrer (1890–1969), *Helvetica physica acta* 43/1, 5–8.

Hufschmid, Peter H. (1995): Ein entlarvendes Dokument, *Tages-Anzeiger*, 12. 5. 1995.

Hug, Peter (1987): *Geschichte der Atomtechnologieentwicklung in der Schweiz*, Lizenziatsarbeit Universität Bern.

Humm, Rudolf J. (1970): Göttinger Memorabilien, *Image* 39, 17–23.

Jaeger, Lars (2017): Von Mathematik und Genderpolitik – Emmy Noether: Wegbereiterin der abstrakten Algebra und der modernen theoretischen Physik, *Spektrum.de*, 9. 7. 2017.

Joye-Cagnard, Frédéric (2010): *La construction de la politique de la science en Suisse. Enjeux scientifiques, stratégiques et politiques (1944–1974)*, Neuchâtel: Alphil.

Kalberer, Guido (2020): Kann man sich selber verwirklichen? Gespräch mit Philosophie-Professor Michael Hampe, *Zürichsee-Zeitung*, 7. 7. 2020.

Kant, Horst (2005): Scherrer, Paul, in: *Neue Deutsche Biographie* 22, 704 f., www.deutsche-biographie.de/gnd118754726.html#ndbcontent, 27. 7. 2022.

Känzig, Werner (1969): Paul Scherrer (3. Februar 1890 bis 25. September 1969), *Vierteljahrsschrift der Naturforschenden Gesellschaft Zürich* 114, 507–509 (gleichzeitig erschienen in der «Neuen Zürcher Zeitung»).

Kleinknecht, Konrad (2017): *Einstein und Heisenberg. Begründer der modernen Physik*, Stuttgart: W. Kohlhammer.

Knoch-Mund, Gaby, Jacques Picard (2009): Antisemitismus, in: *Historisches Lexikon der Schweiz*, https://hls-dhs-dss.ch/de/articles/011379/2009-11-18, 19. 7. 2022.

Kommission für die sicherheitstechnische Untersuchung des Zwischenfalles im Versuchs-Atomkraftwerk Lucens (1979): Schlussbericht über den Zwischenfall im Versuchs-Atomkraftwerk Lucens, o. O.

Kragh, Helge (1990): Scherrer, Paul Hermann, *Dictionary of Scientific Biography* 18/2, 784 f.

Krethlow, Alfred (1960): Geschichte und Tätigkeit der Schweizerischen Studienkommission für Atomenergie von 1946–1958, in: *Bericht über die Tätigkeit der Schweizerischen Studienkommission für Atomenergie von 1946 bis 1958*, Basel, Stuttgart: Birkhäuser, 7–16.

Krige, John (2006): Atoms for Peace. Scientific Internationalism, and Scientific Intelligence, *Osiris* 21, 161–181.

Kuhn, Werner, P. Baertschi, M. Thürkauf (1960): Physikalisch-Chemisches Institut der Universität Basel, in: *Bericht über die Tätigkeit der Schweizerischen Studienkommission für Atomenergie von 1946 bis 1958*, Basel, Stuttgart: Birkhäuser, 30–34.

Kupper, Patrick (2003): Sonderfall Atomenergie, *Schweizerische Zeitschrift für Geschichte* 53/1, 87–93.

Kupper, Patrick (2006): From Prophecies of the Future to Incarnations of the Past. Cultures of Nuclear Technology, in: Helga Nowotny (Hg.): *Cultures of Technology and the Quest for Innovation*, Oxford, New York: Berghahn Books, 155–166.

Leder, Christian (2022): *Der lange Weg von der «Hochschule Schweiz» zum «Hochschulraum». Analysen zur politischen Geschichte und Organisation des Hochschulsystems*, Dissertation Universität Zürich, Zürich.

Leibundgut, H. (1969): Paul Scherrer, *Schweizerische Bauzeitung* 87, 830.

Livingston, M. S. (1980): Early history of particle accelerators, *Advances in Electronics and Electron Physics* 50, 1–88.

Lüscher, E. (1969): Paul Scherrer, *Acta physica austriaca* 30, 295 f.

Lüscher, Otto (1992): Die Schweizer Reaktorlinie, in: Schweizerische Gesellschaft der Kernfachleute (Hg.): *Geschichte der Kerntechnik in der Schweiz. Die ersten 30 Jahre 1939–1969*, Oberbözberg: Olynthus, 115–132.

Mahrer, Stefanie (2022): «Ausgestreckte Fühler deutscher Gelehrter» – Die Universität Basel und akademische Flüchtlinge in den 1930er-Jahren, *Schweizerische Zeitschrift für Geschichte* 72/1 (2022), 55–74, DOI: 10.24894/2296-6013.00097.

Marti, Sibylle (2017): Einstieg in die Hochvolttherapie. Militärische und zivile Strahlenanwendungen und der Kalte Krieg, 1945–1965, in: Niklaus Ingold, Sibylle Marti, Dominic Studer (Hg.): *Strahlenmedizin. Krebstherapie, Forschung und Politik in der Schweiz, 1920–1990*, 71–114.

Marti, Sibylle (2020): *Strahlen im Kalten Krieg. Nuklearer Alltag und atomarer Notfall in der Schweiz* (Krieg in der Geschichte 114), Paderborn: Ferdinand Schöningh.

Mauch, Christof (1999): *Schattenkrieg gegen Hitler. Das Dritte Reich im Visier der amerikanischen Geheimdienste 1941–1945*, Stuttgart: Deutsche Verlags-Anstalt.

Meili, Matthias (2008): *Kernenergie in der Schweiz. Die grosse Technologiedebatte*, Bern: Nuklearforum Schweiz.

Metzler, Dominique Benjamin (1997): Die Option einer Nuklearbewaffnung für die Schweizer Armee 1945–1969, *Zeitschrift des Schweizerischen Bundesarchivs. Studien und Quellen. Rüstung und Kriegswirtschaft*, 121–165.

Meyenn, Karl von (Hg.) (2005): Wolfgang Pauli, *Wissenschaftlicher Briefwechsel mit Bohr, Einstein, Heisenberg u. a.*, Bd. IV, Teil IV, A: 1957, Berlin, Heidelberg, New York: Springer.

Moore, Walter (1989): *Schrödinger. Life and Thought*, Cambridge: University Press.

Muheim, Jules T. (1975): Die ETH und ihre Physiker und Mathematiker. Eine Chronologie der Periode 1855–1955, *Neue Zürcher Zeitung*, 9. 4. 1975.

Müller, Roland (1986): *Fritz Zwicky. Leben und Werk des grossen Schweizer Astrophysikers, Raketenforschers und Morphologen (1898–1974)*, Glarus: Baeschlin.

Neuenschwander, Erwin (2012): Scherrer, Paul, in: *Historisches Lexikon der Schweiz*, https://hls-dhs-dss.ch/de/articles/028931/2012-11-20, 27. 9. 2021.

Oers, Willem T. H. van, Charles F. Perdrisat, Hans J. Weber (2005): Piet Cornelis Gugelot, *Physics Today* 58/8, 70 f., DOI: 10.1063/1.2062930.

Paul Scherrer Institut PSI (1988): *Festschrift*, Villigen-Würenlingen.

Peierls, Rudolf (1985): *Bird of Passage. Recollections of a Physicist*, Princeton: University Press.

Pellaud, Bruno (1992): Die Anfänge in der Schweiz, in: Schweizerische Gesellschaft der Kernfachleute (Hg.): *Geschichte der Kerntechnik in der Schweiz. Die ersten 30 Jahre 1939–1969*, Oberbözberg: Olynthus, 29–46.

Pestre, Dominique, John Krige (1992): Some Thoughts on the Early History of CERN, in: Peter Galison, Bruce W. Hevly (Hg.): *Big Science. The Growth of Large-Scale Research*, Stanford: University Press, 78–99.

Petersen, Neill H. (1996) *From Hitler's Doorstep. The Wartime Intelligence Reports of Allen Dulles, 1942–1945*, University Park: The Pennsylvania State University Press.

Picard, Jacques (1994): *Die Schweiz und die Juden 1933–1945*, Zürich: Chronos.

Pictet, Jean-Michel (1992): Die Genfer Konferenz 1955, in: Schweizerische Gesellschaft der Kernfachleute (Hg.): *Geschichte der Kerntechnik in der Schweiz. Die ersten 30 Jahre 1939–1969*, Oberbözberg: Olynthus, 47–58.

Portmann-Tinguely, Albert, Philipp von Cranach (2016): Flüchtlinge, in: *Historisches Lexikon der Schweiz*, https://hls-dhs-dss.ch/de/articles/016388/2016-01-07, 14. 3. 2022.

Powers, Thomas (1993): *Heisenberg's War. The Secret History of the German Bomb*, New York: Knopf.

Pritzker, Andreas (2014): *Das Schweizerische Institut für Nuklearforschung SIN*, Norderstedt: Books on Demand (1. Auflage: Munda, Küttigen, 2013).

Pritzker, Andreas (2019): Ein Teilchenphysiker der ersten Stunde, *Neue Zürcher Zeitung*, 6. 9. 2019.

Quervain, Francis de, Th. Hügi (1960): Arbeitsausschuss für die Untersuchung schweizerischer Mineralien und Gesteine auf Atombrennstoffe und seltene Elemente, in: *Bericht über die Tätigkeit der Schweizerischen Studienkommission für Atomenergie von 1946 bis 1958*, Basel, Stuttgart: Birkhäuser, 63–68.

Quitmann, Susanne, Samuel Lissner (2017): Globale Ressourcenbeschaffung und transnationale Organisationswege der ersten Atombombenentwicklung, Teil 2, in: *Zeitgeschichte-online*, April 2017, https://zeitgeschichte-online.de/themen/globale-ressourcenbeschaffung-und-transnationale-organisationswege-der-ersten, 10. 6. 2022.

Radkau, Joachim, Lothar Hahn (2013): *Aufstieg und Fall der deutschen Atomwirtschaft*, München: oekom.

Rasche, G., Hans Staub (1979): Physik und Physiker an der Universität Zürich 1833–1948, *Vierteljahrsschrift der Naturforschenden Gesellschaft in Zürich* 124, 205–220.

Rennert, David, Tanja Traxler (2018): *Lise Meitner. Pionierin des Atomzeitalters*, Wien: Residenz.

Rossel, Jean (1978): *Atompoker. Kernindustrie in kritischem Licht*, Bern: Zytglogge.

Sager, Otto (2018): *Debatten zur Kulturgeschichte der Physik, von Demokrit zu Dürrenmatt*, Norderstedt: Books on Demand.
Scharf, Günter (2014): Wentzel, Gregor, in: *Historisches Lexikon der Schweiz*, https://hls-dhs-dss.ch/de/articles/041694/2014-11-11, 12. 10. 2021.
Scherrer, Paul (1916): *Die Rotationsdispersion des Wasserstoffs. Ein Beitrag zur Kenntnis der Konstitution des Wasserstoffmoleküls*, Dissertation Universität Göttingen, Göttingen.
Scherrer, Paul (1945): Atomenergie. Die physikalischen und technischen Grundlagen, *Neue Zürcher Zeitung*, 28. 11. 1945, Technikbeilage.
Scherrer, Paul (1960): Physikalisches Institut der ETH, Zürich, in: *Bericht über die Tätigkeit der Schweizerischen Studienkommission für Atomenergie von 1946 bis 1958*, Basel, Stuttgart: Birkhäuser, 89–96.
Scherrer, Paul (1962a): Das Abenteuer der Forschung, *Die Tat*, 22. 5. 1962, 3.
Scherrer, Paul (1962b): Personal Reminiscences, in: P. Ewald (Hg.): *Fifty Years of X-Ray Diffraction*, Utrecht: N. V. A. Oosthoek's Uitgeversmaatschappij, 641–646.
Schirach, Richard von (2013[4]): *Die Nacht der Physiker. Heisenberg, Hahn, Weizsäcker und die deutsche Bombe*, Berlin: Berenberg.
Schulmann, Robert (2016): Albert Einstein (1879–1955), Solidarity and Ambivalence, in: Jacques Picard, Jacques M. Revel, Michael P. Steinberg, Idith Zertal (Hg.): *Makers of Jewish Modernity*, Princeton, Oxford: Princeton University Press, 204–218.
Schulmann, Robert (Hg.) (2012): *Seelenverwandte. Der Briefwechsel zwischen Albert Einstein und Heinrich Zangger (1910–1947)*, Zürich: NZZ.
Schweizerischer Bundesrat (1946a): *Protokoll der 57. Sitzung des Schweizerischen Bundesrates*, 17. 7. 1946.
Schweizerischer Bundesrat (1946b): *Protokoll der 96. Sitzung des Schweizerischen Bundesrates*, 27. 12. 1946.
Schweizerischer Bundesrat (1951a): *Protokoll der 77. Sitzung des Schweizerischen Bundesrates*, 6. 11. 1951.
Schweizerischer Bundesrat (1951b): *Protokoll der 85. Sitzung des Schweizerischen Bundesrates*, 27. 11. 1951.
Schweizerischer Bundesrat (1954): *Botschaft des Bundesrates an die Bundesversammlung zum Entwurf eines Bundesbeschlusses über die Förderung des Baues und Betriebes eines Atomreaktors* (vom 2. November 1954).
Schweizerischer Schulrat, *Jahresberichte* 1960/61.
Sibold, Noëmi (2010): *Bewegte Zeiten. Zur Geschichte der Juden in Basel von den 1930er Jahren bis in die 1950er Jahre*, Zürich: Chronos.
Sime, Ruth L. (1990): Lise Meitner's Escape from Germany, *American Journal of Physics* 58/3, 262–267.
Sime, Ruth L. (2001): *Lise Meitner. Ein Leben für die Physik. Biographie*, Frankfurt am Main, Leipzig: Insel.
Sime, Ruth L. (2011): Von der Emigration zum Exil: Lise Meitner (1878–1968) und Marietta Blau (1894–1970), in: Dieter Hoffmann, Mark Walker (Hg.): *«Fremde» Wissenschaftler im Dritten Reich. Die Debye-Affäre im Kontext*, Göttingen: Wallstein, 290–313.
Sotschek, Ralf (2022): Nicht zu relativieren, *taz*, 4. 1. 2022.

Staub, H. (1960): Paul Scherrer zum 70. Geburtstag, *Neue Zürcher Zeitung*, 3. 2. 1960, Morgenausgabe.

Staub, H. (1969): Ansprache, in: *Zur Erinnerung an Paul Scherrer-Sonderegger, 3. Februar 1890 bis 25. September 1969*, o. O., 18–21.

Stauffer, Pierre-André (1996): L'histoire secrète de la bombe suisse, *L'Hebdo*, 2. 5. 1996, 5–13.

Steiger, Peter (2011): *Fliegende Möbel und andere Geschichten*, Freiburg im Breisgau: Syntagma.

Stöckli, Alfred, Roland Müller (2008): Fritz Zwicky, Astrophysiker. Genie mit Ecken und Kanten. Mit einem Fachbeitrag von Norbert Straumann und Gustav Andreas Tammann, Zürich: NZZ libro.

Stössel, Rudolf (1960): Als Vorlesungsassistent bei Scherrer, *Helvetica physica acta* 33, 19–21.

Stöver, Bernd (2012[4]): *Der kalte Krieg*, München: C. H. Beck.

Strasser, Bruno J. (2006): *La fabrique d'une nouvelle science. La biologie moléculaire à l'âge atomique*, [Firenze]: Leo S. Olschki.

Strasser, Bruno J. (2009): The Coproduction of Neutral Science and Neutral State in Cold War Europe: Switzerland and International Scientific Cooperation, 1951–69, *Osiris* 24, 165–187.

Studer, Brigitte, Gérald Arlettaz, Regula Argast (2008): *Das Schweizer Bürgerrecht. Erwerb, Verlust, Entzug von 1848 bis zur Gegenwart*, Zürich: NZZ.

Stüssi-Lauterburg, Jürg (1996): *Historischer Abriss zur Frage einer Schweizer Nuklearbewaffnung*, Bern.

Suits, C. Guy (1960): Thoughts about Professor Paul Scherrer, *Helvetica physica acta* 33, 14 f.

Telegdi, Valentin L. (1989): *Von Zürich über Chicago nach Zürich. Abschiedsvorlesung vom 13. Februar 1989*, Zürich: ETH Zürich.

Telegdi, Valentin L. (1990): Paul Scherrer – 1890–1969, *Neue Zürcher Zeitung*, 31. 1. 1990.

Tempus, Peter (1992): Das Eidgenössische Institut für Reaktorforschung, in: Schweizerische Gesellschaft der Kernfachleute (Hg.): *Geschichte der Kerntechnik in der Schweiz. Die ersten 30 Jahre 1939–1969*, Oberbözberg: Olynthus, 89–114.

Trefas, David (2010): *Die Beteiligung der Universität Basel am Schweizer Atomprogramm*, Basel: Universität Basel.

Tribelhorn, Marc (2018): Der Traum von der Schweizer Atombombe, *Neue Zürcher Zeitung*, 23. 7. 2018.

Unabhängige Expertenkommission Schweiz – Zweiter Weltkrieg UEK (2001): *Die Schweiz und die Flüchtlinge zur Zeit des Nationalsozialismus* (Veröffentlichungen der UEK, Bd. 17), Zürich: Chronos.

Unabhängige Expertenkommission Schweiz – Zweiter Weltkrieg UEK (2002): *Die Schweiz, der Nationalsozialismus und der Zweite Weltkrieg. Schlussbericht*, Zürich: Pendo.

Völkle, Hansruedi (1975): Der Physiker Prof. Paul Scherrer (1890–1969), *Toggenburger Annalen* 3, 41–49.

Wäffler, Hermann (1992): Kernphysik an der ETH Zürich zu Zeiten Paul Scherrers, *Vierteljahresschrift der Naturforschenden Gesellschaft in Zürich* 137/3, 143–176; Erstpublikation: ders. (1991): *Forschung in Kernphysik an der ETH Zürich – 1928 bis 1960*, Villigen: Paul Scherrer Institut.

Walker, Mark (2002): Das deutsche Uranprojekt. Amerikas Einschätzung der deutschen Atomforschung, *Physik in unserer Zeit* 4, 167–171.

Wehrli, Christoph (2022): Kriegsasyl für Schweizer Firmen in Kanada, *Neue Zürcher Zeitung*, 28. 3. 2022.

Weigle, Jean (1950): Paul Scherrer, *Helvetica physica acta* 23/I–II, unpag.

Weiss, Burghard (2011): Schweizer unter dem Hakenkreuz: Walter Dällenbach (1892–1990), Alfred Schmid (1899–1969) und die Rüstungsforschung des Dritten Reiches, in: Dieter Hoffmann, Mark Walker (Hg.): *«Fremde» Wissenschaftler im Dritten Reich. Die Debye-Affäre im Kontext*, Göttingen: Wallstein, 230–264.

Weisskopf, Victor (1988): Meine Assistentenzeit bei Pauli, in: Charles P. Enz, Karl von Meyenn (Hg.): *Wolfgang Pauli. Das Gewissen der Physik*, Braunschweig, Wiesbaden: Friedr. Vieweg & Sohn, 80–88.

Weisskopf, Victor (1990): Die grosse Kunst Physik verständlich zu machen, in: Kurt Alder (Hg.): *Paul Scherrer 1890–1969. Vorträge und Reden gehalten anlässlich der Gedenkveranstaltung zum 100. Geburtstag am 3. Februar 1990*, Villigen: Paul Scherrer Institut, 93–104.

Weisskopf, Victor (1991): *The Joy of Insight. Passions of a Physicist*, New York: Basic Books.

Wildi, Tobias (2003): *Der Traum vom eigenen Reaktor*, Zürich: Chronos.

Wildi, Tobias (2005): Die Reaktor AG. Atomtechnologie zwischen Industrie, Hochschule und Staat, *Schweizerische Zeitschrift für Geschichte* 55/1, 70–83.

Winiger, A. (1961): Die Schweiz im Wettbewerb umd die Erschliessung der Kernenergie, *Technische Rundschau* 30, 33–36.

Winkler, Theodor (1981): *Kernenergie und Aussenpolitik. Die internationalen Bemühungen um eine Nichtweiterverbreitung von Kernwaffen und die friedliche Nutzung der Kernenergie in der Schweiz*, Berlin: Berlin Verlag.

Wollenmann, Reto (2004): *Zwischen Atomwaffe und Atomsperrvertrag. Die Schweiz auf dem Weg von der nuklearen Option zum Nonproliferationsvertrag 1958–1969*, Zürich: ETH (Zürcher Beiträge zur Sicherheitspolitik und Konfliktforschung 75).

Wyder, Margrit (2015): *Einstein und Co. – Nobelpreisträger in Zürich*, Zürich: NZZ libro.

Zipfel, Otto (1957): *Wissenschaft, Staat und Wirtschaft im Zeichen der Atomkraft, Referat von Dr. Zipfel, Delegierter des Bundesrates für Fragen der Atomenergie, gehalten am Kongress des SMUV in Schaffhausen* (Schriftenreihe des Schweizerischen Metall- und Uhrenarbeiter-Verbandes 2), Bern: SMUV.

Zünti, Werner (1960): Der Schwerwasser-Reaktor Diorit, *Neue Technik* 2/8, 15 f.

Zürcher, Regula (2011): Sonderegger, Conrad, in: Historisches Lexikon der Schweiz; https://hls-dhs-dss.ch/de/articles/049648/2011-07-13, 23. 9. 2021.

Zwicky, Fritz (1972): *Jeder ein Genie*, Bern, Frankfurt am Main: Lang.

Weblinks

American Institute of Physics (1964): Oral History Interviews, Interview Gregor Wentzel, www.aip.org/history-programs/niels-bohr-library/oral-histories.

Buomberger, Thomas (1996): Atombombe für den Frieden? Die Schweiz und das nukleare Zeitalter, Schweizer Fernsehen SRF – Spuren der Zeit, 4. 1. 1996, www.srf.ch/play/tv/spuren-der-zeit/video/atombombe-fuer-den-frieden-die-schweiz-und-das-nukleare-zeitalter?urn=urn:srf:video:2318372c-d6c4-4c82-be2d-5362fe61508e&expandDescription=true.

Engineering and Technology History Wiki (1984): Oral History Interviews, Interview Chauncey Guy Suits, https://ethw.org/Main_Page.

ETH-Bibliothek (undatiert): Das Neutrino, https://library.ethz.ch/standorte-und-medien/plattformen/virtuelle-ausstellungen/wolfgang-pauli-und-die-moderne-physik/das-neutrino.html.

Schweizer Fernsehen SRF (1987): Paul Scherrer, 29. 5. 1987, www.srf.ch/play/tv/-/video/-?urn=urn:srf:video:bc9dd90f-bc57-4bf3-b7c6-ba1294c1139b.

Schweizer Fernsehen SRF (2021): Paul Scherrer und die Bombe, 4. 12. 2021, www.srf.ch/audio/zeitblende/paul-scherrer-und-die-bombe?id=12100439.

SRF (2011): Sommerserie: 1953 – Ära der Atom-Utopie beginnt. Tagesgespräch vom Montag, 25. 7. 2011, 13.00 Uhr, DRS 1 und DRS 4 News https://m.srf.ch/audio/tagesgespraech/sommerserie-1953-aera-der-atom-utopie-beginnt?id=10187482.

Über die Autorin

Monika Gisler, Dr. phil., ist Historikerin mit eigenem Büro und Dozentin für Geschichte an der ETH Zürich und der Universität Zürich. Sie publiziert zu Themen im Umwelt- und Energiebereich. www.unternehmengeschichte.ch, www.monikagisler.ch